經營顧問叢書 ㉑

新產品銷售一定成功

黃憲仁　編著

憲業企管顧問有限公司　　發行

《新產品銷售一定成功》

序　言

　　成功企業都是重視開發新產品，美國一家著名顧問公司對美國 400 家公司調查結果顯示，公司利潤總額的 1/3 來自新產品的銷售。

　　企業要注重新產品開發，據德國西門子公司推算，一項新產品，每提前一天投產，可使利潤增加 0.3%，提前 5 天則增加工 1.6%，提前 10 天便可增加 2.5%，更何況投產的加快還可免去競爭對手提早上市所帶來的行銷風險。

　　美國吉列公司為開發新產品，不惜花費 2 億美元。用 10 年時間研製一種先進的刮鬍刀，新產品品問世，很快行銷全球，贏利 50 億美元。

　　德國西門子公司創立於 1847 年，經歷一個半世紀，現在是世界上最大的跨國企業之一。該公司取得如此驚人的成就，經驗就是不斷創新。公司一直重視對新產品、新技術的開發，使西門子公司總是在同行中處於領先地位。

　　成功的企業，在每一個成長階段，都會有新產品成功的影子。但是新產品上市工作的複雜性，極其嚴苛，新產品的銷售，隱藏著許多陷阱，一不小心，就可能讓所有的努力化為泡沫。

　　企業一定要推出新產品，但是每一個新產品，卻不保證一

定會成功。因為新產品從創意到真正受市場歡迎的過程中，隱藏著許多陷阱，一不小心，就可能讓所有的努力化為烏有。

　　面對競爭白熱化的市場，企業不知道如何告訴客戶我的產品更新、更好，不知道如何告訴客戶自己的產品更適合其需要，也不知道如何推展新產品上市的各種工作。

　　作者擔任商品開發顧問工作多年，累積眾多成功輔導經驗，深知企業可以吸收別家企業的成功經驗，也可以借鑒失敗企業的慘痛經驗，快速複製成功捷徑，避免踏入陷阱。

　　本書是作者繼《確保新產品開發成功》後另一本著作，第一本是針對企業如何開發出新產品，這本書《新產品銷售一定成功》完全是針對新產品如何上市銷售而撰寫，兩本書內容相輔相成。

　　本書《新產品銷售一定成功》撰寫期間，獲得甚多資深顧問同行的資料贊助，全書是介紹企業如何規劃並執行新產品上市的具體戰術工作，內容均以實務為主，並附上眾多企業實例，內容非常具有操作性，是企業的最佳參考工具書。

2016 年 10 月

《新產品銷售一定成功》

目　錄

1 新產品的重要性

一、什麼是新產品

要做好新產品開發，首先要瞭解什麼是新產品。

新產品一定要與現有的產品有所差異，基本上是以廠商為 主的區分方式。但是這種新的標準在那裏很難判斷，因為幾乎所有的新產品都是由現有的產品改進而來。

1. 新產品的定義

如何去界定新產品，則要根據公司期望新產品（或產品）達到的目標而定。例如，公司期望將此產品推出市場，則應從消費者的觀點來判定，因為該產品對公司而言是新產品，但對市場上的消費者來說，可能是已經被普遍接受的產品。這時，公司所擬訂的行銷策略不應再將其視為新產品。如果公司的目標是著重修改新產品的開發技術與成本，即使市場對該產品很陌生，但對公司而言只是某項小技術的修正而已，這時對公司來說該產品「新」的程度並不是很高。

總之，新產品的界定可從不同的觀點來判定，一般較常採用的觀點有消費者的觀點與生產者的觀點。

2. 生產者觀點的新產品分類

另一種較為廣泛使用的新產品分類方式，是從以下兩個角度來界定產品創新的「新穎程度」的：

第一，對公司的新穎程度。雖然其他公司可能有同類產品生產與銷售，但對某公司而言，一直仍缺乏生產與銷售這種產品的經驗。

第二，對市場的新穎程度。指對整個市場而言，是屬於第一次上市的產品創新。

根據這兩種角度，可將產品創新的程度分為六大類：

(1)新問世的產品

指對公司與市場而言，都是全新的新產品。例如，第一部移動電話或攝影機等。對公司而言，這類型新產品在推出時最為困難，風險也最高，然而卻可能創造一個全新的產業，不但利潤的回收相當豐厚，而且也徹底地改變了消費形態。

(2)新產品線的產品

對公司而言，是首次進入的產品市場；但對市場而言，可能已經不是非常新穎。公司在推出這類型新產品時，已經有了學習參考的依據，對於投資收益可以較準確地預估。

(3)現有產品線所增加的新產品項目

指補充公司現有產品線的新產品項目，這是公司的產品線延伸，主要目的可能在於增加產品線的完整程度，但對市場而言，並非是全新的。這類型新產品可以加強公司現有產品線的競爭能力，提供更完整的產品選擇。當公司是市場的領導者時，通常可彌補產品線的空隙，避免競爭者伺機而入。

(4)現有產品的改良或更新

這類型新產品主要在於取代公司現有的某些產品，以提高個別產品的競爭能力。由於早期推出的產品在功能或品質上往往有若干缺陷，因此有必要進一步修正與改良。許多公司的新產品都屬於這一類型。

(5)重新定位的產品

指將現有的產品在新的細分市場推出。在解決原來的細分市場中

消費者不足或逐漸減少的問題時，這種重新定位的方式更顯得特別重要。例如，Marlboro 原先是女性使用的香煙，銷售量一直無法突破，直到它用牛仔形象的廣告為自己作了男性氣概的定位之後，才成為著名的香煙品牌。

⑹成本降低的產品

指產品經過重新設計，性能與效用與原產品類似，而成本卻較低的新產品。這類創新，對於一些高價位的產品而言，更為重要。

二、新產品對企業的重要意義

企業以及企業內外兩隻團隊（企業業務代理和經銷商），對新品都應有很高的期待。不會推新品的企業活不長，不會推新品的客戶長不大，不會推新品的業代不成熟。推新品，對企業、客戶、業代有著重要意義，應當仁不讓。

1. 不會推新產品，企業活不久

行銷理論，以 4Ps（產品、價格、管道、促銷）為基礎，「產品」是在第一位的。企業不會推新品，可以說就是不會做行銷，那說它活不久也不是危言聳聽了。

首先，產品生命週期決定了企業要持續推新品才能存活。快速消費品正常的生命週期一般為 3～5 年，就像人的壽命一般為 70 歲一樣，都有個均數。實際上，絕大多數產品都活不了這麼久，夭折的、猝死的很多。當然也有活得很久的，例如雙匯的王中王火腿腸賣了近 20 年了，康師傅的紅燒牛肉麵賣了 15 年了，但即使是這樣的產品，例如康師傅的紅燒牛肉麵，也會從 100 個億降到 72 個億，而且在這一二十年中，產品也都是有過小的創新和改良的。再看紅罐涼茶，在

王老吉和加多寶分開之後，其前途也是未蔔的。所以，企業要有新品的持續成功才能使基業常青。

2003～2004 年間，雅客食品成功地推出了「雅客 V9」，開創了維生素糖果新品類，獲得了巨大成功，打造了企業內外兩隻團隊，管道也完成了升級。但產品都有生命週期，雅客仍須醞釀其他的新品。果然，到了 2007 年，維生素糖果感到了壓力，銷量在下滑，管道利潤在減少。非常慶倖的是雅客又成功地推出了「益牙」擠佔了木糖醇品類，也做到了前三名，企業因此又火了一把。可是到了 2010 年左右，一樣的壓力又重演了，企業必須再有新品的成功去彌補老產品的下滑，才能實現螺旋式上升，但到目前為止，仍沒有看到雅客有像樣的新品出來，後果讓人擔憂。

再看雙彙集團，自 2003 年以來，基本上每年都有 1～2 個重量級新品推出，這給雙彙集團發展到 500 個億貢獻了太多的市場，特別是 2011 年雙彙集團提出 5 年內翻一番的戰略目標後，推新品成了戰略性舉措。因為 500 個億、幾乎是單品類，雙彙集團已經把市場基本做透了，開發新管道或新區域大幅提升銷量已經頗有難度。透過新品的成功推廣，調整產品結構，是增加銷量、提升利潤水準的更現實的途徑。

其次，從消費者的角度來講，企業要不斷有新品推出才能抓住消費者的心。我們都知道可口可樂的配方是不變的。曾有一任 CEO 推出新的改良配方，竟引來美國民眾的示威，說是破壞了美國的文化傳統（這是行銷領域很經典的一次失敗的案例），但即使這樣，並不是說可口可樂就不推新品了，實際上每年我們都可以看到很多在包裝、瓶型或是瓶貼上變化著的可口可樂。一個全範圍的贈飲活動，可口可樂也會有一個「暢飲暢贏」的促銷裝。

企業要透過新品去維護品牌的生命力，就好比一個女人如果常年只穿那麼幾套衣服，髮型也不變，就會讓人覺得很土氣，缺乏活力進而缺乏吸引力。「產品」本身沒什麼變化，但她會從其他方面省錢也要買件新衣服換，做個漂亮的髮型，今天盤著明天放下來，一個髮卡也是一會兒別在這裏一會兒別在那裏。做產品實際上也是同樣的原理。

再次，從資源利用的角度，企業需要多推新品來分攤生產、設備、人工、廣告等固定成本。也正是有這方面的考慮，成長中的企業幾乎每年都會有新品推出，條碼數越來越多了。蒙牛的倉庫有 300 多個條碼，旺旺食品則近千種了。這一點大家容易理解。實際上，有的企業已經過猶不及了，多元化經營，攤子鋪得太大，根源上也是基於分攤固定成本的考慮。

最後，從競爭的角度來講，企業有時要推出策略性產品去抗擊對手。統一老壇酸菜面是統一的明星產品，引來眾多競爭對手的跟進。所以你看它的廣告，請來代言的衛視汪涵說的「有人模仿我的臉，還有人模仿我的麵……」講的就是這種故事。為了存活，企業有時會推出機會性產品去跟隨對手。所以黃金酒出來了，很快就有白金酒；金鑼的「肉粒多」火腿腸出來了，就有雙彙集團的「大肉塊」火腿腸出來，不勝枚舉。

2. 推新充滿風險，但不推則衰

柯達 V550 數碼相機，現在已經成為永久的珍藏品，柯達公司已經於 2012 年 1 月 19 日申請了破產保護。作為一個世界級的優秀品牌，一個具有 130 多年歷史的優秀企業，柯達公司曾經是歷屆奧運會的主贊助商，也是歷屆奧斯卡電影節的冠名商。由於沒有跟上時代的發展，及時推廣數碼產品，短短幾年內，它被歷史無情地淘汰了。

其實，早在 1976 年，柯達公司就研發成功了數碼相機，成為世界上第一個研發成功數碼相機的企業，可惜由於推廣數碼相機會影響其膠捲產業的發展，對其分佈於全球的數以萬計的沖印店產生巨大衝擊，柯達公司一直沒有及時地在市場上推廣數碼相機。

對很多快速成長的企業來說，用創新引導消費潮流，是打破「巨人」壟斷的最好手段。在日本的新力、松下、佳能、東芝、尼康以及韓國的三星等一批企業不遺餘力地推廣和拉動下，數碼產品的發展勢頭如此迅猛，令很多企業都始料不及，到 2005 年柯達公司再推數碼相機時，已經無力回天。

由於沒有跟上世界推新的步伐，柯達、富士等一批企業永遠地淡出了人們的生活，這同時也證明了社會接受新事物的潮流是不可阻擋的。

案例還很多，如美國通用汽車 2010 年 6 月申請破產保護、克萊斯勒 2009 年 4 月 30 日正式破產⋯⋯

為什麼這麼多的知名企業都出現了這樣的問題？歸根結底是沒有跟上社會的發展。每個企業、每個產品都有它的生命週期，從導入期、增長期到成熟期，最終步入衰退期。如果企業不在恰當的時候成功推廣新產品，那麼或早或晚都會面臨這些問題。

推新是每個企業都不能迴避的問題，求新是社會發展的動力。提高新產品在市場上推廣的成功率將是每個企業永遠追求的目標。總結推新過程中成功者的經驗和失敗者的教訓，對很多正在快速發展的企業來說意義十分重大，研究提高推新成功率的課題已經不容迴避。

三、只有推新才能保證企業高速增長

從產品生命週期看，當一個產品進入增長期後，有了消費者基礎和豐厚的利潤，也會引來眾多企業的跟隨，每當一個有實力的企業加入競爭，產品的價格和利潤就會走低一次；進入成熟期後，企業就有可能陷入銷量上升緩慢、利潤下降的被動局面。面對這種情況，如果企業沒有新產品推廣成功，就往往會加大促銷力度，導致產品快速進入衰退期。

因此，在產品進入成熟期後，往往不是比那個企業的行銷手段更高明，而是比那個企業更少犯錯誤。

在新思維、新觀念、新潮流的變化中，企業只有適時地推廣成功新產品，才能真正保證企業持續高速增長。否則，如果拼命地向老產品要銷量、要增長，特別是在某個老產品已經處在成熟期，又有很多競爭品干擾的情況下，其結果就是加速老產品進入衰退期。

心得欄 ------------------------------

----

2 新產品如何細分市場

一、為什麼要細分市場

因為顧客都是個體，都有著不同的動機、品位、偏好，細分市場可以帶來的好處是：

1. 可增加公司行銷的準確性，即所謂目標明確、有的放矢；
2. 公司能創造出更合適目標受眾的產品、服務和價格；
3. 可使企業實施差異化戰略，選擇分銷管道和傳播管道更為方便；
4. 有利於企業發現最好的機會，提高市場佔有率；
5. 在特定的細分市場，將面臨較少的競爭對手；
6. 有利於發現市場機會，開拓新市場。

二、如何細分市場

根據消費者不同的態度、行為、人口變數、心理變數和一般消費習慣劃分出不同群體。根據主要的不同特徵，可給每個細分市場命名，通常細分變數主要有以下幾種：

1. 地理細分 (geographic segmentation)

把市場劃分為不同的地理區域單位如省、直轄市、省會城市、地級城市、縣城鎮或街道。可以選擇一個或若干個地區開展業務，或者面向所有區域。

2.人文統計細分 (demographic segmentation)

將市場分別根據年齡、家庭人口數量、性別、收入、教育、宗教、種族、國籍、代溝等為基礎劃分為不同的群體。

3.心理細分 (psychographic segmentation)

根據購買者的社會階層、生活方式或個性特點,將購買者分成不同的群體。

4.行為細分 (behavioral segmentation)

根據購買者對一件產品的瞭解程度、態度、使用情況或反應將他們劃分成不同的群體。

許多一線人員同時也認為,在消費者實際購買當中,時機、利益、使用者狀況、使用率、忠誠狀況、購買者準備階段、態度等都是決定行為細分變數的重要基礎。

三、有效細分的步驟

1.步驟一：選定產品市場範圍

企業應明確自己在某行業中的產品市場範圍,並以此作為制定市場開拓戰略的依據。

2.步驟二：列舉潛在顧客的需求

可從地理、人口、心理等方面列出影響產品市場需求和顧客購買行為的各項變數。

3.步驟三：分析潛在顧客的不同需求

企業應對不同的潛在顧客進行抽樣調查,並對所列出的需求變數進行評價,瞭解顧客的共同需求。

4.步驟四：調查、分析、評估各細分市場

最終確定可進入的細分市場，並制定相應的行銷策略。

◎案例：白加黑的脫穎而出

太多的產品只能使消費者迷失，若將產品定位於特別的市場，將自己與競爭對手區分開來是行銷制勝的手段。

白加黑是成功滿足消費者需求的典範。「白天服白片，晚上服黑片，黑白分明。」白加黑的廣告語準確地表達了其定位。

市場調查顯示，85％的人一年感冒一次，但大多數人對感冒並不重視，感冒了照樣工作，照樣上學，照樣旅行，很少有人因感冒而去上醫院的。但感冒同時又令人煩、頭痛、發熱、鼻塞、四肢無力，晚上還睡不安穩，如果是流感，弄不好還會傳染給別人。目前市場上的各種抗感冒藥，雖能緩解部份症狀，但服用的同時一般會發生頭暈、嗜睡、乏力等副作用，影響正常的工作與學習。

「白加黑」感冒片，正是在這種背景下，率先提出「日夜分開服藥」的新概念。白天黑夜服用配方不同的製劑，白天服用的白色片劑，由撲熱息痛等幾種藥物組成，能迅速解除一切感冒症狀，且絕無嗜睡副作用，保證你工作學習時仍能精力充沛；夜晚服用的黑色片劑，則在白色片劑的基礎上加入了另一種成分，抗過敏作用更強，能使患者休息得更好。

◎案例：蘭美抒上市挑戰達克寧

多數人都有不同程度的腳氣問題，這個市場的容量大約有 10 ~15 億元，其中達克寧就佔 60%的市場佔有率，並且西安楊森公司實力雄厚，在管道和醫院方面都奠定了很好的基礎。達克甯在消費者心目中也佔據了相當重要的位置——有 82%的消費者認為滿意，可以稱得上是絕對的領導地位。

通過兩年的工作，進行大量的市場研究，美史克發現一個有趣的現象：很多腳氣患者是不找醫生治療的，用藥方面也有惰性。他們根據目標人群不同的用藥習慣和心理上的特徵將目標消費人群分為以下幾類：困窘人群、剛剛發病、對病情漠不關心的，其中容易受到感染的，一個急迫尋求解決方法的人群——他們對腳氣的關注度最高。

因而，品牌的核心策略被確定為：針對高關注度、高需求的患者，廣告訴求是「新一代的真正殺菌腳氣藥」，它的個性是高效的、理解深刻的，蘭美抒力求改變消費者的心態，讓消費者從被動到主動，最終戰勝腳氣。在表現形式上，選擇了一個簡單的 V 字型符號作為核心的創意圖案，利用 V 字型的腳丫子作為提示。另外，通過廣告的傳播，讓更多的患者知道原來腳氣病是可以治好的。在藥店零售方面，發動 200 多個城市展開大規模的推廣活動，進行了全面的店員培訓工作；調動大量人力走進醫院，對醫生進行推廣，獲取他們專業的認可；在 20 個城市裏招募首批患者，通過醫生和患者的交流，活躍並影響患者購買使用。

通過一系列的各種活動，自 2002 年 3 月份上市到 2002 年底，

總體上實現了 7.2%的市場佔有率，快速成長為整體市場第二位的品牌，達到的市場空間，多半來自於主要的競爭對手。

作為新品，在處於弱勢的情況下，贏得成功的原因主要有以下幾個方面：

第一，細分市場，並確定目標消費者人群；

第二，品牌策劃很重要，在上市之前，進行了很多的市場調查，準確地抓住了消費者的心態；

第三，從細節著眼，小處著手，充分理解消費者真正的心態；

第四，明確自身的弱點和優點，整合資源並最大化地發揮資源的作用。

四、制定新產品的市場進入戰略

市場進入是企業根據市場戰略規劃而決定在一個尚未涉足的領域或市場採取策略的行為過程。

(一)新產品市場進入的四大戰略

常見的新產品市場進入的戰略為：

· 全面開拓戰略；

· 市場擴張戰略；

· 全面滲透戰略；

· 市場掠奪戰略。

1.全面開拓戰略

即所謂全面開花的戰略。憑藉著強大的行銷攻勢迅速在市場全面鋪開。

2.市場擴張戰略

在原有的基礎上，繼續擴大謀求自身的發展。這包含兩層意思：第一，在保證進入後可以完全立足的前提下，進行擴張（包括其他市場的佔領、管道的拓展等）；第二，在取得最初的市場佔有率後，謀求更多的佔有率。新產品上市時，都先在一定的區域市場，經過一定時期的試點工作，然後才開始進行大規模的市場擴張。

3.市場滲透戰略

實施該戰略通常以點帶面，不斷地向週邊輻射、逐步深入，也可以形容為蠶食式的活動。通過實施該戰略，可以測試市場狀況，瞭解產品的吸引力，並且可以積累豐富的經驗。

4.市場掠奪戰略

市場掠奪是指進入某一市場後，在取得生存的條件下，為了進一步把握市場主動權而進一步搶奪競爭者的市場的行動。

（二）如何選擇樣板市場

很多企業都傾向於選擇樣板市場的啟動，選擇樣板市場一般基於兩個方面的思考：

· 通過運作樣板市場獲得市場經驗，可以進一步調整產品以及行銷策略。

· 通過成功運作具有代表性的市場，可增強經銷商的信心。

1. 樣板市場應該具備的基本因素

(1)具有代表性

樣板市場至少具有某個區域內市場的共性。

(2)具有影響力

這些城市規模大，號召力強，並且在消費者眼中代表著時尚和趨

勢。

(3)可借鑑性

樣板市場在運作當中，本身以及操作手法都具有其他市場可以借鑑的地方，否則不足以說服其他經銷商。

(4)成功性機會高

選擇該類市場時，必須充分分析市場，穩操勝券，一炮打紅。

(5)媒體資源合理

在啟動這類市場時必須考慮媒體資源是否合理，否則投入產出不合理，一樣不具有借鑑性。

(6)良好的外部環境

即政府和有關部門對行銷行為的監管程度。若處於不利環境，一樣會影響最後的成功。

2.樣板市場成功選擇的關鍵因素

在上述因素中，對樣板市場的選擇是基本因素，為了保證成功，還有些關鍵因素需要同時考慮：

(1)經銷商的配合及其隊伍現狀

在區域上，市場的操作是否成功，人是很重要的因素，因而該區域的經銷商及其擁有的銷售隊伍是決定樣板市場是否能夠成功運作的關鍵因素：

第一，經銷商必須有信心，有足夠的興趣來配合企業打造樣板市場，並且從各方面資源的調動上給予配合；

第二，經銷商的銷售隊伍的素質能夠保證市場推廣的需要和策略的如實執行。

(2)資源整合能力

資源整合能力包括對內的整合能力和對外的整合能力。對內是指

對企業內部的人力、物力、資金的調度整合能力，這是產品上市推廣的根源和基礎；對外是指對經銷商、媒體資源、外部環境的整合能力。

⑶成為第一品牌的潛力

樣板市場的作用就是示範——增強經銷商的信心，因而在選擇樣板市場的時候，必須充分考察當地競爭產品的情況，看產品是否有成為市場第一品牌的潛力，有沒有可能在當地擠掉競爭產品而成為第一品牌。

3 新產品的生命週期

正常的產品生命週期包括導入期、增長期、成熟期和衰退期 4 個階段（見圖 3-1）。

圖 3-1　產品的生命週期

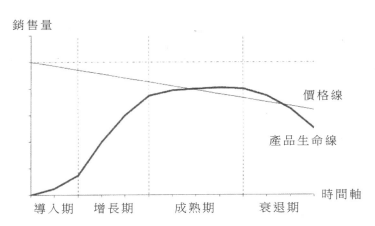

⑴導入期的特點：銷售額比較小，增長緩慢，消費者對這類產品

還不太瞭解,需要加以引導。這階段競爭的產品和企業相對比較少,但由於推廣的成本比較高,很容易出現虧損情況。

⑵增長期的特點:產品趨於定性,技術趨於成熟,銷售額迅速增加,同時企業的利潤也隨之大幅上升,由此會引來很多競爭者介入,市場競爭開始加劇。由於規模擴大和成本下降,再加上競爭者介入,容易導致價格呈下降的趨勢。

⑶成熟期的特點:銷售額變化不大,市場上競爭力較弱的一些企業逐漸被競爭者擊垮,或者主動退出市場。市場上開始出現供過於求的現象,加上促銷手段的不斷運用,價格持續下滑。

⑷衰退期的特點:進入衰退期以後,產品銷量快速下降,消費者的興趣轉移到新的產品上。經過成熟期的競爭,價格下降到比較低的水準,企業的利潤已經很薄,很多企業都會逐步退出該品類的市場競爭。

產品的生命週期是一個標準曲線,它不是一成不變的。在產品不同的生命週期,行銷人員的工作也各有不同:首先,讓一個產品進入市場的導入期越短越好,導入的速度越快越好;其次,進入增長期以後,增長的速度越快越好,增長的時間段越長越好;再次,進入成熟期以後,要保證產品所有的行銷手段都應該用於確保這個產品的成熟期越長越好;最後,讓產品緩慢地進入衰退期,最好能一直保持平穩的產銷量。

4 導入期的新產品上市

　　產品生命週期至少可區分為導入期、成長期、成熟期、衰退期，各期的產品投入策略均不同。

一、區域市場上市

　　導入期是產品進入市場的初期，這個時期的產品上市以教育和啟發市場為主。整個上市的工作，更多的是讓消費者接受產品主體利益的工作，而利用管道等滿足需求的工作是沿著市場的前進軌跡進行的。

　　導入期的上市工作多以區域市場為主，因為區域的市場特徵比較明顯，也容易掌握。對於市場來說，各個區域由於市場特徵各異，產生了不同的需求方式和層面，使產品在上市的過程中把控難度增大，但以區域市場為主進行產品上市仍是目前的主要趨勢。

　　在區域市場進行導入期產品上市需要注意的問題：

1.產品方面

・選擇利益明顯、特點突出、容易接受的單一產品上市。

・產品的利益訴求要明確，產品的形狀和包裝要易被接受。

・傳達的主題是產品共性利益，不要追求個性利益或賣點。

・品牌不是傳達的重點，故不要過分張揚。

2.市場方面

・先要抓住產品主要需求群體的感性部份進行嘗試性銷售。

· 抓住該人群的時代情感是把握市場的關鍵。
· 人群定位不要過於分散，讓這些感性人群產生口碑。

3.推廣方面

· 告知的重點是強化利益可以帶來的情感結果。
· 地面媒體在配合時應強化品牌與產品的捆綁關係。
· 賣點的訴求與產品之間應該緊密聯繫。

4.管道方面

· 利用自己可以控制的直營方式進行面對面的嘗試銷售。
· 合理布點，現場演示及終端促銷緊密結合。
· 在直營終端無需進行規則性陳列，以活化氣氛為主。

5.環境方面

· 注意區域市場環境和相關產品採用的方法，以期借鑑。
· 不要脫離當地的購買習俗和行銷基礎方法的採用。
· 如不是一類市場，可以採用更靈活的市場操作。

二、重點城市上市

在重點城市進行導入期的產品上市首先要具備兩個條件：一是該產品未來的市場潛量很大，二是企業具備充足的資源。因為，如果市場潛量大，一旦被啟動，市場的成長速度會很快，這時企業容易搶奪更多的市場佔有率。而重點城市的輻射程度和其具有的影響力可以使市場的規模迅速膨脹。相反，如果企業沒有充足的資源，一旦市場被啟動，容易讓更有實力的企業把成長的市場佔有率瓜分殆盡。

在重點城市進行導入期的產品上市需要注意的問題：

1. 產品方面

· 選擇利益明顯、特點突出、容易接受的單一產品上市。

· 產品的利益訴求要明確,產品的形狀、包裝和品牌要視覺清楚。

· 產品的共性利益是傳達的主題,品牌和利益要有一定的關係。

· 品牌不是傳達的重點,但需要與產品進行必要的捆綁。

2. 市場方面

· 城市主要需求群體的感性部份更具時代特點。

· 進行嘗試性銷售的主體與區域有一定區別,不以經濟層面進行劃分。

· 定位要集中在一些知識人群,讓這些感性人群產生口碑影響其他群體消費。

3. 推廣方面

· 電視廣告的告知作用顯著,且配合其他地面訴求。

· 賣場的視覺媒體引導和導購發生作用。

· 品牌的形象作用不要過於明顯,而重點突現的是品牌和產品的捆綁認知。

4. 管道方面

· 直營、專櫃銷售,特賣場所的配合銷售。

· 重點經銷商的一些主營網點配合。

· 一些快速流轉品需要走一些專營管道(如餐飲)。

5. 環境方面

· 製造話題是城市市場環境的一個顯著特徵。

· 城市時代文化及地方習俗影響一些社區域品牌的進入。

三、全國市場上市

　　在全國市場進行導入期的產品上市，企業應具有很豐富的資源條件，同時要冒一定的風險。因為，處於導入期說明這個產品在市場上沒有成熟，也就是說，消費者的接受還需要很長時間的培育，企業要有足夠的耐心。但對於一些功能性產品來說，每一個產品都是一種利益體現，只是這種利益一直沒有一個很好的產品完全演繹出來，這樣的產品可以採用全國市場同時上市的策略。比如，一種可以迅速達到理想效果的減肥產品，就可以採用此策略。總之，一種可以替代其他產品利益，且效果顯著，價格又可以滿足更多人需要的產品都可以採用全國上市的方式。

　　在全國市場進行導入期的產品上市需要注意的問題：

1. 產品方面

・ 必須是利益獲得的結果明顯、有更大市場需求的產品。

・ 產品的利益已經是消費者接受的，只是形式上有所改變。

・ 市場能接受完全是因為產品因素，不要幻想用已有的品牌強佔市場。

2.市場方面

・ 消費者對該產品的需求一直有潛在的可能性。

・ 市場接受方式應趨於感性。

3.推廣方面

・ 電視媒體的告知是必須要完成的。

・ 推廣的主體應該是產品，而不是品牌。

4.管道方面

· 經銷商是這個階段必須要利用的,因為全國性的網路自己很難達成。

· 需要注意的是不要讓經銷商只完成鋪貨,而不去進行終端的維護和建設。

5.環境方面

· 各區域的市場環境不同,需注意在上市完成後各區域的網路結構和推廣行為要根據各自的市場情況進行調整。

四、導入期不同時間段的上市工作

所謂導入期的不同時間段,是要說明企業在導入期的前、中、後那個時間段進行產品的上市。因為,導入期每個時間段的市場是有區別的,只是不很明顯,但對於不同的產品來說,結果是不一樣的。比如,我們劃定導入期的標準是產品在這個市場上的普及程度為 5%左右,但有些產品可以到15%左右。我們知道,一個產品上市,在首次推廣的影響下,產生購買的人群只佔接受信息人群的 5%以下,也就是說要想達到市場的 5%普及率,需要很長的教育時間才能達成。而要想達到 15%,則需要更長的時間。在產品的市場普及率到達 15%的時候,市場前景就已經從朦朧狀態逐漸清晰,這時希望進入市場的企業決策也更加容易,參與競爭的企業數量也會多起來。所以,從沒有市場到15%的市場這個過程是有區別的。

1.導入期的前期應該注意的問題

⑴此時市場對產品完全沒有認知,要提前預想到困難,以免由於長時間等待市場啟動而喪失信心。

⑵注意在教育市場的時候，不要過多強調產品可能帶來的利益，要強調的是該產品帶來的利益可以轉化的結果，因為結果是感性接受的，而利益過於理性。

⑶不要進行大規模招商，這時沒有那家經銷商會有信心。如果真的達成，也一定會在管道滯留，佔壓資金。

2.導入期的中期應該注意的問題

⑴這時應以終端的推銷和直營管道進行推力和拉力組合。

⑵這是最艱難的時期，要注意對終端銷售人員的激勵和挫折培訓。

⑶加入一些演示、品嘗、公關等互動形式，以期啟動市場。

3.導入期的後期應該注意的問題

⑴這個時間內注意對經銷商的公關和說服，以讓其參與市場的鋪貨，形成多角度攻勢。

⑵注意其他競爭者的參與，鞏固市場的惟一方法是，開始強化品牌與產品的關係及品牌的認知。

心得欄 _____

_____

_____

_____

_____

_____

5 成長期的新產品上市

一、區域市場上市

產品進入成長期，就預示著這個產品的市場有很多競爭者要闖進來。這時企業不是等待市場成熟，而是主動地學習如何搶奪市場佔有率，以便等市場成熟的時候，能夠佔有一定的市場佔有率，然後，在這個額度當中參與到個性化的競爭中去。

產品成長期的上市工作，主要是迅速拓展市場。這時的產品市場因為需求迅速增大，使得很多企業更加注重快速佔領全國市場的工作。而這對於區域工作來說不能完全體現其中的價值，所以，很多區域的市場只是掃蕩性的佔領，並沒有進行深耕工作。造成很多新上市產品被競爭者在這些市場上進行搶奪。

在區域市場進行成長期產品上市需要注意：

1.產品方面

· 這個時期需要強化產品品牌特徵，以便在眾多產品中容易被消費者識別和選擇。

· 產品的包裝和訴求要容易識別，品牌在包裝上的位置突顯，色彩和形狀識別應更容易，總之要簡單、明確。

2.市場方面

· 市場開始區隔，有些消費者開始注重產品的實用性與經濟性的結合。

· 企業在市場上開始明確定位，比如工薪層定位等。

3.推廣方面

· 這個時間內需要達成的是迅速的告知，要通過多種媒體的方式
  組合利用，以便節省資源。

· 在區域內強化終端賣點作用，讓賣點成為一個廣告視窗。

4.管道方面

· 需要利用經銷商進行市場分割控制和把守。

· 迅速滲透區域的每個細節部份，以便強化該區域的根據地作
  用。

· 與經銷商共同維護區域市場。

5.環境方面

· 這個時期的區域市場是整個被啟動市場的一部份，一定要迅速
  把管道結構建設好，以便能參與全國市場佔有率的搶奪。

二、重點城市上市

在重點城市進行成長期的產品上市，需要賣場和推廣的組合，要
注意產品的鋪貨時間和推廣啟發時間之間的協調，以有效達成快速購
買和促進產品的流轉。在城市上市不是把工作做到經銷商、讓經銷商
配合就可以的，更多的是要求企業參與到這個工作中，一是配合經銷
商，另外是在達成鋪貨的同時，也達到控制市場的目的。因為城市市
場是區域市場乃至全國市場擴張的根據地或者大本營，需要在進入的
同時進行建設。

在重點城市進行成長期的產品上市需要注意的問題：

1.產品方面

· 這個時期也需要強化突出產品品牌特徵，以便在眾多產品中容

易被消費者識別和選擇。

· 產品的包裝和訴求要容易識別，品牌在包裝上的位置突現，色彩和形狀識別應該更容易。

· 產品要用最核心的利益和最暢銷的品種強化賣點。

2.市場方面

· 在這個時期內，產品的主要利益剛剛被啟發出來，所以，不要過分追求區隔利益而分散消費者的注意力。很多企業往往被城市的理性所迷惑而強化個性利益，忽視用共用的核心產品利益先把市場掌握住、再進行細分的原則。

· 城市人群需要引導，在成長期不是以產品的利益引導為主，更多的是品牌和產品捆綁進行綜合利益的引導。

3.推廣方面

· 廣告的拉動需要對幾種媒體進行組合，各種媒體完成自身的任務。

· 賣場發揮更多的推廣作用，視覺引導的作用開始顯現。

· 品牌的形象作用也開始起作用，地面的視覺媒體會更多地參與。

4.管道方面

· 突出直營和重點經銷商的配合作用，以建立網路。

5.環境方面

· 此時市場由於競爭激烈，需要很好地組合推力和拉力。

三、全國市場上市

處於產品成長期的全國上市，是很多企業必須要做的工作，也是

行銷中的一種必然結果,因為這個時期需求大於供給,更多的需求誘惑著更多的企業加入到這個行業的競爭中來。所以,在行業競爭中市場容量越大,參與到其中的企業就越多,就越需要更快地進入和拓展。

在全國市場進行成長期產品上市需要注意:

1. 產品方面

· 此時更需要強化突出產品品牌特徵,以便在眾多產品中容易被消費者識別和選擇。

· 產品的包裝和訴求要容易識別,品牌在包裝上的位置突顯,色彩和形狀識別應該更容易。總之,這些關鍵點應該和區域市場是一致的,所不同的是,包裝要和品牌在色彩等諸多識別元素方面適當地統一,以便能夠達成迅速的認知。

2.市場方面

· 市場容易被情感所左右,比如帶有民族情感的品牌等。

· 全國性的接受需要一定的口碑,而口碑的傳播需要產品概念性的創造和突破性的理解。

3.推廣方面

· 這個時期內需要達成的是廣泛的告知,讓更多的人認識到該產品和品牌。

· 很多企業利用中央電視臺的招標造勢,以積極廣泛的普及性認知宣傳達成市場的強勢拉動作用。

4.管道方面

· 除個別區域交給經銷商拓展外,有些產品需要建立分公司或辦事處,達成快速送達的任務,同時發展一部份批發商,搶佔市場的空隙。

5.環境方面

· 注意在迅速發展經銷商隊伍的同時，不要過分地產生依賴，以免產品進入成熟市場時，企業不能直接服務市場，造成建設市場的困難和被經銷商所控制。

四、成長期不同時間段的上市

　　成長期對不同的產品來說是不一樣的，有的產品成長期比較長，有些則比較短。在市場上，很多產品的成長時間都比較短，原因是我們從一個比較薄弱的市場迅速提升到現在的水準不需要走很多創新的路，只要按照國外已經走過的路進行模仿就能夠輕易達到一定的高度。在成長期當中，分出幾個階段非常容易。因為這個階段的需求是高速增長的，成長階段的需求與已經快要進成熟階段時的需求差距非常大，市場的狀況也不一樣，而企業需要採取的行銷策略和方法也不同。成長期各階段的這種差異也就決定了在不同產品條件下的上市政策和策略。

1.成長期的前期應該注意的問題

　　⑴進入成長期的產品已經開始被認知並且需求逐步上升，所以，有更多企業參與到這個行業來競爭。在這個時候進入市場，要迅速在眾多的產品中被識別出來，採用的方式是品牌的強化與產品的特點進行捆綁的認知，以便讓市場迅速識別。

　　⑵此時市場還不是很大，還需要進一步對產品進行教育，為了更快地擴充市場，在進入的時候不要忘記對產品功能的繼續教育。

　　⑶可以發展一部份願意成長的經銷商和企業一起成長。

2.成長期的中期應該注意的問題

(1)這時需求已經表現得非常明顯，參與的企業也越來越多。大家主要在爭奪市場佔有率上投入更多的力量，所以，應重點發展一些有能力的經銷商幫助佔領市場。

(2)入市的方式從推廣上講應該更注重突現品牌的概念，以易於達成認知和識別。銷售上可採用不同的策略進入，如果是市場潛量大的產品，可以低價進入，也可以對管道高讓利的方式進入市場。

3.成長期的後期應該注意的問題

(1)這個時間要對經銷商進行市場控制，防止在產品進入成熟市場的時候，形成經銷商完全控制終端的現象。此時進入市場的產品，經銷商不願經銷，因為市場已經被割據，切入困難。企業基本採用捆綁廣告費的方式激勵經銷商。

(2)推廣進入市場的產品，開始要尋找產品的獨特賣點，以尋求用特點掠奪消費者。

6 成熟期的新產品上市

一、區域市場上市

產品進入成熟期，市場已經被不同的品牌分割。這時進入的產品，需要利用產品的個性利益進行市場的突破，而產品的個性利益又需要與產品的品牌在個性點上一致。只有這樣，才能劃分出自己產品的地域範圍，逐步形成自身的優勢。

在成熟期以區域市場進行上市操作的情況還是很多的，因為成熟市場的產品已經在需求角度上被幾大品牌區隔了，而更多的工作都是在細分市場上用產品的不同特性劃分人群。對於區域市場來說，由於其市場的特徵各異，產生了不同的需求方式和層面，使企業有更多的機會。同時，以區域市場為主進行產品上市，可以在小範圍內用產品的個性概念重點強化，試驗出更加貼合市場的進入方式和方法。也可以利用地域、文化等的不同創造特有的產品，然後以該產品的特色影響其他市場。

在區域市場進行成熟期產品上市時，需要注意的方面：

1.產品方面

· 重點要在設計產品的概念上下功夫，對產品的細分市場需求進行研究，有針對性地把產品利益和細分市場所需求的利益進行對接。

· 根據區域的特點，找出盡可能快接受的地域元素來設計 產品的賣點進行推廣。

2.市場方面

· 有必要在地域強化品牌，以達成區域強勢認知的效果。

· 形成區域內對品牌的情感依賴，同時達成一種口碑效應。

· 區域的市場定位也不脫離成熟期特徵所要求的產品的個性利益的對接表現，即人群對產品利益的理性接受。

3.推廣方面

· 以推廣產品的個性和特有的利益為主，但需要加上地域的品牌情感因素。

· 市場的終端展示是區域產品上市的必要手段。

· 促銷活動是成熟階段的基本行銷手法，區域也不例外。

4.銷售管道方面
- 借用管道和企業自身的直營達成配合，在開闢市場的同時鞏固市場。
- 管道的拉動和管道的助銷行為作用明顯。
- 終端促銷及處理好上市時間是對整個管道銷售的支持。
- 注意淡旺季對產品上市的影響，讓產品處於旺銷時間。

二、重點城市上市

　　在產品的成熟期進行上市操作，從表面上看市場已經被幾個有力的品牌分割，已經沒有合適的空間可以擠進去。這時這些強勢品牌更容易犯錯誤：它們從成長市場的掠奪性收成到成熟市場相對穩定的利潤保持沒有充分準備，仍然利用經驗保持以往的行銷策略或者強化銷售體系。這時最容易忽視的就是新成長的消費群體時代情感的改變，所以，新進入者可以進行品牌的情感對接，同時利用新的產品特點和增加利益切入市場。

1.產品方面
- 產品的特點及個性利益一定要彰顯。
- 品牌和產品利益的關係要處理得當，因為這個時候新產品的品牌力度小於產品的概念力度。
- 產品需要賣點的支撐。

2.市場方面
- 品牌對接的人群應該是消費人群的最小層面，因為這部份人群是沒有被教育過的，同時城市人群中年齡越小越活躍，其影響力越大。

· 消費者的情感依賴已經產生,而時代轉換及新概念的接受是這種市場的特點。

3.推廣方面

· 市場的教育費用增大,所以,品牌的感知採用強化告知的方法容易浪費資源,這時採用多角度的感知方法是有效及節省資源的途徑。

· 以地面的焦點進行配合,來引導消費者進入賣場和產生消費。

· 終端的賣場活化作用是明顯的。

4.管道方面

· 建立直營和發揮重點經銷商的配合作用,建立有效網路。

5.環境方面

· 市場的環境是強勢品牌明顯,新產品進入的賣點不容易被認識。

三、全國市場上市

在成熟期進行全國的上市,是一些有強勢資源的企業進行的活動,如果沒有一定的資源條件,在產品已經成熟的全國市場上市要冒很多風險。進行全國市場上市,一個是該產品的技術的確有過人之處,另外,就是企業有很多的資金或者已經有相關產品的成熟品牌或者管道優勢。

在全國市場進行成熟期產品上市需要注意的方面:

1. 產品方面

· 從包裝到產品的特色、品牌的突顯等各個方面要容易識別和瞭解。

· 訴求和賣點要清晰、有新意，讓新新人類們能夠接受，並符合
時代的要求。

· 產品和品牌的識別都要進行強化處理，同時保持一致。

2.市場方面

· 市場的需求並不一致，所以要從品牌點上強化認知。情感上要
模糊，不要過於強調產品的具體利益，讓激情人群首先接受並
帶動其他人群的成長。

· 二類市場可能是提升銷量的主體，但不能忽視一類市場未來的
品牌作用。

3.推廣方面

· 主流媒體的強化告知是拉動市場的主要動力，但不能忽視的是
城市市場的深耕作用，不然的話容易造成產品短命，因為城市
市場是產品成長的軸心。

· 地面作用不可忽視，雖然在短期內不如電視媒體作用明顯。

4.管道方面

· 快速流轉品要發展區域分公司並深化管道建設，而耐用消費品
可以採用辦事處或者利用管道成員的方式。但要注意，一旦上
市成功，要有自己的專賣或者直營體系，防止完全被管道所控
制，完全招商只適合功能性產品。

5.環境方面

· 成熟市場的全國上市，最容易產生的是寬泛的利益和情感模
糊，造成低端市場的接受而城市主流市場的排斥，使產品品牌
的成長空間減小。

四、成熟期不同時間段的上市

成熟期產品上市，是在競爭非常激烈的市場情況下進行的。這個時期的市場普及率已經達到 50%～55%以上。在產品的成熟期，市場被在成長期就搶佔了市場的品牌瓜分殆盡，而新的產品要想從這些已經成長起來的品牌身上搶奪一部份市場，需要付出更多的資源和更大的努力。所以，我們要分清成熟期不同階段的市場狀況，對應採用不同的方式，目的是搶奪新的成長型消費者和瓜分已經被其他品牌教育過的消費者。

1.成熟期的前期應該注意的問題

⑴成熟期的前期市場剛被一些知名品牌或剛確立的品牌瓜分，還沒有機會細分掠奪過來的消費者，這時產品共性概念的需求還是大於個性化的需求，所以，新產品進入時，採用有特點的、具備新的個性需求的產品進入市場是最便捷的方法。

⑵注意新產品需要一個全新的個性產品概念以拉動市場。

⑶發展經銷商要注意其對產品的認同感。

⑷全新品牌要採用產品概念進入市場。

2.成熟期的中期應該注意的問題

⑴在這個階段，產品的市場已經開始細分，但這種細分是以產品的個性概念表現的。由於消費者個人的特點，對一類產品的需求產生分化，在逐漸分化的過程中，出現很多類似概念的產品共同爭奪一個細分人群的情況。所以，這個時候進入市場，要將產品的個性概念和品牌進行捆綁，以便消費者在選擇產品時能夠清楚地識別。

⑵品牌的推廣要更明確，同時力度也要增大。

⑶新產品入市更注重新成長起來的消費者，因其可以伴隨產品成長。

3.成熟期的後期應該注意的問題

⑴任何一個企業都不願看到產品進入成熟期的末期，所以都會採用一個新的產品概念增加副品牌進行市場推廣，因為已有品牌概念已經固化，新的概念品牌可以帶來更多的品牌情感，帶動產品的新一輪成長。

⑵新產品的進入都是老品牌企圖延長其生命週期所做的努力。

7 不同需求方式的新產品上市

客戶對產品的需求方式，可分為感性需求和理性需求。

一、感性產品的上市方法

所謂感性就是消費者在購買產品的時候，決策中存在更多的感性因素，很多理性產品在進入成熟階段之後也產生了感性因素。而對於一些功能性產品和貴重產品，消費者的購買決策是通過理性方式達成的。

消費者在購買產品的時候，有時是因為產品的功能對自己有利而購買，而更多的時候是因為這種利益已經不是選擇的主要元素，產生了感性決定的因素。比如，消費者購買一支鮮花是因為它帶來的美感和好心情，有很多理性的因素；但是如果購買一朵玫瑰花，其購買的

利益就轉移到感性因素方面了。很多產品剛剛被消費者暸解的時候是理性購買的，隨著產品在市場上被認知和普及，理性的決定因素就會逐漸減弱，取而代之的是感性的決定因素。就像手機，剛剛進入市場的時候是一個純理性的產品，但到了今天這個已經成熟的市場時，手機的購買開始感性化了。

我們研究消費者從需要到需求的發展歷程，就會發現，任何一個產品都是從理性逐步發展到感性的。例如我們現在看到的很多高檔汽車就存在著很多感性因素，不同的品牌帶來的情感需求可以讓消費者為此付出很大的代價。所以，所謂感性的產品不是指那一類產品，而是不同時間點上針對需求方式產生的產品或者品牌形式。

企業進行產品上市，一定要確定該產品此時所滿足的需求類型。如果情感需求大於利益需求，這個產品就是感性消費的產品。感性產品上市需要注意的問題：

1. 感性產品要注重產品的包裝和外觀品質。

2. 要注重產品概念與包裝色彩的協調，就像一個文靜的女孩不能穿一個很酷的野戰服或者把頭髮染成紅色一樣，一定要符合受眾的情感需要。

3. 感性產品要在利益上符合時代的情感特徵，還要符合市場對接人群的年齡需求。比如，有些手機符合年青人愛動、活潑的特徵等。

4. 感性產品要符合生理需求結果。比如，人渴了，需要喝水；餓了，需要吃東西。這些產品要讓人產生慾望。

5. 在推廣方式上，感性產品不要讓消費者在接受的時候，過於理性地思考，這樣的產品是賣不動的。要讓人從需求和慾望的方式上去接受，而不是從需要不需要的方式上去選擇。

6. 感性產品的銷售要設計感性的購買氣氛，終端要做引導和感

染。

二、理性產品的上市方法

理性產品和感性產品一樣，也是產品在不同市場階段產生的一種需求方式。生活中就有很多這樣的產品。比如，人生病了，需要吃藥，藥就是理性的產品，它不是一種需求，而是一種需要。而穿衣服卻是因為需求和慾望，冬天要穿棉衣，夏天要穿單衣，這是需求；慾望就不一樣，有因為款式的美觀、顯示美麗而產生的慾望，有因為要穿名牌、顯示身份或者地位而產生的慾望。此時，需求和慾望就佔了主導的地位。新產品在剛剛問世的時候，帶給我們的是新的需求和更高要求的需要時，這樣的產品就是所謂的理性產品。多數人在購買大件電器時是理性的，但對於城市富裕的人群來說，購買房屋和汽車更理性，而購買電器已經趨於感性；對於廣大的農村市場來說，購買電器還是一種非常理性的行為。所以，分析產品是否理性還要分析產品所對應人群的消費能力和所在市場的區域階段。

要上市一個產品，首先要確定這個產品屬於什麼樣的需求方式。對於市場來說，不同區域的發展是不平衡的，產品階段各不相同，由於很多產品在上市階段都是以區域上市的形式展開，所以，準確地確定區域的產品需求形態才是最重要的。

理性產品上市需要注意的問題：

1. 要注意產品利益的表現，尤其是產品概念的體現，即產品的核心利益體現。不能忽略核心利益，只強調產品的賣點。比如，市場上出現的把塗料核心利益忽略，而強調產品可以「喝」的環保賣點。

2. 理性產品要注意語言訴求的結果表述，即產品的利益可以帶給

消費者的結果是什麼。只強調產品利益就會變成生產商「王婆賣瓜，自賣自誇」的現象。比如，康泰克帶來的是「雨過天晴的感受」；金嗓子帶來的是清爽的感覺等都是結果的表現。但有些電視產品沒有說核心利益的結果，而說成是健康概念，這不是利益轉化的結果，是公益的宣傳口號。

3. 理性產品的上市推廣要注意產品的作用大於品牌的作用，不要過於把資源浪費在品牌認知上。

4. 管道利用上，理性產品應採用直營的方式進入，因為這樣可以更好地說明產品。

8 不同消費方式的新產品上市

新產品的銷售方式，可依產品性質區分為快速消費品、耐久性產品。

企業生產產品，肯定都希望得到利潤回報。明確該產品屬於什麼消費方式可以幫助企業選擇不同的行銷策略。快速消費品要求企業在市場上把握產品的流轉速度，一切努力都是為了達成流轉頻率，而耐用消費品則要求控制終端銷售的有效性。

一、快速消費品的新產品上市

我們都很明確什麼類型的產品屬於快速消費品。但快速流轉產品的特點和其上市的方式，就不是所有的人都瞭解。在實際行銷行為

中，我們把消費者經常重複購買的產品稱之為快速消費品，但這種重複購買的產品也有很多區別，有些產品重複購買的幾率比較高，有些則較為平緩。比如，飲料這種產品今天喝了，明天還可能喝，這是購買潛量大的表現。但它受天氣和地點的影響，天氣熱，又是在旅遊點，一天可能重複購買多次，這就產生了多次購買，也就是頻率的增加。企業要想得到更多的市場佔有率，增加頻率本身比擴大市場規模來得更加實惠。因為，增加頻率是爭取已經被教育的消費者的忠誠度，而擴大市場則需要啟發新的消費者需求。

快速消費品是競爭非常激烈的一個市場，因為這個市場的很多產品成熟期都非常長，而很多產品品牌在市場上佔據了很長的時間，又因為產品品牌忠誠度高，在這個市場上市的產品面臨的挑戰是非常巨大的。快速消費品上市應該注意的問題：

1. 快速流轉的產品上市要放棄更多的理性訴求成分，產品的概念要和情感緊密結合。比如，「海飛絲」去頭屑洗髮精以前是藥店消費的產品，理性訴求比較強，但為了加快消費頻率，企業把該產品放到商場，訴求也從藥品的理性轉到美感和心情的情感訴求上來。

2. 快速流轉品從包裝形狀到色彩情感表達都要與對接的消費群體相符合，要讓你的消費者一見鍾情或者感覺很有親和力，而無須經過太多的理性思考和接觸時間。

3. 產品的推廣應採用多次重複地層示在消費者面前的做法，這就要求視覺的一致性、同一性以及賣點的生動化處理等。

4. 管道方面需要控制管道的層級，讓產品符合高速流轉的需要。

二、耐用消費品的新產品上市

耐用消費品指在市場上流轉速度比較慢的產品。對於耐用消費品，消費者的購買頻率比較低，有些產品第二次購買的時間很長。這樣一來，消費者品牌的忠誠度相對較低。試想一下，如果一個產品第二次購買的時間達到 5 年以上，5 年之後這個市場會發生什麼樣的變化？整個市場消費群體的人群特點、生活習慣、品牌的情感偏好等都在發生著變化。企業如果跟隨著第一次購買的人群去進行忠誠度的創造，勢必會忽視新成長起來的消費者的情感需求。而市場的成長和發展是由於新的消費者的加盟而改變的，所以，更多的企業寧願改變自己來適應新消費者的情感，也不會固化自己的形象跟隨固有的消費者長跑。

面對這樣的市場狀況，企業要想操作耐用消費品上市，需要重點考慮的是這個產品的市場潛量到底有多大。如果市場有一定的潛量規模，企業可以投入更多的資金去博這個市場；如果潛量比較小，就要考慮一下利用一些非常規的手段迅速掠奪和迅速放棄。耐用消費品上市需要注意的問題：

1. 首先要注意產品的階段，不同的階段行銷行為區別很大。比如，成長階段需要迅速的擴張，所以入市的方法可以採用低價策略、品牌概念策略。而成熟階段需要採用的是對應新的消費群體的新產品的概念和副品牌的特徵策略。

2. 耐用消費品更注重產品的品質和品質，所以要強化在這方面與消費者的溝通。

3. 在成熟市場，消費者更著重好品牌或者具備新產品利益的產

品，所以，品牌塑造要隨著消費者的變化而改變，來不及改變就要利用副品牌進行推廣，而副品牌往往伴隨著新的產品利益產生和存在。

4. 從前以產品技術進行耐用消費品上市的時期，已經越來越遙遠了現在品牌的作用和終端市場的其他感性行為開始佔據更大的分量。

5. 考慮到成熟階段的建設和發展，在成長階段入市時就要考慮利用管道的政策控制，以免到成熟階段被管道成員控制。

9 新產品上市作業規範

新產品上市需要有具體的人員作業規範，以讓所有的人員都能夠瞭解產品上市的重要性。同時各個部門之間，部門內部之間的溝通、協調和配合關係一定要事先明確。讓在前線的業務人員能夠清晰自己的職責，後方的配合人員瞭解自己工作的重要性，使產品上市的工作都能夠在一個清晰的線條下進行，以更大的效益去獲取結果。產品上市的成敗很多是在執行控制的幾個關鍵點上，企業要注意這些環節的處理。

新產品上市作業規範：

1. 目的

使新產品上市作業標準化，以便業務人員的操作執行，提高工作效率。

2.作業內容

(1)前置作業

①新產品上市說明會

· 組織：市場部

· 參加人員：事業部

· 全體時間：新品上市前一個月

· 內容：開發背景、產品特性、行銷支援等相關信息告知

· 新品試用及意見回饋

②執行人員培訓

· 組織：市場部、銷售部

· 參加人員：科長、組長、業代、編外業代

· 內容：產品知識、價格、市場競爭狀況分析，推銷話術歸納，
　鋪市動作演練

③其他相關作業

· 營管部：產品編號、倉庫陳列標準、車輛配載量

· 市場部：價格訂定、市場支援（POP 到位）

· 相關文件辦理

④管道信息告知、預訂貨

· 執行：業務代表

· 時間：上市前二週

· 對象：飯店、連鎖超市、批發市場、主要客戶

· 內容：

a.新品上市信息告知

b.樣品試用及信息回饋

c.價格協議訂定、預訂貨

d. 直營店促銷活動接洽

(2)上市作業

①管道進貨

· 執行：業務代表

· 時間：新品上市後某一時間

· 內容：

a. 批發市場進貨、促銷活動造勢、POP 張貼

b. 直營店進貨，編外業代配合促銷活動、產品陳列、POP 張貼、
吊旗懸掛

②零售點鋪貨

· 執行：編外業代

· 時間：新品上市一週內

· 內容：

a. 新品上市信息告知、推銷說明

b. 反對意見處理、拿訂單

c. POP 張貼、產品生動化

③鋪貨追蹤要點

· 鋪貨率：管控表(鋪貨追蹤表)

· 末端售價──通路價格掌控

· 回轉率

· 管道庫存

· 市場回饋

· 管道價格回饋

(3)注意事項

①各級主管應每日追蹤鋪貨進度，並檢討調整作業方式。

②若新品上市關係到保密問題，前置作業中通路信息告知時間壓縮推遲執行。

⑷相關文件及表單

①鋪貨進度追蹤表

②鋪貨率匯總表

10 上市促銷配合計劃

產品上市的促銷是根據上市的流程順序進行的。在正常情況下，促銷的達成是從銷售終端進行，即從終端拉動消費者的需求，通過消費者的購買拉動零售商，促進其進貨，從而拉動二級，而後促進一級管道，總之，正常的促銷行為都是從市場方面開始拉動的。但對於一個新產品來說，這樣的拉動促銷速度比較慢，所以會從管道的前端考慮進行一些促進行為，這些是激勵管道成員在沒有看到產品是否好賣的情況下進貨的促進行為，目的是不僅要讓它們進貨，還要讓它們把貨儘快鋪向市場。

新產品上市的促銷是為了幫助新產品在入市的時候能有一個很好的業績，這樣可以給經銷商和企業增加信心，同時也可以讓更多的產品進入到市場的終端和消費者接觸，而在接觸的過程中的消費者促銷又反過來給管道和企業帶來更多的信心。但要特別注意的是，新產品的促銷不同於老產品或成熟產品的促銷，新產品由於市場還沒有完全成熟，單純的促銷會帶來對產品的不信任，也可能帶來產品利益的不確定，因為促銷往往會改變產品利益。所以，新產品在市場上促銷

目的是激勵嘗試性的購買，而不是更多的銷售，管道上的促銷是鼓勵鋪貨，而不是為了低價轉移貨品。只有把握這些原則，設計出來的促銷才可能對企業有利(見表 10-1)。

表 10-1　上市促銷計劃的內容

內容	說明
產品上市的管道促銷計劃 1. 產品上市的一級管道激勵計劃 · 鼓勵進貨鋪貨 · 鼓勵分銷 2. 產品上市的二級管道激勵計劃鼓勵分銷 3. 產品上市三、四級管道激勵計劃 · 鼓勵分銷 · 鼓勵銷售 4. 管道的助銷計劃	對管道成員促銷的目的就是為了把產品能夠順利地鋪向市場
產品上市的終端促進計劃 1. 產品上市的終端激勵計劃 · 鼓勵產品上架 · 鼓勵陳列和展示 2. 產品上市的終端助銷鼓勵生動化擺放	對終端的促銷為了讓產品到達終端之後讓消費者看到，所以，希望能夠有很好的展示和陳列
產品上市的消費者促銷計劃 1. 引發注意和嘗試 · 鼓勵嘗試 · 鼓勵第一次購買 2. 鼓勵重複購買鼓勵第二次機會	消費者的促銷是從市場層面對管道進行拉動，從而激發管道成員更大的積極性. 而管道的積極性反過來又對終端和消費市場是一個促進
產品上市的人員促銷計劃 · 人員的鋪貨鼓勵 · 人員的銷貨累計獎勵 · 人員的終端配合獎勵	人員是執行計劃和能否順利實施的保證，所以，必要的促銷手段可以達成更好的結果

11 上市作業中的相關表格設計

　　上市的表格是和上市的計劃相配合的，只有對上市計劃進行深入的瞭解，才能明確設計這些表格的意義。設計表格不是因為趕時髦，也不是走過場和做樣子，不同的表格都可以幫助我們把工作做好。一些暫時沒有用的表格可以不要，只要有用的、幫助方案執行的就必須要學會使用，未來有用的表格就未來再用，以免在執行的過程中被表格干擾(見表 11-1～表 11-7)。

表 11-1　上市的人員組織分配計劃(示意)

序號	人員編制	必備數量	單位	儲備幹部進度					
				2003 年9 月	2003 年12 月	2004 年7 月	2005 年11 月	2006 年7 月	2006 年11 月
1	總經理	1	人	1	1				
2	執行副總	1	人	1	1				
3	財務總監	1	人	1	1				
4	會計	1	人	1	1				
5	出納	1	人	1	1				
6	事業部總監	1	人	1	0				
7	銷售部/經理	4	人	0	0				
8	直營部/主任	4	人	0	4				
9	零售部/主任	4	人	1	4				

續表

10	商超部/主任	4	人	1	4				
11	業務員	32	人	8	1	3			
12	編外人員	N	人	16	19				
13	銷售經理	1	人	0	1				
14	推廣專員/組長	1	人	0	0				
15	媒體專員/組長	1	人	0	0				
16	市調專員/組長	1	人	0	0				
17	事件行銷專員/組長	1	人	0	0				
18	專員	8	人	0	0				
19	人力資源部總監	1	人	0	0				
20	行政管理員	2	人	1	1				
21	銷售管理員	2	人	1	1				
總計		72	人	31	50				

銷售管道規範表：

表 11-2　新產品管道價格（示意）

序號	產品名稱	型號	容量單位	建議價格							
				直營（單位：元/單位）				區域分銷	二級/批發	三級/零售店	建議零售價
				店員促銷費	A級	B級	C級				
1	A產品（高檔）			5.00	168.00	171.00	176.00	163.00/單位	176.00/單位	185.00/單位	263.00/單位
2	B產品（中檔）			5.00	36.00	40.00	45.00	33.00/單位	41.00/單位	47.00/單位	77.00/單位
3	C產品（低檔）			5.00	37.00	41.00	46.00	34.00/單位	42.00/單位	48.00/單位	79.00/單位

序號	產品名稱	型號	容量單位	經銷商（單位：元/單位）		
				80%現款現貨	90%現款現貨	100%現款現貨
1	A產品（高檔）			176.00/單位	169.00/單位	163.00/單位
2	B產品（中檔）			41.00/單位	37.00/單位	33.00/單位
3	C產品（低檔）			42.00/單位	38.00/單位	34.00/單位

序號	產品名稱	型號	容量單位	二級（單位：元/單位）		
				80%現款現貨	90%現款現貨	100%現款現貨
1	A產品（高檔）			185.00/單位	179.00/單位	176.00/單位
2	B產品（中檔）			51.00/單位	45.00/單位	41.00/單位
3	C產品（低檔）			52.00/單位	46.00/單位	42.00/單位

表 11-3 管道等級標準

序號	內容	標準(單位:萬元/月)		
		A級	B級	C級
1	月營業額	100	65	30
2	營業面積	300(平方以上)	180(平方以上)	120(平方以上)
3	店家數	2(家以上)		
4	經營模式	連鎖店	專營店(連鎖店)	自營店
5	產品系別	1. A產品 2. B產品	1. B產品 2. C產品	1. A產品 2. B產品 3. C產品

表 11-4 銷售人員銷售提成標準

提成應具備項目內容標準							
前期鋪貨		鋪貨率達成標準					
對象	時間	第一階段	第二階段	第三階段	第四階段	第五階段	第六階段
銷售員	50天	50%	55%	65%	75%	85%	85%
回款率達成標準		出庫率達成標準					
鋪貨時間	0%	第一階段	第二階段	第三階段	第四階段	第五階段	第六階段
第三階段始	90%	50%	65%	75%	85%	95%	95%
銷售達成標準							
應收款達成標準		第一階段			第二階段		第三階段

應收款達成標準		第一階段			第二階段			第三階段		
鋪貨時間	0%	A級店	B級店	C級店	A級店	B級店	C級店	A級店	B級店	C級店
第三階段始	90%	10家/月	10家/月	10家/月	20家/月	20家/月	20家/月	25家/月	25家/月	25家/月

鋪貨比例 (產品:12/件)		達成率提成標準					
直營	1:12	50%以下	50%-65%	65%-80%	80%-95%	95%-105%	105%以上
二級	1:3	持續3個月辭退	薪資90%	薪資100%	營業額1.5%	營業額3%	營業額5%

續表

	第四階段			第五階段			第六階段		
	A級店	B級店	C級店	A級店	B級店	C級店	A級店	B級店	C級店
	25家/月	25家/月	25家/月	31家/月	31家/月	31家/月	37家/月	37家/月	37家/月

鋪貨目標標準			達成率提成標準					
第一階段	第二階段	第三階段	50%以下	50%-65%	65%-80%	80%-95%	95%-105%	105%以上
142家	262家	287家	予以辭退	薪資80%	薪資90%	營業額100%	營業額3%	營業額5%

鋪貨目標標準			區域目標銷售標準					
第一階段	第二階段	第三階段	第一階段	第二階段	第三階段	第四階段	第五階段	第六階段
300家	300家	374家	75家	146家	183家	200家	244家	293家

經銷商標準規範

經銷商		二級批發商	
標的物拓展	二級拓展	標的物拓展	三級拓展
1家/區	10家/區	10家/區	15家/區
80%現款現貨	90%現款現貨	現款現貨	80%現款現貨	90%現款現貨	現款現貨
100%出貨	100%出貨	100%出貨	100%出貨	100%出貨	100%出貨

扣點比例				扣點比例			
產品名稱	80%	90%	100%	產品名稱	80%	90%	100%
A產品（高檔）	176.00元/單位	169.00元/單位	163.00元/單位	A產品（高檔）	185.00元/單位	179.00元/單位	177.00元/單位
B產品（中檔）	41.00元/單位	17.00元/單位	33.00元/單位	B產品（中檔）	51.00/單位	45.00元/單位	42.00/單位
C產品（低檔）	42.00元/單位	38.00元/單位	34.00元/單位	C產品（低檔）	52.00元/單位	46.00元/單位	43.00/單位

表 11-5　營業目標進度表

內容	區域路線																								
第一階段																									
進入終端時間（單位：天）	1	2	3	4	5	6	7	8	9	10	11	12	13	14	15	16	17	18	19	20	21	22	23	24	25
預估終端數量	2	2	2	3	3	3	4	4	4	5	5	5	6	6	6	7	7	7	8	8	8	9	9	9	10
時間段分割	第一週						第二週						第三週						第四週						
預估實際達成	1	1	1	1	2	2	2	2	2	2	3	3	3	3	3	3	4	4	4	4	4	4	5	5	5
第二階段																									
進入終端時間（單位：天）	1	2	3	4	5	6	7	8	9	10	11	12	13	14	15	16	17	18	19	20	21	22	23	24	25
預估終端數量	10	10	10	10	10	10	10	10	10	10	10	10	10	10	10	11	11	11	11	11	11	11	11	11	11
時間段分割	第二月/第一週						第二週						第三週						第四週						
預估實際達成	5	5	5	5	5	5	6	6	6	6	6	6	6	6	6	6	6	6	6	6	6	6	6	7	7
第三階段																									
進入終端時間（單位：天）	1	2	3	4	5	6	7	8	9	10	11	12	13	14	15	16	17	18	19	20	21	22	23	24	25
預估終端數量	11	11	11	11	11	11	11	11	11	11	11	11	11	11	11	12	12	12	12	12	12	12	12	12	12
時間段分割	第三月/第一週						第二週						第三週						第四週						
預估實際達成	7	7	7	7	7	7	7	7	7	7	7	7	7	7	7	7	7	8	8	8	8	8	8	8	8
第四階段																									
進入終端時間（單位：天）	1	2	3	4	5	6	7	8	9	10	11	12	13	14	15	16	17	18	19	20	21	22	23	24	25
預估終端數量	12	12	12	12	12	12	12	12	12	12	12	12	12	12	12	12	12	12	12	12	12	12	12	12	12
時間段分割	第四月/第一週						第二週						第三週						第四週						
預估實際達成	8	8	8	8	8	8	8	8	8	8	8	8	8	8	8	8	8	8	8	8	8	8	8	8	8

續表

第五階段																									
進入終端時間（單位：天）	1	2	3	4	5	6	7	8	9	10	11	12	13	14	15	16	17	18	19	20	21	22	23	24	25
預估終端數量	12	12	12	12	12	12	12	12	12	12	12	12	12	12	12	12	12	12	12	12	12	12	12	12	12
時間段分割	第五月/第一週						第二週						第三週						第四週						
預估實際達成	9	9	9	9	9	9	10	10	10	10	10	10	10	10	10	10	10	10	10	10	10	10	10	10	10

第六階段																									
進入終端時間（單位：天）	1	2	3	4	5	6	7	8	9	10	11	12	13	14	15	16	17	18	19	20	21	22	23	24	25
預估終端數量	13	13	13	13	13	13	14	14	14	14	14	14	15	15	15	15	15	15	16	16	16	16	16	16	16
時間段分割	第六月/第一週						第二週						第三週						第四週						
預估實際達成	10	10	11	11	11	11	11	11	11	11	11	11	12	12	12	12	12	12	13	13	13	13	13	13	11

表 11-6　預估銷售鋪貨進度表

區域名稱/某市	鋪貨時間	上市目標（單位：家）			預估實際店家數			工作組員	
		A級	B級	C級				區域組員	路線人員
東區	6個月	320	540	280	第一階段	第二階段	第三階段	10人/區域	1人/組
南區	6個月	320	540	280	75	146	183	其他	
西區	6個月	320	540	280	第四階段	第五階段	第六階段		
北區	6個月	320	540	280	200	144	293	1人/組（理貨員）	
小計		1280	2160	1120	目標店家數（6個月）：1140（家店）/區域			1人/組（行銷員）	
合計	目標區域6個月共進入終端：4560家								

表 11-7　促銷活動時間表

序號	活動項目	執行人	預計完成時間	具體操作辦法
1	名稱：×××××！ 方式：直營、商場陳列堆箱 內容：嘗試活動——	直營商場/ 大賣場	10月15日至 11月15日	依合作之店面大小派駐新產品推廣員3～6名
2	名稱：3+2=？ 方式：直營、商場陳列堆箱 內容：	直營商場/ 大賣場	11月20日至 12月20日	
3	名稱：××× 方式：直營、商場陳列堆箱	直營商場/ 大賣場	12月24日至 元月24日	
4	名稱：×××！ 方式：直營、商場陳列堆箱 內容：	直營商場/ 大賣場	元月25日至 2月25日	
備註	1. 產品推廣員基本要求 A. ……			

12 上市作業計劃書內容

　　產品上市的計劃制定之後，還要執行。在執行的過程中，如何把握流程，如何按照計劃有步驟地執行都是企業非常關心的。這些步驟包括推廣及促銷的步驟，管道的開拓和服務的步驟，在執行的過程中要利用一些程序性的表格進行管理和控制。

　　產品的上市作業需要制定一個詳細的計劃書，這是整個計劃執行的操作性方案，要考慮與產品計劃的具體銜接、時間的進度控制以及一些溝通環節的處理。

表 12-1 新產品上市工作計劃

內　　容
上市前計劃
1. 人員組織分配計劃表
2. 銷售通路規範表
・ 新產品通路價格
・ 管道等級標準
・ 銷售人員提成標準
3. 營業目標分配辦法及市場預估進度表
4. 預估銷售鋪貨進度表
5. 促銷活動時間表
6. 分（經）銷商的管理、獎勵政策
上市中作業規範：
銷售業務作業
・ 電話訂貨作業規範
・ 市場資訊收集辦法
・ 區域規劃管理辦法
・ 客戶管理辦法
・ 新客戶開發作業規範
・ 新產品上市作業規範
・ 客戶拜訪作業規範
營業目標分配及銷售計劃擬訂
・ 價格管理辦法
・ 促銷管理辦法
・ 營業目標分配辦法
・ 銷售計劃擬定辦法
經銷商管理及獎勵政策
・ 經銷商的考核評估標準
・ 經銷商的獎懲辦法
・ 分銷商的協定參考內容

13 新產品上市說明會

　　安排新品上市就是「新品上市的策略規劃」，對該產品如何上市銷售的策劃和準備的過程，可以幫助統一各方行動，提高資源的使用效率。例如，產品在各區域是同時上市嗎？不同管道的鋪貨進度計劃如何？管道及消費者促銷如何做？宣傳活動如何安排？新品銷量預估、費用預算怎樣？

　　新品上市計劃定稿提交上級審批後，接下來就是確認執行產品上市計劃所需要的各項細節工作是否到位。特別是要再次組織各相關部門開一個上市說明會，這是產品正式投放市場前最後的內部資源整合及溝透過程，是新品上市的誓師大會，是對銷售人員講解新品上市計劃的培訓大會。上市說明會必備步驟如下：

　　(1)在上市說明會舉辦之前，產品經理必須確認各項工作的進展是否按計劃達成。

　　(2)上市說明會的主要內容應包括：

　　①產品經理針對新品上市計劃的簡明介紹。

　　②新品試吃、試飲、試用。

　　③廣告宣傳片呈現及廣促品使用說明(海報、吊旗、特殊陳列架及活動贈品等)。

　　④消費者主題促銷活動及現場活動演練。

　　⑤提問與回答。

　　⑥確認各銷售區域預估銷售量。

　　⑦銷售團隊的組織激勵。

⑧與生產、研發、物流確認產能及發貨進度。

(3)視銷售區域、市場規模及產品上市複雜程度的不同，如有必要以銷售大區為單位分區域進行上市說明。

新品開發過程多半是市場部主導的，下一步工作，是交由銷售部門主導了。在這個銜接過程中，很多新品的夭折原因都在於此。新品上市過程最常見的是「銷售部」和「市場部」之間相互指責，銷售部說市場部的方案不合實際，市場部卻說銷售部工作不力。如何避免這種內耗現象出現呢？

首先是組織分工的問題。不少企業將上市計劃中管道促銷的工作交給銷售部，市場部只負責消費者促銷。這樣做優點是避免市場部與銷售部之間相互扯皮，而且銷售部做的管道促銷方案往往更有針對性；缺點是銷售部制定管道促銷政策往往傾向於銷量的即時提升，如果壓貨，會造成促銷片面和費用增加。另一種方法是，市場部在上市計劃中對每項促銷活動的執行細節全部詳細列明，對銷售部人員各環節工作形成具體的行動指引，同時在執行過程中對各促銷活動每一步驟的執行情況進行實地調查和數字追蹤，及時糾偏。但這樣做會有市場部監督銷售部的嫌疑，更容易引起兩個部門之間的相互指責而形成內耗。

不管那種方式，市場部、銷售部一定要有一個人說了算，如有一個行銷副總同時領導「銷售部」和「市場部」兩個部門，而這位行銷部領導要具備全面的企劃、銷售知識，並且同時對銷量、費用負責。這樣，行銷副總會利用專業技能和領導權威去協調這兩個部門之間的矛盾。

上市計劃的重心是在各地上市進度、鋪貨進度的安排和管道促銷、消費者促銷等執行內容的設計上，市場部要廣泛走訪一線市場，

加強與銷售人員的溝通，增強方案的可執行、可操作性。

方案的撰寫要真正落實到細節上。促銷方案由市場部撰寫，由銷售部執行。為防止執行與設計相違背，造成各部門互相扯皮、責任不清，市場部的促銷活動一定要盡可能落實到細節。一般情況下，促銷方案必須落實到以下細節：

(1)促銷時間：精確到天，如 4 月 5 日至 5 月 5 日。

(2)促銷地點：精確到最小區域，如對所有縣級城市。

(3)促銷目標客戶：精確到具體區域管道、具體的客戶遴選方法。

(4)促銷執行人員：精確到具體崗位。

(5)促銷內容：精確到促銷政策和限制條件，並保留最終解釋權。

(6)報銷標準：防止促銷資源流失，如堆頭費報銷要提供批復過的申請、堆頭照片和蓋超市財務章的發票以及監查記錄等，零售店鋪貨贈品報銷要求有每一個店主位址、電話、進貨、贈品登記和店主簽字。

(7)促銷方式：精確到促銷活動每個步驟的細則表現：

① 必須分不同管道作出鋪貨要求，如某休閒食品鋪貨要求如表13-1 所示。

表 13-1　某休閒食品鋪貨要求

管道	重要性	上市後數值鋪貨率要求		
		1個月	2個月	3個月
大賣場	☆☆☆☆☆	60%	80%	90%
中小超市	☆☆☆	50%	70%	80%
學校	☆☆☆☆☆	60%	80%	90%
網吧	☆☆☆☆	60%	70%	80%
批發市場	☆☆	30%	40%	50%
社區小店	☆☆☆☆	40%	60%	70%

②盡可能用圖示表示。例如，批發市場堆箱獎勵、零售店專用自製陳列貨架、超市特殊陳列方式、廣宣方式，甚至割箱陳列中把一整箱產品割成展示箱的整個步驟等全部用照片加輔助文字和數字說明的形式體現，製成 PPT 文件，溝通會更加清晰精準。

③多用數字要求。例如，我們在對雙匯「大肉塊」新品在終端陳列的要求是：零售店保證陳列 2 個以上排面，要求在視頻線和取物線之間(1.1～1.6 米之間)位置，貨架上要有「爆炸花」提示新品，店內要有 4 個空箱堆放以及新品 POP 至少 1 張，一定要讓小店老闆品嘗我們的產品並進行介紹、引導。

④對各項工作細節儘量提出建議標準，如零售店標準推銷話術、鋪貨小組人員分工(誰推銷、誰看貨、誰收錢、誰貼 POP)等。

14 新產品要定位

產品定位就是對公司的產品和形象進行設計，從而使其能在目標顧客中佔有一個獨特位置的行動。如可口可樂是世界上最大的軟飲料公司，保時捷是世界上最好的跑車公司。

「一顆子彈打一隻鳥。」但是我們的企業卻常常異想天開，希望一顆子彈打中所有的鳥，然而事與願違，不但丟了西瓜，還沒了芝麻。

「太多的功能等於沒有功能。」很多企業喜歡將產品所有的功能都羅列出來：老人宜、小孩宜，男人宜，女人也宜……希望將所有人一網打盡，結果只會令人眼花繚亂，無從選擇。

不可否認，每個產品都有其優點，但對市場而言，優點不等於獨特的市場優勢。因此，沒有差異化優勢的優點，不能當作市場定位。如某種食品中含有的低聚果糖可以調節腸胃，便於吸收，但如果將產品定位於此，便不能與其他產品差異化。

產品定位是市場細分和產品差異化的結合。今天，在眾多的品牌當中，要吸引消費者的目光，必須擁有獨特的、與眾不同的個性特徵，因而差異化被視為吸引消費者眼球的重要因素，被企業尤其是中小企業所青睞、運用。

1.不同產品採用不同的定位策略

消費者購買產品一般可以分為需要型、選擇需求型以及滿足慾望型。

(1)需要型

購買動機出於自身的需要。符合這類特性的產品，提供給消費者的是產品的直接利益，因而，消費者通常是購買者，產品定位應該直接針對購買者的心理。

(2)選擇需求型

購買的動機出於個性利益的需要。不同的工作、生活環境造就了不同的個性追求，為了滿足獨特的個性，會追求符合自身個性利益的產品。該類型人購買這類產品是出於別人的看法、感受，表現購買者獨特的個性。

(3)滿足慾望型

購買的動機出於滿足心理慾望。符合這類特性的產品，定位時應該從更為廣泛的人群的看法、感受出發，顯現擁有者的與眾不同。

2.可以成為第一的定位

定位的實質就是在消費者心目中找到一塊市場空間，而定位的根

本在於尋找可以稱得上第一的空隙，比如第一事物，第一事件等。白加黑就是將感冒藥劃分為白天和黑夜服用的，使自己成為該市場區域中的第一；光明推出的安睡奶，產品中添加的天然 α 蛋白，使其與其他奶區分開來。

◎案例：農夫果園產品的差異化行銷

2003 年，是飲料行業的果汁年。在碳酸飲料、瓶裝飲用水、茶飲料相繼掀起市場熱潮以後，果汁飲料以健康的形象成為消費者的新寵，市場的競爭也是越來越激烈。各廠家除了比拼資金、設備、原料等因素外，市場運作能力也是決定勝負的關鍵。農夫果園產品在眾多的果汁飲料中脫穎而出，成為果汁市場上最具鋒芒的新星，這有賴於其差異化策略的實施。

1. 口味差異化

市場上眾多的果汁口味基本停留在單一的果汁口味。而農夫果園選擇混合果汁路線，一來可以避開與原有的幾大品牌正面衝突，二來可以確立在混合果汁品項中的領導地位。

2. 宣傳訴求的差異化

農夫果園產品獨特的廣告設計：身穿沙灘裝的父子倆到飲料店前購買飲料，看到宣傳畫上寫有「農夫果園，喝前搖一搖」的標語，便高舉雙手自覺地扭起了屁股……。整條片子在該諧輕鬆的氣氛中，烘托出「農夫果園三種水果在裏面，喝前搖一搖」的主題。廣告片不僅擺脫了美女路線，而且徹底揚棄所謂的形象代言人，以一個動作作為其獨特的品牌識別——那就是「搖一搖」。

3.包裝差異化

農夫果園除了在成分上與其他果汁飲料有強烈差異外，在外包裝上也是動足了腦筋，瓶口比一般的果汁飲料大出了 10 毫米，這樣的設計還是第一家，大瓶口更具人性化，飲用時能夠使整個口腔充滿果汁，讓味蕾更多地品嚐果汁原味。另外，包裝上還採用了運動蓋——當瓶子打翻時，蓋子會自動關閉，保證飲料不溢出，增添了飲用的樂趣。

4.濃度上差異化

農夫果園果汁含量 ≥30%，濃度比一般的果汁飲料高出 10%，非常符合潮流需要。

5.價格上的差異化

當多數果汁飲料價格定位於 2～3 元之間時，農夫果園卻將零售價定在 3.5～4 元之間，明顯高於同類果汁飲料。他們選擇的道路是開闢 PET 高端市場，迴避同類產品的價格競爭。

「農夫果園」將差異化行銷演繹得淋漓盡致，短短幾個月，農夫果園的銷售額已經攀升過億，成為果汁市場上最具鋒芒的新產品。

15 新產品的戰略定位

　　新產品的上市定位，對新產品成功有著十分重要的影響。很多新產品為什麼未老先衰，最重要原因就是產品本身的定位不成功。

　　新產品定位分為三個層面，其一是純粹的功能性定位，希望成為這個產品品類的領導產品，因為功能性定位要想成為領導性品牌還是比較艱難的。其二就是品類性定位，這類定位比較容易開創藍海性產品，實現對新品類的有效佔位，也比較容易做到品牌升級，品牌橫向擴展的空間比較小，容易做深度，但很難做廣度。第三就是品牌性定位。新產品導入成熟的新品牌，透過品牌傳播與整合策略，不僅能構建一個成功的新產品，而且能保持品牌的擴張性，既能保持新產品的差異化策略，也能保持新產品品牌性空間。

　　很多新產品上市後根本不需要拼命推廣，很快就能吸引消費者，也有不少產品在竭盡全力地推廣後，仍然逃脫不掉「死亡」的命運，其中一個重要的原因就在於產品對目標人群有無吸引力。我們將這種吸引力稱之為產品力。

　　好的產品就像一個尺寸比例恰到好處的風箏，只要稍加跑動就可以飛上天。

　　透過新產品定位在競爭品之間「創造差異」有著十分重要的意義。很多新產品之所以「出師難捷」，其中最重要的一個原因就是產品本身的定位不成功。新產品定位主要分為三個層面。

第一，功能性定位。

　　功能定位是指主推產品獨特的功能，希望該產品能夠成為某個品

類中的領導產品。注意，我們這裏強調的是領導產品，而不是領導品牌。對新產品來說，採用功能性定位通常比較艱難，因為功能往往屬於某一類產品，在激烈的市場競爭中，很難將之歸屬到某個產品「頭上」。

在這方面，寶潔的做法很值得我們學習。寶潔將海飛絲定位為「去頭屑」、將飄柔定位為「讓髮質柔順」，兩者既分別成為該品類中的領導產品，也是領導品牌。如果把這兩樣產品定位為「寶潔去頭屑、寶潔柔順洗髮液」，成功的可能性就小多了。

第二，品類性定位。

品類定位為市場集中度比較高的行業打開了差異化之門，為實力不強的企業提供了與強者共舞的舞台，有助於企業開創市場「藍海」，達到有效佔位效應，比較容易做到品牌升級。現在品類定位更多地用於搶佔「第一」資源，成為創造產品差異化的重要手段。不過這種定位有一個缺點，就是品牌橫向擴展的空間比較小，容易做深度，但很難做廣度，很多企業對應該何時推廣新產品、如何推廣新產品把握不好。

王老吉涼茶、香飄飄奶茶都屬於品類性定位。他們分別定位在特定的涼茶和杯裝奶茶市場，降低了競爭的激烈程度，提高了做大的可能性，從而成為品類中的領導者。但是這樣定位的缺點也十分明顯。

產品進入成熟期後，企業依靠老產品持續增長的壓力就會逐漸增大，而開發新產品可借用的品牌和銷售管道延伸度又會受到很大限制，企業這時才發現原來自己走進的是一條小「胡同」。如加多寶很難再像寶潔細分洗髮水市場那樣細分涼茶市場（涼茶本身就已經是被細分後的品類），新推的昆侖山礦泉水品類跨距較大，很難借助原來強勢的餐飲管道；香飄飄也早已經為如何推新而感到頭痛了。

第三，品牌性定位。

品牌定位是指為企業建立一個與目標市場有關的獨特品牌形象，從而在消費者心目中留下深刻的印象，使消費者以此來區別其他品牌。

16 新產品的品牌戰略

一、品牌戰略的類型

新產品必須根據企業的品牌狀況以及產品的特性實施品牌戰略。概括而言，目前實施的品牌戰略有以下幾種：

· 產品品牌戰略；

· 多品牌戰略；

· 傘形品牌戰略；

· 副品牌戰略；

· 註釋品牌戰略；

· 品牌聯合戰略。

1. 產品品牌戰略

一個品牌下只有一種產品，一種市場定位。

實施該戰略有助於最大限度地形成品牌的差別化和個性化，並且有利於樹立產品的專業化形象。

「好冷氣機，格力造」，這句簡單明瞭的廣告口號體現了「格力冷氣機」的定位。通過多年的運作，格力形成了自己無人匹敵的技術

優勢,「格力」標準儼然已成行業標準,格力的專業化路線已越來越得到市場認同,在消費者心目中樹立了格力冷氣機的權威專家形象。

2. 多品牌戰略

是指企業同時經營兩個以上相互獨立的品牌的情形。

實施多品牌戰略的好處:

第一,增加店內貨架陳列範圍及零售商的依賴性;

第二,可以最大限度地佔有市場,對消費者實施交叉覆蓋;

第三,增強公司的內部競爭;

第四,在廣告、銷售等方面可以達到一定的經濟規模;

第五,可以降低企業經營的風險,即使一個品牌失敗,對其他的品牌也沒有多大的影響。但實施該戰略需要較高的費用,週期較長。

在全球實施多品牌戰略最成功的企業當數寶潔公司,它旗下的獨立大品牌多達八十多種,這些品牌相互關聯性不大。在洗髮護髮用品領域,有海飛絲、潘婷、飄柔、沙宣等品牌;在清潔劑領域,有汰漬、碧浪、波得、依若、起而、利納等品牌。

3. 傘形品牌戰略

企業生產的所有產品均使用一個品牌,而這些產品的目標市場和市場定位可能都不一樣,產品宣傳的創意和組織活動分別單獨進行。

採用該戰略的好處是:

第一,充分發揮單一品牌的作用,特別是名牌的效應,有利於產品向不同市場的擴張。跨國公司在向國外擴張時經常使用這種策略,利用已有的品牌知名度打開市場,節約進入市場的費用和時間;

第二,可以節省資源,如大大節省傳播費用,新產品的推出也可以直接借助本品牌的力量;

第三,眾多產品一同出現在貨架上,可以彰顯品牌形象。但該戰

略實施風險較大，一個產品失敗可能會影響其他產品。

佳能公司生產的照相機、傳真機、影印機等產品都統一使用「佳能」品牌。如海王公司只有「海王」一個品牌，且旗下所有產品都使用這一品牌，比如海王金樽、海王銀杏葉片、海王博宵、海王冠心丹參、海王金牡蠣等等。

4. 副品牌戰略

以一個成功品牌作為主品牌，涵蓋企業的系列產品，同時又根據產品的特點分別貫以形象的名字作為副品牌，以突出產品的個性形象。

美的是最擅長運用副品牌戰略的企業之一。美的冷氣機的產品類別有一百多款，為了增強消費者的記憶點，美的利用星座來命名產品。這樣做的好處是：第一，可以同明星相聯，突出優秀之品；第二，可以用星代表宇宙、科技，突出領先之質；第三，星是冷色調，代表夜晚、安靜、涼爽，突出功能之效。於是一系列副品牌如「冷靜星」、「超靜星」、「智靈星」、「健康星」等呼之而出，由於定位準確，投放市場即引起強烈反響，創造出冷氣機界的一個個銷售奇蹟。

5. 註釋品牌戰略

一種產品同時出現兩個以上品牌，通常一個是企業品牌，另一個是產品品牌。企業品牌主要為產品品牌提供支援和信用的作用。採用該戰略可以將具體的產品和企業組織聯繫在一起，增強顧客的購買信心。新品上市可以利用這種戰略快速取得消費者的認同。

在吉列公司生產的 Gillette Sensor 刀片中，Gillette 是企業品牌，Sensor 是產品品牌，說明產品的特點。惠普公司也採用這種策略，比如在 HPLaser-Jet 系列雷射印表機中，HP 是企業品牌，傳遞的信息是該產品為惠普公司生產，Laser-Jet 表明產品的功能特

性。

6.品牌聯合戰略

它是指兩個或更多品牌相互聯合，相互借勢。

該戰略實施最成功的要屬英代爾公司與世界主要電腦製造商之間的合作。英代爾公司是世界上最大的電腦晶片生產者。該公司推出了鼓勵電腦製造商如 IBM、Compa、Dell、HP 在其產品上使用「Intel Inside」標誌的聯合計劃，結果在計劃實施的短短 18 個月裏，該標誌的曝光次數就高達 100 億次，使得許多個人電腦的購買者意識到要購買有「Intel Inside」標誌的電腦。英代爾公司與各大電腦品牌合作的結果是，標有「Intel Inside」的電腦比沒有該標誌的電腦更為消費者認可和接受。合作品牌策略結合了不同企業的優勢，可增強產品的競爭力，降低促銷費用。

二、常見的品牌定位方法

1.產品特色定位

根據產品的某些特點和屬性進行定位。比如某種洗髮水中含有別的洗髮水所不具備的某種成分，某種保健品是採用獨特先進的技術加工而成。將產品定位於現有的產品特色，有時也是非常危險的，因為競爭是永遠存在的，而且產品現有的優勢並不代表長久的優勢。當然，凡事都有例外，保時捷是世界上知名度最高的高速汽車生產商之一，它就將產品定位於速度。目前，保時捷已成為德國汽車界四大金剛之一。

2.產品利益定位

任何優秀的產品都有其獨特的利益主張，即所謂的產品 USP。它

是用於區別於競爭品、給消費者強有力的購買利益的理由。如舒膚佳以中華醫學會推薦、實驗證明等方式論證人體身上經常會有細菌，如踢球、擠車、扛煤氣都會感染細菌，然後宣傳舒膚佳香皂含有抗菌活性成分迪保膚，在清洗過程中能有效去除皮膚表面的暫留微生物，清洗後舒膚佳留在皮膚上的抗菌活性成分迪保膚能有效抑制皮膚表面細菌的再生，並且舒膚佳除菌功效已獲得多家國際醫學專業團體的認可，獲得了中華醫學會的驗證等權威信息增進消費者的認同感。

3. 產品使用時機定位

根據產品使用的時機將其與其他產品區分開來。成功的案例如白加黑感冒藥。白天黑夜分別服用配方不同的製劑——白天服用由撲熱息痛等幾種藥物組成的白色片劑，能迅速解除一切感冒症狀，且絕無嗜睡副作用；夜晚服用在白色片劑的基礎上加入了的另一種成分，抗過敏作用更強，能使患者休息得更好。

4. 目標消費群定位

針對目標消費群的個性特點、形象、習慣等進行定位的方法，所謂「一顆子彈只能打一隻鳥」就是這個道理。

萬寶路以 18～24 歲的年輕煙民為目標核心群體持續地進行品牌訴求。因為他們是時尚的帶頭人，更加時尚、有個性、充滿智慧。他們是引導和推動市場的中堅力量。菲力浦·莫里斯公司描繪了這部份年輕群體的魅力特徵：他們是粗糙的、充滿男性感覺的、性感的，他們是獨立的、不羈的、充滿力量的。通過在酒吧、迪士高、俱樂部等場所開展派送活動，在時尚雜誌上做精美的廣告等，萬寶路品牌保持了與年輕群體的時尚潮流同步，在年輕群體中成功地建立了品牌忠誠度。在 25 歲以下的群體中，萬寶路的市場佔有率明顯高於其他品牌，也明顯高於在整個人群群體中的比率。

5.競爭產品定位

競爭無時不在，因而競爭定位的存在也是合理必然的。然而競爭定位是一把雙刃劍，一方面把市場做大了，另一方面卻可能造成兩敗俱傷，讓漁翁得利。

6.價值定位

將產品定位於便宜實惠、物超所值。這意味著，產品不僅要品質好，而且要價格合理。如汰漬洗衣粉是全球第一種合成洗衣粉，也是在美國最受歡迎的洗衣粉之一。

汰漬經過 60 多次技術革新及市場開拓，現已成為全球最大的洗衣粉品牌之一。目前，寶潔就是將其價格定位於 2.2 元，去汙力強而價格實惠。同樣，格蘭仕也是成功運用價值定位的典範之一。格蘭仕從 1993 年開始集中精力專注於微波爐的開發、生產及推廣。從起初的銷量 1 萬台，到現今的居全球第一的 1200 萬台，格蘭仕徹底打破了微波爐的貴族身份，將微波爐的價格降到 1000 元以內，而且性價比很高。因此，格蘭仕在消費者眼中就是質優價廉的代言人。

◎案例：兩樂之戰的競爭定位

兩樂之戰由來已久。兩樂之戰的前期，即上世紀 80 年代之前，百事可樂一直慘澹經營，由於其競爭手法不夠高明，尤其是廣告的競爭不得力，所以被可口可樂遠遠甩在後頭。但是近年來百事的表現卻令可口可樂大為緊張——在商業信息中心公佈的 2003 年 3 月份全國飲料銷售的排行榜上，百事可樂在碳酸飲料類別中，以 29.97% 的市場綜合佔有率榮登銷量榜首，而原來一直穩守第一的可口可樂，卻退居第二。

可口可樂進入中國 10 多年來，一直通過廣告傳達美國的經典文化，試圖適應於所有人。然而，消費者很快對美國文化失去新鮮感。而精明的百事一直在實施著自己的中國計劃：通過數次交鋒，兩樂在配方、色澤、味道上不相上下，於是百事選擇的挑戰方式是在消費者定位上實施差異化。百事可樂摒棄了不分男女老少「全面覆蓋」的策略，而從年輕人入手，對可口可樂實施了側翼攻擊。並且通過廣告樹立其「年輕、活潑、時尚」的形象，而暗示可口可樂的「老邁、落伍、過時」。

百事可樂在確定品牌的定位後，抓住了年輕人喜歡酷的心理特徵，推出了一系列以年輕人認為最酷明星為形象代言人的廣告，塑造出「酷」的形象。更酷的是百事可樂廣告語──「新一代的選擇」、「渴望無限」。這兩句富有活力的廣告語很快贏得了年輕人的認可。配合百事的廣告語，百事廣告內容一般是音樂、運動，比如上述的麥克爾·傑克遜、郭富城都是勁歌勁舞。百事還善打足球牌，百事利用大部份青少年喜歡足球的特點，特意推出了百事足球明星。百事不僅擁有 F4、周傑倫、郭富城、鄭秀文、可米小子、陳冠希這樣的時尚明星陣容代言，還經常通過百事音樂會與自己的消費群體進行溝通。

作為挑戰者，百事可樂沒有模仿可口可樂的廣告策略，而是勇於創新，塑造了積極向上、時尚進取、機智幽默和不懈追求美好生活的新一代精神的形象。

◎案例：兩大巨頭的競爭層面

　　毋庸置疑，價格戰可以給消費者帶來價格上的實惠。但對一些尚在起步的中小企業來說，則是「不加入價格戰是死，參加價格戰死得更快」。這點從家電行業的競爭可見一斑。從電視機、VCD 到冷氣機，競爭的戰役一次一次打響，廠家們一個一個地倒下。最終存活者也是傷痕累累。這當中一個很大的教訓就是他們都過多地跟隨對手行動。最終陷進惡性循環之中。

　　肯德基和麥當勞的成功是無庸置疑的。截至 2004 年 8 月底肯德基在全國的門店總數達到了 860 家，麥當勞 560 家。曾經在一段時間裏，麥當勞和肯德基的競爭直接表現在圓筒冰淇淋、辣雞翅、辣雞腿漢堡、飲料等同類產品的短兵相接上。然而到目前為止，除了個別產品存在正面交鋒外，兩者的戰略差異已經越來越明顯。

　　2003 年，肯德基和麥當勞同樣有在中國加速擴張的計劃：肯德基是對中國境內非農人口大於 15 萬、年人均消費高於 6000 元的城市開放特許業務，而麥當勞全球首席執行官和主席坎特盧波也發出過「要在中國加快開店速度」的呼聲。他們都把對方作為最直接、最危險、最重要的競爭對手。但是他們的競爭沒有陷入同質化的死拼中去，而是巧妙地採用了差異化戰略：

　　麥當勞在全球推出的主題為「我就喜歡」的新一輪廣告宣傳活動後，已經將傳統的兒童、家庭定位向更有消費潛力的年輕一族身上延伸。這一行為的直接戰略意圖就是重新強化麥當勞統一品質、快速服務的品牌特質。

肯德基則是本土化戰略的高手，從其推出的一個又一個具有濃郁中國特色的新產品上可以看出，他們的競爭為：

1. 以提升自身服務為目標，而非盲目緊盯對手採取行動。在競爭中永遠佔據主動，而非被動迎戰。

2. 形象戰成分大於價格戰成分。

這兩大巨頭的競爭可謂激烈，但他們有效地防止了走進價格戰的惡圈。商業競爭的高層次境界是價值競爭而非價格競爭。

3. 更多地提供附加服務，因為服務才是顧客滿意的主要原因。

三、如何進行品牌命名

1. 品牌命名的三大準則

(1)準則一：符合行銷的要求

①可以暗示產品的利益。如勁量電池、兩面針牙膏、長虹電視機等。

②具有促銷、廣告、說服的作用。如紅豆服飾、聯想電腦等，可以讓人自然產生聯想。

③可以形象化標識，便於傳播。如熊貓、北極熊等。

④與公司形象、產品形象吻合。如養生堂、健康元與其從事健康產業相吻合。

(2)準則二：符合法律的要求，可以獨一無二

命名時不但要符合國家法律規定，同時一定要區別於競爭對手，獨一無二、具備個性。

(3)準則三：容易上口、容易理解、便於記憶，具有時代感

如可口可樂、百事可樂、娃哈哈等的命名，既順口，又蘊涵高興、

快樂的意思。

2. 品牌命名的三大定律

⑴定律一：品牌的傳播力要強

對於品牌的命名來說，首先要有傳播力。這表現在品牌詞語的組成和含義上，不但要琅琅上口、通俗易記，而且要容易在傳播的同時將產品的功能信息傳遞給消費者，如腦白金。當消費者看到或者聽到腦白金，就自然而然聯想到品牌的產品作用以及產品的價值。但如果按其原料成分將其命名為：XX 牌複方褪黑素；或其他名字，可能情況就沒有這麼妙了。因而，只有傳播力強的品牌名才能為品牌的成功奠定堅實的基礎。

⑵定律二：要有親和力

品牌名的親和力取決於品牌名稱用詞的風格、特徵、傾向是否能引起目標消費人群的好感。如太太靜心口服液，不但在名稱上傳遞了產品的信息，「靜」與「心」巧妙搭配，琅琅上口，容易讓人產生親切感。還有寶潔的玉蘭油。寶潔命名時，沒有選用非常「洋」氣的名字，而是用了非常傳統化的「玉蘭」，很有親和力，使其成為市場化妝品的主力品牌。

⑶定律三：品牌名的保護性要好

企業在命名時要有強烈的品牌名保護意識，否則將是「螳螂捕蟬，黃雀在後」，給跟隨者以機會，自己建立的市場白白送給別人。如市場上除了索芙特的木瓜洗面乳之外，還有很多廠家都採用相似的包裝來模仿，進行終端攔截。因此，在給品牌命名時，最好不要用通用名，而且對所起的商品名進行註冊。

◎案例：一點之差決定勝負

聯合利華和寶潔是世界上最為著名的兩個消費品牌公司，他們之間的競爭也是由來已久，且有愈演愈烈之勢。寶潔的舒膚佳與聯合利華的力士在品質、財力、品牌管理能力上旗鼓相當，而且在維護核心價值與品牌形象的長期穩定性上也做得十分到位，但是力士的市場佔有率仍然不敵它的主要競爭對手。

舒膚佳以中華醫學會推薦、實驗證明等方式論證人體身上經常會有細菌，如踢球、擠車、扛煤氣都會感染細菌，通過對消費者的教育擴大除菌香皂市場。然後宣傳舒膚佳香皂含有抗菌活性成分迪保膚，在清洗過程中能有效去除皮膚表面的暫留微生物。清洗後，舒膚佳留在皮膚上的抗菌活性成分迪保膚能有效抑制皮膚表面細菌的再生。舒膚佳以除菌功效獲得多家國際醫學專業團體的認可，在獲得了醫學會的驗證，這些權威信息增進了消費者的認同感。廣告表現上，以家庭婦女關心家人健康為主題，選用一些溫柔有親和力的少婦來訴求有效去除細菌。舒膚佳的產品包裝色澤較暗、樸實。

力士以國際影星為形象代言人，廣告場面經常是極盡奢華的宮廷。在特別的設計處理下，通過明星洗浴後柔嫩細膩、豔麗動人的肌膚以及力士香皂香味芬芳怡人，使用時泡沫豐富刺激性小，用後肌膚光潔、滑爽、舒適、留香持久來淋漓盡致地傳達出「滋潤」、「力士國際巨星之選」的品牌核心價值。力士包裝色彩鮮豔，散發出高檔感。

舒膚佳與力士的核心價值都十分清晰，舒膚佳是「除菌」，而

力士是「滋潤、高貴」，但是力士這個品牌名在親和力上卻遠不如舒膚佳給人的感覺舒服。而且舒膚佳的命名「舒」和「佳」，與品牌傳遞的信息貼切吻合，具有親和力和感染力。加上舒膚佳近十年的教育，消費者已經意識到身上存在很多的細菌。相比而言，舒膚佳的「除菌」比力士訴求的「滋潤」重要。

　　就是因為「親和力」這一點之差，決定了兩個品牌的勝負。

四、新產品銷售目標

1. 有效目標五原則

　　A企業準備佔領乳品市場，它在一份計劃中對行銷目標做了這樣的陳述：「在市場上取得領先地位」，這一目標的陳述顯然是錯誤的。我們為了清楚表達目標，設定有效目標必須遵循的原則是：

　　(1)原則一：S，要具體(Specific)

　　(2)原則二：M，可以衡量(Measurable)

　　(3)原則三：A，可以實現(Attainable)

　　(4)原則四：R，現實的(Realistic)

　　(5)原則五：T，時間限定(Zimebound)

　　另外，要完成行銷目標，必須做好溝通，保證行銷各部門所有重要負責人和業務人員都清楚瞭解整個計劃，而非僅僅是高層。

2. 新產品上市行銷目標的作用

　　(1)行銷目標是決策準則。

　　(2)行銷目標給團隊創造了努力奮鬥的目標，給其以方向感。

　　(3)行銷目標可以作為測量的標準。

　　(4)可以作為一種計量的資料，根據事實而非主觀。

⑸在具體執行時,可以做備忘,以免顧此失彼。

⑹可以作為效果的評估。

3.行銷目標應該包含的內容

⑴產品上市後每年的銷售量或者銷售額。

⑵每年的市場佔有率(必須清楚地概述是整體市場還是細分市場,並說明該佔有率是以銷售量計算還是銷售額計算)。

⑶第一年的新產品試用率,以及後來重複購買次數。

⑷產品的獲利性——利潤的百分比、年度利潤以及投資回收期。

五、制定新產品行銷目標的步驟

1.明確行銷目標

新上市產品必須制定出產品上市後銷售量、銷售收入、市場佔有率等相應指標,作為對產品的評估標準,如表 16-1 所示。

表 16-1　A 產品上市行銷目標

項目	指標內容	時間										備註
品牌方面	認知情況	1	2	3	4	5	6				n	
	新產品試用率											
	重合購買次數											
市場佔有方面	市場佔有率											
管道建設方面	銷貨終端數量											
	銷貨目標完成情況											
銷售方面	銷售量											
	銷售收入											
產品獲利性	利潤百分比											
	年度利潤											

2.制定行銷策略

在上述行銷目標基礎上，每一項都應該有相應的達到目標的方法。

3.分配行動責任

就現實而言，計劃並無好壞之分，對於目前現狀而言，落實執行是關鍵。因而，每項計劃、行動下面必須有具體的負責人負責進度等。

4.評估行銷成本與風險（如表 16-2 所示）

5.財務分析

6.推進時間表（如表 16-3 所示）

表 16-2　分配行動責任表

項目	目標	戰略（策略）	負責人	進度	備註

表 16-3　行銷成本評估表

項　　目	A	B	……
新品市場調查費用			
新品試銷費用			
新品招商費用			
新品管道費用			
新品傳播費用			
培　　訓			
銷售獎勵			

表 16-4　推進時間表

活動內容	一月								二月							……					
	1	2	3	4	5	6	…	31	1	2	3	4	5	6	…	1	2	3	4	5	6	…

17 對應市場的產品概念和賣點

一、找出產品的核心利益，和市場對接

一個產品能被市場接受，不是因為推銷成功而被接受，而是要讓消費者感到自己確實有需要而接受該產品。

新產品的行銷活動就是要讓消費者感覺到需求，這是行銷活動中的信息對等原則，也就是要把產品利益和利益帶來的結果與消費者的需求真正對接。所以，產品的概念設計和賣點設計是新產品上市的基礎，也是產品上市中最關鍵的環節。

確定產品的核心利益是產品包裝的第一步。全新的產品如何找出其核心概念利益呢？首先要看產品屬於什麼類型，不同類型產品的核心利益是不一樣的。比如，一個飲料產品的核心利益是「解渴」，這是該產品的共性利益，但應該是在市場導入階段教育市場的時候採用。隨著消費市場逐步感性化，品牌因素逐步地加強，市場達到成熟

階段以後，產品的市場已經分解成很多利益點，這就形成了產品的個性利益。這些個性利益雖然都屬於飲料產品，但各種飲料的個性點有很大的區別，如，茶飲可以提神，果汁可以營養等。雖然這些產品存在著不同的個性利益，但都不能脫離共性利益而獨立存在。所以，找出產品的核心利益，首先要根據產品市場的階段來確定自身的產品需要找出的是共性核心利益，還是個性核心利益。

　　找出產品的核心利益還要考慮產品的需求方式，在需求一致的情況下，找出產品的需求利益。比如，飲料可以進入餐飲市場，而可以進入餐飲市場的產品很多（例如白酒、啤酒等），如果其他產品的需求選擇已經改變了消費者對飲料的選擇，那麼這些產品的需求利益就趨於一致了。所以，產品概念的設計還要考慮企業產品進入的市場的需求方式是否一致。

　　核心利益的選擇要考慮的問題：

· 根據產品市場階段確定是選擇共性利益還是個性利益。

· 明確產品目標市場的需求方式是否一致，選擇需求一致的利益點。

◎案例：「可口可樂」的核心利益

　　「可口可樂」是飲料產品，飲料產品的共性利益是「解渴」，「可口可樂」主要推廣的利益正是飲料中的核心利益「解渴」。縱觀所有飲料，只有「可口可樂」把「解渴」作為產品的核心利益概念推向市場，因為「可口可樂」把所有的飲料產品都當成自己的競爭品。比如，在餐飲市場它把白酒、啤酒、乳酸奶、果法汁、茶水、純淨水、冰等所有可以解渴的飲料都當成競爭品；在家庭

市場，它把果蔬汁、鮮奶、茶水等家庭可以飲用的都成競爭品牌。「可口可樂」沒有分出產品利益和需求方式的區別，而是把它們都組合起來，這是「可口可樂」經過多年的努力，贏得很大市場之後所做出的選擇。對於一個全新的產品來說，因為沒有「可口可樂」的品牌優勢，所以要慎重地選擇適合自己的需求方式。

二、按核心利益找出產品概念

在確定產品的核心利益之後，需要對產品的核心概念進行設計。那麼什麼是產品的核心概念呢？這裏需要進行一些說明：利益是產品本身可以帶來的，而概念是產品利益和可以獲得的結果的組合。比如，一輛汽車的產品利益是可以在路上跑，利益的結果是可以代步，但對於不同的汽車產品來說代步的利益卻有所改變。比如，一輛家用小轎車，可以代步；一輛越野車，可以爬坡涉水、代步遠足；一輛公務車，可以讓辦公效率提升。這些不同的個性概念是在共性利益的基礎上產生了不同利益的結果。而這些結果的共性可能都是節省了時間。總之，產品概念是產品利益和產品利益換來的結果的綜合體現。

產品利益和產品概念的關係：

· 產品利益和其所能產生的結果的組合是產品的概念。
· 核心的利益是所有產品概念的核心，包括共性的概念和個性的概念。

三、設計產品賣點

產品的賣點是產品為在市場上得到短期市場效益或者提升銷量

所提出的一個階段性的利益。這個利益並不是產品的核心利益，而是
產品在該階段所要符合的時代內容或者流行趨勢的一種產品短期利
益的體現。有些產品賣點在一個時代所能體現的時間要長一些，有些
則比較短，而有些賣點已經變成產品必要的組成部份。比如，一個洗
髮水產品，產品的利益是去頭屑、潤髮，但企業並沒有強調產品的這
個功能，而是利用該產品的另外一個利益點作為進入市場的切入點。
有些是利用產品的原料進行發揮，如黑芝麻洗髮水，因為大家都知道
黑芝麻的烏髮作用，還有利用首烏原料作為利益進行推廣的。利用原
料的特性是因為消費者原來就知道這些原料的效用。有些產品不是利
用原料，而是利用產品其他的相關利益。有些洗髮水標榜自己的方
便，如二合一洗髮水；有些說自己可以清醒頭腦，如加進薄荷的洗髮
水。總之，產品的賣點就是要從產品身上找出一個讓消費者樂意接受
的其他利益，而這個利益可以引發消費。

圖 17-1 產品賣點的設計方式

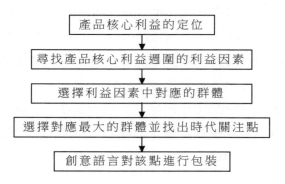

產品的賣點是很多產品在進入市場的時候都要考慮的問題，需要
注意的是產品的賣點不能作為產品的概念使用，也不能作為宣傳品牌
的基礎，它是產品認知和消費的利益，容易改變品牌和產品之間的核

心利益關係。所以，需要考察的是該產品的賣點與核心利益之間誰的利益更大，如果賣點的利益已經大於產品的核心利益，且該產品在市場上還能夠暢銷，就說明，該賣點的利益已經形成了一個新的產品形式。

不同的產品階段，市場的情況是不一樣的，而不一樣的市場，所要採用的賣點也是有區別的。

不同產品階段所面對的賣點形式：

1.產品的導入階段

該階段產品的核心利益在市場上還沒有形成需求，用產品賣點做產品上市，無異於用賣點做了一個產品的核心利益，而這個核心利益一旦被認可，就等於改變了該產品的形式。所以，產品的導入階段沒有用產品賣點做產品上市的。

2.產品的成長階段

該階段產品的核心利益已經被認可，市場的需求正在逐步擴大，這個時候，核心利益的需求還沒有被完全滿足。用產品的賣點做市場或者做一個新產品，就意味著，要放棄已經被啟發出來的還沒有滿足的需求，去做更加細分的市場。這樣的話，你的產品的市場規模很難做大，自身限制了自己的發展。

3.產品的成熟階段

該階段的產品市場已經被很多品牌產品所瓜分，市場的佔有率已經固化在幾個有實力的品牌身上，而市場的成長和競爭，不是僅在產品同質化基礎上的品牌上面的爭奪，還有更多的產品點的利益擴張上的爭奪。所以，很多產品會考慮用自身的新技術創新以及情感賣點進行創造，以瓜分別人的佔有率，擴大和穩固自身的佔有率。對於一個全新的產品上市，在這個階段也要利用產品新的利益點和賣點的創造

來達成目標。

四、按產品賣點而設計銷售促進方式

產品的賣點設計好以後，還要考慮產品的銷售促進方式。所謂的銷售促進就是產品進入市場時的促銷方式。不同的賣點，銷售的促進方式是有區別的，因為產品是因為其核心利益而產生需求的，而採用產品賣點的時候，勢必要忽視產品的核心利益，加大推廣產品賣點。這樣就容易形成對消費者的誤導，讓消費者覺得，應該是用別的利益來選擇產品。

比如，一個彩電產品說自己是健康的彩電產品，這樣就容易讓消費者認為購買彩電的時候應該選擇健康的，而不是色彩好的或者品質好的。忽視產品核心利益的推廣，也容易產生在促銷行為上的誤導，因為在促銷的時候，你也一定要沿著你定位的賣點進行促銷，而不能以你的產品核心利益的優勢進行促銷。這樣，在一個新的產品進入市場之後，如果企業的促銷行為圍繞著產品的賣點展開，這樣的市場慣性行為會導致該產品的品牌被理解成賣點概念的品牌利益，而不是產品的核心利益所對接的品牌利益。

綜上，促銷需要考慮兩個方面的因素，一是不能丟掉產品的核心利益，一是要有產品賣點的訴求。如何合理地保證產品因為賣點而產生消費，而又不丟掉產品的核心利益是產品在市場行為當中需要注意的問題。

1.設計促銷策略

⑴產品的賣點訴求主要體現在產品的賣場和銷售終端。

⑵以產品賣點為主的促銷行為都發生在旺季和離消費者最近的

距離。

⑶產品銷售的其他時間內，要有品牌的促銷行為相呼應。

⑷品牌的概念不能和產品的賣點有聯繫，而應該和產品的核心利益相連。

2.設計促銷方法

⑴產品形式的改變形成的賣點促銷，是以賣場的展示行為吸引消費者的注意而引發購買的，可以從尋找、看到等方式上去思考促銷方法。

⑵產品屬性的改變形成的賣點促銷，是以屬性的利益和使用形式上的改變吸引消費者的注意，可以採用效果、對比等利益結果去思考促銷的方法。

⑶產品價格的改變形成的賣點促銷，是以捆綁利益、效果利益、划算等方式進行促銷的。

⑷產品情感上的時代特徵，如以環保、健康、植物、無污染等為賣點的，需要的促銷方式不僅要從這幾個方面進行考慮，還要考慮其他的促進因素。

心得欄 ------------------------------

----

18 新產品常用的定價策略

企業可以通過新產品定價實現的目標為：獲取最大利潤、最高銷售收入、最大市場佔有、最高銷售增長、產品品質提高。

1.滲透定價策略 (Penetrating pricing strategy)

即所謂低價策略。採用該策略是通過滲透的價格來主導市場，通過提高銷售量與市場佔有率獲取主導地位。

使用狀況：

⑴有能力實現高產量，而且在資金上擁有優勢。

⑵該產品有較強的價格敏感性，低價可以促進銷售。

⑶低價可以阻止現實的和潛在的競爭。

2.撇脂定價策略 (Skimming pricing strategy)

即所謂高價策略。採用該策略可以立即賺取豐厚的利潤，但銷售量以及市場佔有率無法提高。使用狀況如下：

⑴需要快速回籠資金。

⑵有助於樹立優質產品的形象。

⑶產品價格彈性小，高價造成的需求或銷售量減小的幅度很小。

⑷產品具有很強的優勢，如不易被模仿、複製或有專利保護。

⑸生命週期過短，必須在短期內收回成本。

3.兩者的組合運用

撇脂定價策略在開始的時候實施，佔領高價值的市場，最初的風險也比較小。如果得到了市場認可，投資部份也已收回，那可以相應地採用滲透定價策略：增加產量，降低價格，取得整個市場的主導地

位。

◎案例：格蘭仕——價格屠夫

　　格蘭仕公司的前身是一家生產羽絨製品的廠家，在 1993 年開始生產微波爐，當年產量僅為 1 萬台。

　　1994 年格蘭仕開始集中資源生產市場上暢銷的幾個型號的產品，以降低成本。當年產銷量達 10 萬台。1995 年達到 22 萬台，市場佔有率為 25％，成為中國微波爐市場的主導者，但格蘭仕並未就此滿足，而是加快了低成本滲透擴張的步伐。

　　自 1996 年開始，格蘭仕依靠專業化生產所取得的技術優勢和低成本優勢，一方面迅速擴大自己的生產能力，另一方面又在獲得規模經濟的基礎上，靈活運用價格策略，與競爭對手展開了激烈的競爭。

　　當企業規模達到 125 萬台時，格蘭仕就把出廠價定在規模為 80 萬台的企業的成本價以下；而當規模達到 300 萬台時，又把出廠價調到規模為 200 萬台的企業的成本價以下。此時，格蘭仕還能獲利，而規模低於 200 萬台的企業，生產一台就虧損一台，生產得越多，虧損得也越多。面對格蘭仕如此強勁的低成本擴張攻勢，許多微波爐企業紛紛敗下陣來退出競爭，從而使格蘭仕的市場佔有率進一步擴大。1999 年，該公司更是取得了產銷規模 600 萬台，市場佔有率 61.43％的輝煌業績。

19 新產品如何定價

　　價格是高度敏感的，價格具有很強的調節作用。多年來，企業上演的一場又一場價格戰也證明了這一點。對於新上市的產品，在制定價格時應該考慮的因素有：

1.首先應進行價格調查

　　這包括競爭對手的價格、消費者的心理價位。

　　⑴研究競爭對手的定價情況，然後結合產品各個因素，找出空際，制定適合的價位。

　　如農夫果園品牌的果汁濃度≥30％，是兩種以上混合水果果汁，不同於市場現有產品。多數果汁飲料價格定位於 2～3 元之間時，農夫果園卻將零售價定在 3.5～4 元之間，明顯高於同類果汁飲料。

　　⑵消費者心目中都有價格帶，當產品定價在此價格帶內，消費者認為是可以接受的。在一般消費者心目中，紅牛的定價是偏高的。因為普通的飲料都在 3 元以內，而其定價超出 6 元。儘管其標榜為功能飲料，但是對於多數消費者來說，仍然無法接受。

2.考慮市場容量及成本優勢

　　新產品在原材料以及製作技術上是否仍然具有降價空間，如果具備這個條件，可以考慮低價快速佔領市場，否則以犧牲利潤去獲取市場是得不償失的。

3.企業的行銷目標

　　企業上市新產品都有行銷目標，那麼該產品應該貢獻的利潤必須考慮進去。

4.品牌的定位

如果該產品定位為高端消費者消費,價格方面自然不同於大眾消費產品。

5.消費者的需求強度

對產品的需求強度越高,產品的定價相應也就越高。

6.消費者的購買行為和態度

消費者購買該類產品的頻率、習慣以及態度都需要考慮。

7.管道成員的利潤分配

在考慮消費者接受價格的同時,必須考慮通路成員有利可圖。

每個行業都有不同的利潤比率原則,因此在用成本定價時,必須遵循行業規律。例如在飲料行業,批發商每瓶飲料的利潤大概只有幾分錢,化妝品則至少要達到 10%左右,而在保健品領域,經銷商的利潤空間則高達 30%以上,有的甚至高達 100%、200%。

20 新產品的定價方法

1.成本加成定價法

望文生義就是在產品的成本上加一個標準的加成。如生產企業以生產成本為基礎,商業零售企業則以進貨成本為基礎。由於利潤一般按成本或售價的一定比例來計算,故可將期望利潤比率(百分比)加在成本上,因此常被稱為「成本加成定價法」。

2.投資報酬定價法

這種定價,可以帶來企業所追求的目標投資收益。如通用汽車就

是採用這種定價方法，所定的汽車價格可以使企業的投資取得 15%～20%的利潤。

3.超值定價法

即用相當低的價格出售高品質的產品。如目前的 PC 機大戰結果，就使電腦行業轉變為以低價格生產高性能的電腦來賺取利潤。

4.市場定價法

根據市場競爭的地位不同而採取不同的價格策略。

⑴對於市場領導者而言，在競爭中處於強勢地位，無論在市場佔有率、銷售額排名，還是在產品、技術的推陳出新上，都遙遙領先於對手，在同類產品的定價上應走高價路線，略高於市場平均價，並與市場跟隨者拉開一定檔次。例如蘭蔻相對於美寶蓮，定價就明顯高很多。

⑵市場挑戰者是市場領導者最大的對手和威脅，挑戰者一旦瞄準了領導者的空隙，即可能顛覆領導者的地位。在定價上採取的步步跟隨的策略，即領導者定多高的價，挑戰者也採取相應的定價。如百事可樂針對可口可樂即採用這一策略。

⑶市場跟隨者緊跟在領導者和挑戰者身後，以模仿著稱。其產品價格通常低於領導者和挑戰者一個價格層級，接近於市場平均價。

⑷市場補缺者即獨闢蹊徑，善於發現市場盲點，捕捉市場機會，避開競爭膠著地帶而取勝的企業。由於市場補缺者提供的產品或服務是市場所稀缺的，具有很強的差異化，專業性很強，目標市場較窄，用戶對價格的討價還價能力較弱，所以在定價上同樣可實施高價策略。

5.心理定價法

根據消費者的消費習慣和心理而採用的心理定價策略。它拋開成

本,賺取它所能夠賺取的最高利潤,即顧客能接受什麼價就定什麼價。

(1)整數定價法

即在定價時把商品的價格定成整數,不帶尾數,使消費者產生「一分價格一分貨」的感覺,以滿足消費者的某種心理,提高商品形象。

(2)尾數定價法

指在商品定價時,取尾數而不取整數的定價方法,使消費者購買時在心理上產生大為便宜的感覺。

(3)分級定價法

指在定價時,把同類商品分為幾個等級,不同等級的商品,其價格有所不同。這種定價策略能使消費者產生貨真價實、按質論價的感覺,因而容易被消費者接受。

(4)聲望定價法

指在定價時,把在顧客中有聲望的商店、企業的商品價格定得比一般的商品要高,是根據消費者對某些商品或企業的信任心理而使用的價格策略。

(5)招徠定價法

指在多品種經營的企業中,對某些商品定價很低,以吸引顧客,目的是招徠顧客購買低價商品時,也購買其他商品,從而帶動其他商品的銷售。

(6)習慣性定價法

有些商品在顧客心目中已經形成了一個習慣價格,這些商品的價格稍有變動,就會引起顧客不滿,提價時顧客容易產生抵觸心理,降價會被認為降低了品質。因此對於這類商品,企業寧可在商品的內容、包裝、容量等方面進行調整,也不採取調價的方法。日常生活中的飲料、大眾食品一般都適用這種策略。產品價格的影響:

21 新產品訂價後，價格管理方略

　　價格，無疑是市場最敏感、最活躍的神經。價格也是最容易給對手致命一擊、最直接、最重要的市場武器。但是，就好像潘多拉盒子一樣，價格也是一個魔鬼，最容易使我們的市場出現爆炸性潰敗。管理市場價格對行銷組織來說是考驗其市場判斷能力的一個重要標誌。

1. 防範好員工洩密

　　新產品價格制定一般是作為消費品企業一個比較核心的機密，但是我們不少的消費品企業並沒有意識到這種價格保密對企業的重要意義，以至於新產品價格成為全體員工人盡皆知的策略。因此，新產品價格管理要做好防範員工，特別是高管對價格洩密。

2. 管理好源頭價格

　　製造商價格最忌諱朝令夕改。在制定價格時一定要十分謹慎，一旦價格確認了，我們至少要在相當長長時間堅守這個價格，不要見到風吹草動就將價格降得一塌糊塗，否則將會對市場信心形成十分嚴重的打擊。管價格首先要管好源頭，不要讓領導的輕率決策破壞了新產品上市的節奏。

3. 管理好經銷管道價格

　　生產廠商最忌諱經銷商鼠目寸光。管道對價格衝擊往往表現為經銷商惡意的價格行為，特別是要防止經銷商把管道政策變成價格刺刀，使得製造商對市場價格完全失控。

4. 管理好終端價格

　　如果說經銷商亂價主要出於謀取更大的商業利益，那麼零售終端

的亂價責任主要來自於廠家在價格管理與可持續動銷上的乏力。

造成零售商價格大亂是對廠家信心喪失的集中表現。首先是對廠家價格信息來源的判斷出現嚴重混亂。由於經銷商採取了拋售的策略，以至於終端零售商對廠家價格管理產生了自暴自棄的心態。

零售商由於本身資金不是很豐富，抵禦市場風險的能力也比較差，出於經營上的需要，終端商採取了虧本拋售。

管理零售終端新產品價格就是推動市場銷售的不斷升級，提供實效、有系統衝擊力的動銷活動與方法，使得零售終端從自暴自棄的拋售轉變為斤斤計較的惜售，這樣就可以從根本上轉變零售商價格混亂局面。而對於上游經銷商帶來的價格遊離，唯一的手段就是管理好上游經銷商。

5.管理好顧客價格

消費者價格最忌諱等量對比。很多企業面臨消費者市場退潮往往束手無策，其實，高明的消費品公司一定會不斷創造熱點，使得消費者拒絕與相關產品進行等量價格比較。面臨消費者消費退潮，我們的手段就是不斷創造市場熱點與新的潮流趨勢，使得消費者感覺消費產品更多是一種必然的潮流選擇，特別是要保持新產品心態與形態的年輕！

6.引領好對手價格

對手產品價格是我們自己產品難以避免的標杆，特別是對於差異化不是很明顯的新產品，我們無法避免自己產品與對手產品對比的命運。面對這樣一種狀況，我們如何去引領對手產品的價格就是我們進行價格管理更高層級的要求。

22 新產品初上市的價格追蹤

　　價格與利潤密切相關，是推動產品銷售的動力。不僅關係到廠家，更關係到通路和消費者。新品的通路價格是否合理，執行是否到位，直接關係到廠家是否有足夠的利潤和操作空間，關係到經銷商、批發戶和零售店賣本品是否能夠比競爭品更掙錢，關係到消費者是否買得起樂得買，進而影響到鋪貨、促銷等其他上市工作的順利開展。同時，競爭品的價格調整是新品上市必須及時應對的競爭要素，

　　因而及時掌握市場價格成為新品上市成功的關鍵。透過對價格的管理可以起到以下作用：

　　⑴透過區域市場間單品項橫向對比，找出最大數價格，以上市計劃價格為準繩，有效實施價格管控，確保新品價格良性波動。提醒價格較不穩定地區，加強價格管控，並設定具體目標。

　　例如：透過追蹤發現零售店價格過高，可加大面向批發戶和經銷商的促銷贈品力度，引導批發出貨價格下降，同時在零售店張貼有新品建議價的 POP 形成行情價。或隨產品附帶贈品，使產品實際單價下降。

　　⑵密切關注競爭品各區域市場的價格動態，按期進行對比分析，針對劣勢價格的市場和管道，及時調整行銷對策。

　　例如：A 市場新產品上市後銷售不佳，分析價格指標時發現：在上市 10 天、20 天內的各階通路價格均屬正常，但隨後競爭品市場走貨加快，透過追蹤瞭解到，競爭品於新產品上市 10 天后調整促銷力度，其通路利潤大於本品，形成新品 10 餘天左右的價格劣勢，本品

市場走貨放慢。調整對策如下：

- 調整通路鋪貨政策，加大批發及零售管道的促銷力度，形成通路利潤的相對優勢，迅速提升鋪貨率。
- 加強零售通路價格引導，降低價格波動幅度。
- 改善 K/A 店的新品陳列，增加堆頭及陳列面積，開展賣場消費者促銷。

23 零售管道的分類定價

以食品飲料行業為例，如果是廠家直接開的旗艦店或專營店，包括網店，我們可以把它看作是一級管道(一個層級)；餐飲、商超、賣場、夜場、封通、特通往往由經銷商直營，我們可以把它們看做是二級管道(兩個層級)；傳統管道中從經銷商到二批商(分銷商)再到零售終端，我們把它們叫做三級管道(三個層級)。

當三種層級都並存時，新產品的定價就十分關鍵。也許企業初期不會進入所有的零售業態，但是如果價格規劃不合理，就意味著以後當企業想進入時，要麼市場上出現價格混亂的局面，要麼產品價差空間不夠。這種情況下是犧牲經銷商的價差空間，還是犧牲企業自己的價差空間？或者兩者都讓出一些價格空間？無論怎麼做，實踐起來都會存在一些問題。

那麼，企業到底應該怎麼對待這些零售業態呢？

首先，我們把從 A 到 D 的部份都定義為零售業態，因此從理論上來說，不管層級與大小如何，都應該在 $\delta 3$ 的價差空間裏去決定供價。

在這方面做得比較好的是加多寶經營的紅罐涼茶。

圖 23-1 產品的定價與管道設計

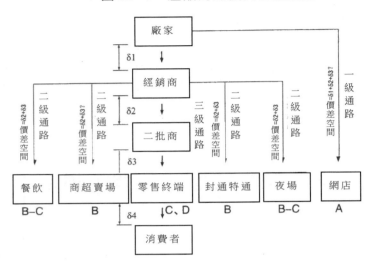

其次，對於同一種產品，企業可以針對不同的業態提供不同的規格、不同的包裝，這樣就避免了消費者在價格上的類比。另外，由於每個管道的長短、銷量不同，對利潤的追求也不一樣，這樣就不容易造成混亂的局面。

如青島啤酒為餐飲、超市與零售店、夜場分別提供 500ml、600ml 和 250ml 等不同規格的產品。

最後，產品的定價一定要在消費者「買得起」的範圍內決定。尤其是大規模生產的商品，企業在定價時一定要考慮消費者的心理接受程度和市場容量，偏離了這個軌道，很容易導致新產品推廣失利。如可口可樂的嵐風與茶研工坊、娃哈哈的 Hello-C、農夫山泉的 TOT 蘇打紅茶、東方樹葉等，這些產品推廣遇阻都與定價偏離軌道有關。

24 新產品的招商策略

一、招商的作用

新產品上市招商是企業佔領市場的一種手段。通過招商，企業可以：

· 建立行銷網路，快速佔領市場。
· 快速回籠資金，規避市場風險。
· 鍛鍊隊伍，總結市場經驗。
· 可以有更多的時間和精力來進行市場運作。

二、招商策略

根據上面所述，企業在制定招商策略時必須著重考慮：

1.產品賣點和促銷方案

產品賣點是給消費者購買理由。不具備說服力的賣點，對商家沒有吸引力，無法激發他們的興趣，因而也很難打動顧客。此外，切合實際的行銷計劃可以給經銷商強烈的信心。

2.招商組織和人員設置

在招商階段，可以獨立設置該部門，並賦予一定權利。部門可以分區域設置經理，在必要的時候設協銷經理在一線或終端直接協助區域經理工作。在獎勵機制上也不同於一般的管道獎勵。為了配合招商工作的順利進展，整合公司市場部、銷售部的資源，同時為了生產和

財務部門的配合，可以由公司高層直接掛帥。

3. 招商信息發佈媒介及招商形式的選擇

⑴招商信息發佈媒介選擇

⑵招商形式的選擇

很多企業在發佈招商信息後，對意向性較強的區域會通過開招商會的形式達到最後的成交。事實證明，這種形式的效果比較好。

①招商層級的設定：部份企業為了快速回籠資金，熱衷於招省級經銷商，但實際運作當中，會存在以下弊端：省級經銷商因為所佔的區域太大，造成很大的市場不能精心運作，很多空間地帶無人經營。或者產品成熟後，銷量上升會令其要脅廠方。因而，設計層級要合理。

②價格體系，見價格策略。

③費用預算，為了保證招商順利進展，充分的資金準備是必要的。表 24-1 列出的是招商當中必要的費用預算項目。

表 24-1　招商中必要的費用預算

項目內容	預算	備註
招商廣告		
招商手冊		
招商其他用品製作		
招商差旅費		
會議組織費用		
招待費用		
辦公費用		
小　計		

4.招商方案制定

完整的招商方案應該包括以下內容：

⑴企業的背景

⑵產品的機理、市場分析以及產品獨特優勢

⑶經銷商的資格

⑷產品的價格體系

⑸銷售政策

有人說，企業招商成功率只有 2%。成功者也不外乎在關鍵的兩點上做得到位，其一是產品，其二是政策。

①授權經銷/分銷的區域：是否獨家經銷，廠家是否保留增設經銷戶或直營的權力。

②授權的有效期限：一般以三個月至一年為限。、

③經銷商的基本義務：包括付款方式、銷量任務、最低庫存數，負責區域的鋪貨率。

④經銷商獎勵政策：細分產品、品項、數量、分級註明返利額度。

⑤返利形式：現返、月返、年返、返實物、返現金、返產品、返產品時是否計入該經銷商的銷量。

⑥其他支持：包括物流、退換獲支持。

⑦市場管理：以量化方式寫明對砸價、沖貨、銷量任務未完成或其他指標不合格處以何種返利和扣罰比例。

⑧合約樣本。

5.招商中應該注意以下兩點

(1)避免急功近利

招商的心態非常重要。如果把招商作為贏利的方式，短期行為帶來的結果是必然的。從長遠而言，招商應該是一種手段，而不是目的。

企業最終的目的還是讓產品形成好的市場運作。因而，在招商過程中殺雞取卵的方式不足取，即使近期將給企業帶來利潤，但最終也將會把企業帶入不可收拾的地步。

(2)招商進程「度」的把握

目前，招商廣告令人眼花繚亂，經銷商在選擇產品時也是非常謹慎的。因而，在招商過程中每個細節的把握都非常重要。

①招商廣告宣傳的「度」。廣告宣傳重點在於突出產品優勢，以及與其他產品不同的地方，用語上避免誇大其辭。

②經銷商資質審核。招商不能一味強調門當戶對，否則會錯失良機。

③首批進貨款。對於首批進貨款，應結合企業的總體戰略部署及市場進入策略，對不同的區域分別對待。

④給予的優惠政策。不能為了一味迎合經銷商，而使自身的產品價格混亂無法收拾。

三、如何制定招商的銷售政策

銷售政策是一項引導性、激勵性的銷售措施，是銷售活動中至關重要的策略與措施，甚至可以說是起決定性作用的措施。它的目的是激勵人員、促進銷售，從而給銷售完成帶來保障。所謂保障，就是通過系列的規定激勵、約束經銷商與銷售人員的行為，為完成銷售目標服務。

通常來說，銷售政策包含兩部份內容：一部份是銷售人員的激勵政策；另一部份為經銷商的激勵政策。一份完整的銷售激勵政策應該包含以下內容：

· 結算方式;

· 折扣;

· 價格政策;

· 市場管理與監控;

· 銷售獎勵。

1.結算方式

目前常用的結算方式有現款現貨、賒欠、鋪底、匯票期限等。在制定結算方式時,應該在政策上加以引導,必須同時考慮貨物和貨款的保障。

(1)現款現貨

建議採用此種方式進行結算。為了推進這一政策,可以以價格折扣來輔助執行。在賒欠、鋪底結算頗為盛行時,一些企業堅持現款現貨,否則就沒有折扣。通過溝通,他們不但實現了 100%的現款現貨,給銷售帶來保障與輕鬆,使企業步入良性循環,而且使銷售人員可以投入更多的精力開發客戶。

(2)賒欠與鋪底要明確規定授權的範圍與期限標準,否則將造成應收賬款偏大

2.折扣

為了更好地激發經銷商的積極性,廠家通常利用折扣政策進行激勵和引導。但折扣是一把雙刃劍,只有正確地使用才可以有效調節,促使經銷商完成廠家預期的目標。

(1)現金折扣

是對結算的保障,以淨銷售額的折扣率作為標準。

(2)銷售增長折扣

市場競爭加劇時,企業為了鼓勵經銷商獲得更多的銷售增長而採

用的一種折扣。

計算方式：銷售增長 a%，則按淨銷售額的 b%給予返利。

(3)專營折扣

為了培養經銷商的忠誠度，排斥其他產品，部份企業使用該種折扣來鼓勵專營者。

3.價格政策

上面提到的新產品的定價策略，是針對消費者而言，但是對於管道而言，必須要有合理的價格政策，使其有利可圖。價格是影響廠家、經銷商、顧客和產品市場前途的重要因素。因此，制定正確的價格政策，是維護廠家利益、激發經銷商積極性、吸引顧客購買、戰勝競爭對手、開發和鞏固市場的關鍵。

(1)價格政策制定的基本原則

①必須確保管道成員都有正常的利潤空間。

②價格在一定政策約束下有彈性。

③一定時期內，管道利潤應保證相對穩定。

(2)企業通常運用的價格政策

①可變價格政策。價格的確定是根據雙方談判的結果。這種策略應在市場競爭激烈而賣方又難以滲入市場的情況下使用，此時廠家需要借助經銷商的力量。

②統一價格政策。通常情況下，價格是不變動的，只是根據事先約定的情況給予折扣。

(3)價格結構體系的設計

設計價格結構體系目的就是分配出廠價與零售價之間的價差，使管道成員可以獲得相應的利益。所以設計價格體系時，必須考慮以下因素：

①理管道成員的價格關係,既要保證各方利益,又要避免引起混亂,影響中間商的積極性。

②必須考慮重點客戶的利益。根據 2/8 原則,以及重點客戶的市場運作能力,可以將客戶分為 A、B、C 三個等級,給予不同的折扣。按照客戶的重要程度來確定價格,按照現有客戶實績或潛在實力分別確定不同的價格折扣率。如 A 級大客戶價格折扣率是 X%,B 級客戶價格折扣率是 Y%,C 級客戶(小量進貨者)依訂價出貨。

⑷如何設計價格利潤空間

對於不同的新產品以及不同的市場競爭情況,設計利潤空間應有所不同。

①對於全新型產品

因為產品是市場上沒有的,消費者討價還價的能力較差,但初期銷量並不是很大。為了吸引一級批發商的興趣,並且能夠促使他把巨大的價格利潤空間轉化為具體的市場投入,以調動或激勵二級批發商和三級批發商進行銷售,這時二級批發商的價格利潤空間要相對正常一些。在設計利潤空間時應該較大。

②對於跟隨和改進型產品

利潤設計空間較小。那麼,在區域內行業利潤空間較一致的前提下,要壓縮一級批發商的利潤空間,讓渡較大的利潤空間給二級批發商,確保二級批發商的利潤空間一定要比競爭產品給予的利潤空間大。

企業由於不同的市場目的,在利潤空間設計上也有所不同:

①對於贏利型產品

為了讓管道單位贏利最大化,管道單位利潤空間要求較大。

②對於抵禦型產品

管道單位利潤空間達到同類產品的平均水準,但為了防禦競爭對手,要求銷量大。

③對於挑戰型產品

為了吸引管道對產品的興趣,使價格利潤空間比同類產品更具挑戰性,管道單位利潤空間要高過普通水準。

④對於銷售量大的產品

企業的目的就是加大銷量,因而管道單位利潤空間不大,但管道暢通,銷量較大。

4.市場管理與監控

(1)價格穩定

①企業必須保證統一的產品零售價格

當企業不能控制自己產品的零售價格時,會造成以下不良影響:

A.經銷商不會積極地進貨,也不會拓展自身的經銷範圍。

B.令消費者產生混亂,不但會損害產品的銷量,還會影響到品牌以及廠家的聲譽。

C.多種零售價格增加了零售商之間衝突的可能性——那些不能以低價出售產品的零售商勢必與能夠這樣做的零售商產生矛盾,最終,產品的經銷系統會受到嚴重的破壞。

②簽定協議約束

企業在和經銷商簽訂合約時就要明確關於價格體系管理的條款。對不遵守價格體系的,要取消其經銷資格。更為關鍵的是,企業不能為眼前利益而自亂陣腳,親手破壞自己所立的規矩。生產「金龍魚」食用油的公司有 400 多個一級經銷商,為了保證網路的任何一環都是「一口價」,公司實行全國統一報價制,距離遠的由公司補貼運

費，防止產品在區域間竄貨。為了保證經銷商的利益不受損害，公司規定非經銷商客戶到公司拿貨的價格比在當地向經銷商直接拿貨的價格還要高。

③監督

及時掌握價格狀況，發現經銷商違反價格行為就要立即處理。啤酒公司啤酒零售價為每瓶 2.5 元，要求經銷商不能降低一分錢，誰違犯了規則，就取消其經銷資格。為此，他們招聘了 45 名「價格監察員」，每天的任務就是在商店內轉，監督經銷商是否遵守公司的價格政策。因而，全市大小商店價格一致。

(2)防止竄貨

惡性竄貨給企業造成的危害是巨大的：搞亂價格體系，使管道利潤大大下降；經銷商沒有積極性，不再願意與廠家合作；企業的聲譽以及銷售網路毀滅。

竄貨現象產生的原因是多種多樣的，主要是價差和銷售管理政策造成的。為了防止竄貨，企業可以：

①設立竄貨保證金制度

由經銷商繳納一定數額的資金作為不竄貨的保證金。考核期滿，沒有竄貨的，則返還（可以給予利息）。

②在價格體系設置方面，實行級差價格體系

根據銷售網路構成結構設置價格級差體系，其中每一級經銷商都有靈活而又嚴明的價格。根據區域的不同情況，分別制定了總經銷價、一批價、二批價、三批價和零售價，在銷售的各個環節上形成嚴格合理的價差梯度，使每一層次、每一環節的經銷商都能通過銷售產品取得相應的利潤，保證各個環節有序的利益分配，從而在價格上堵住了竄貨的源頭。

③借助條碼技術，流水工號加強控制

通過條碼的利用，即時掌握供貨節奏、經銷商庫存、經銷商變更等因素，形成完整的防竄貨體系，或者通過流水工號的控制，及時查出貨物流向。

④加強處罰執行力度

很多企業對竄貨都制定有相應的處罰制度，如扣除保證金或扣除年終返利，但執行當中卻礙於各種問題原因，執行不夠或沒有執行。

⑤由企業控制促銷費用

很多企業按銷量的百分比給經銷商提取促銷費用，甚至銷量越大，提取比例越高，這種做法的結果可能是誘導經銷商通過竄貨做大銷量。因此，企業在開展促銷活動時，促銷費用一定要儘量由企業總部掌控，不讓經銷商和公司行銷人員經手操作，以防促銷費用成了經銷商降價竄貨的資本。

5.銷售獎勵

目前，對經銷商的獎勵一般多用返利這種方法，制定政策時必須結合公司的整體實力、產品特徵以及市場推廣時段。根據返利的比例形式不同，有以下兩種方法：

(1)階梯式返利

所謂階梯式返利，就是隨著銷售量增大而逐漸加大返利額度的一種返利方式。其中有小跨度階梯式返利、大跨度階梯式返利兩種。小跨度階梯式返利，即每一個返利點之間對於銷售量的要求較小；大跨度階梯式返利的特徵是每個返利點之間對銷售量的要求較高，使經銷商不能輕易地就實現下一個目標，確保了不同實力經銷商的不同待遇。

階梯式返利適合於新開發的市場。因為新開發市場空白點較多，

適當運用階梯式返利，能刺激經銷商的積極性，促使經銷商迅速加大市場的開發力度。

⑵固定比例式返利

無論經銷商銷量是多少，都是按照固定比例來返利。這種方式適用於產品在某市場已經有比較穩定的銷量的情況。

根據返利的結算形式，又有貨抵式返利、現金返利兩種。

◎案例：都是利潤惹的禍——如何維護價格穩定

銷售過程中價格體系混亂，是目前企業普遍存在的一個問題。其所造成的影響是非常巨大的。

造成企業價格體系混亂的原因有的來自企業，有的來自經銷商。由企業造成的價格混亂的原因在於：

1. 企業在不同的目標市場上採取了不同的價格政策

不少企業在制定價格政策時，考慮到不同目標市場消費者購買力的差異、競爭程度的差異、企業投入的促銷費用的差異、運輸費用等方面的差異，因而在不同的目標市場上採取不同的價格策略。這種價格策略如果得當，就會增強產品在各個目標市場上的競爭能力，但如果使用不當，則可能對市場秩序產生重大影響。有些經銷商可能利用這些不同地區的價格差，將產品從低價格地區轉移到高價格地區銷售，進行「竄貨」。

如一家酒類生產廠，為了開拓某一地區市場，在市場開拓期，將價格定得比其他地區低，期望以低價進入新市場，經過一段時間發現，進入該市場的產品轉了一圈之後又回流至原有市場了，很快就衝擊原有市場的產品價格，造成價格混亂。並且，當存在

多種價格時，經銷商和消費者可能提出要求平等享受最低價格的權利，對這項要求，廠家很難提出強有力的理由加以拒絕。

　　針對不同的目標市場制定不同的價格是必要的，但必須要掌握的一個原則是，不同地區的價格差異不足以對市場價格體系造成影響。價格差異的幅度應該控制在不能讓經銷商利用這種價格差在不同地區市場上竄貨的範圍內。

2.企業對不同經銷商的價格政策混亂

　　一個完善的價格體系應包括對不同的經銷商——如代理商、批發商、零售商，制定不同價格政策，使每一個經銷商都願意經營本企業的產品。對任何一個經銷商的差別對待，都可能引起其他經銷商的不滿。

　　某一家電企業，公司所在地的商業機構都不願意經銷其產品，原因是該公司經常以批發價甚至以出廠價向最終消費者出售商品，使得經銷商的價格根本就沒有競爭力，最終不得不放棄經營該產品。另如某公司經常以優惠價格向本廠職工出售產品，結果大量產品流向市場，嚴重影響了經銷商的利益，導致經銷商不願意再銷售其產品。

3.企業對經銷商的獎勵政策

　　現在許多企業不是以利潤來激發經銷商的積極性，而是對經銷商施以重獎和年終返利。廠家這樣做的目的是鼓勵經銷商多銷售其產品。由於獎勵和返利多少是根據銷售量多少而定，因此經銷商為多得返利和獎勵，就千方百計地多銷售產品。為此，他們不惜以低價將產品銷售出去，甚至把獎勵和年終返利中的一部份拿出來讓給下游經銷商。這樣其結果必定要導致價格體系混亂。

4.經銷商造成價格混亂

⑴經銷商將產品用作帶貨。有經驗的經銷商不是從每一個產品(個)上去賺錢，而是從每一批產品(量)上去賺錢，因此，他將產品分為兩類：一類是賺錢的，另一類是走量的。即用好銷的產品或是將一部份產品的價格定得很低，不賺錢來吸引批發商進貨，以帶動其他產品的銷售。

⑵另一種情況是，企業在某一個市場上有幾個批發商，大家為了爭奪客戶，紛紛降價，最後降得無利可圖，都不願再銷售這一產品，把市場做死了。

⑶維持客戶。一些經銷商把價格降得很低，無利經營，甚至將廠家給予的扣點給客戶，目的是為了維持客戶，吸引客戶繼續從他手中進貨。

25 新產品訂貨會

新品訂貨會，是生產廠商組織經銷商開會，介紹及演示新產品，許以優惠的現場訂貨政策，鼓勵經銷商積極訂貨。因組織訂貨會費用較高，大家聚一次也不容易，所以一般是針對戰略性新品，或結合年中(終)會議、聯誼會、培訓會等一起開展的。這對新品迅速鋪進經銷商網路，營造全面上市氣氛很有好處，也容易獲得大量訂單，迅速回籠資金。

1.訂貨會一定要有主題

主題是訂貨會的靈魂，沒有主題的訂貨會可能就變成了一個「吃

喝會」，錢花了，但是庫沒有卸掉。因此，廠家要組織訂貨會，必須提前想好推廣的主題。

主題通常由品牌的階段實力、訂貨會的目的、終端數量及業界地位等決定，普遍的標準是圍繞品牌、管道、終端、訂貨會目的、消費者等五方面來提煉。這五個方面又各有側重點，廠家可以根據這些側重點來定主題。

主題要和品牌掛鈎，要突出品牌的性質，是對品牌的高度概括和提煉。例如，某企業根據自己的品牌定位，推出的主題是「演繹 2012年秋冬季女裝訂貨會」。從這個主題中，我們就可以知道該品牌是產品定位為「女裝」；產品款式定為「2012 年秋冬季」，暗示秋冬季會流行這些款式；「演繹」說明現場有服裝展示秀，可以吸引人氣。另外，副標題「明年春季再相會」，說明今年秋冬季流行款的訂貨會只有這一次，言外之意是大家不要觀望，該出手時就出手！

在根據品牌不同階段的需求來確定訂貨會的主題時，需要掌握的原則是「目的是最大的主題」：如果是為了提高品牌知名度，就應該圍繞升級來確定主題；主打產品的，就要體現產品的功能和優勢。

2.訂貨會流程

會議的組織對新品訂貨會的效果影響很大，一定要精心準備，確保萬無一失。一般流程如下：

(1)確定參會的人數，特別是客戶，以備後續訂房、訂餐等工作。

(2)確定會議議程，包括簽到時間(客戶一定要準備到會)、大會開始主管致詞、產品介紹演示、觀看廣告片、參觀新品展示/品鑑、訂貨、晚宴招待、訂貨結果宣佈、訂貨狀元評獎、文娛節目、會議結束時間、撤離酒店時間等。

(3)確定費用預算。包括會務費(住宿、宴會、會場租金、設備租

金、娛樂項目費用等）、經銷商路費、現場佈置費用（展台佈置、展板製作、大型噴繪、產品陳列架製作，彩旗、條幅、升空氣球租金等）、媒體報導費用（邀請電視台、電台、報紙人員費用，錄製製作費，播出費，刊登費，禮品等）、臨時人員勞務費、講師課酬以及其他費用。

(4)確定會議準備事項。

①物品準備包括：印製會議手冊和訂貨單、樣品申請、產品演示投影儀、電腦、廣告帶、螢幕、大量的 DM、海報、串旗、產品橫幅、立牌、台牌、手提袋等。訂貨會現場佈置應做到：酒店正面應有大幅橫幅、懸升氣球條幅、彩旗等渲染會議氣氛；酒店正門口要有會議立幅、會議指示牌；酒店前台要有廠家人員接待來客；會場門口要有產品標準陳列展示、產品說明展板、公司簡介展板；會場大廳要用海報、串旗、立牌、橫幅全面佈置。

②工作事項準備包括：成立訂貨會工作小組、調集人員組成團隊、與營業的活動協調說明會、通知經銷商參會、聯繫酒店預訂房間及會場、進行會場佈置、製作產品演示投影並進行排練以及製作新品展台、展架、展板、彩旗、橫幅等物品，聯繫氣球服務公司，邀請相關媒體。

(5)會議召開。按當日會議議程進行（注意發生意外後的備選方案）。

(6)會議結束，安排歡送經銷商，會議現場物品回收，撤離酒店。

(7)訂貨會後，業務人員要立即跟蹤訂單，確保每線訂單不落空。

3. 訂貨會的實施步驟

(1)任務分解

訂貨會的目的就是為了卸庫。假如目前有 1500 件產品，把這 1500 件產品全部卸完是基本目標，能夠多訂、多收款當然是最理想

的。

(2)政策制定

按照規劃,每組分擔 200 件,7 家就可以把這些產品全部份完(經銷商本身也要分一部份)。但是在沒有二批商的情況下,每家都訂 200件是不現實的,所以起訂量可以從 50 件起,制定 50、100、150、200、300 件的坎級政策。獎勵政策最好不要採用搭贈本品的方式,可以用比較流行的電器、手機、電腦等做獎品,也可以獎勵旅遊。總之,無論如何,都要避免獎勵政策能直接折到產品價格中去。

(3)費用估算

制定完政策後,相關部門應該預估一下每個坎級的預訂數量、參會人數(按照訂貨情況發票入場,以免人數失控)、會場規模及活動標準,然後估算出費用,報公司批准。

(4)預熱造勢

預熱造勢是訂貨會成功的關鍵因素之一。造勢必須針對目標群體進行,如果訂貨會邀請的對象是批發商,那麼造勢就要針對批發商進行。廠家可以在這些批發商店鋪附近貼上活動海報、產品海報,拉上橫幅、氣球、條幅、氣模、拱門、X 展架等。有條件的還可以在電視廣告上標注字幕,或者在報紙上做廣告,並由業務員將報紙拿給批發商看。總而言之,要讓這些批發商感覺到廠家的氣勢和決心。

(5)邀約對象

在訂貨會召開前,業務員要對這個行業所有的批發商進行摸底,向能夠達到起訂量的批發商發出邀約,最好能預收定金或者全部貨款。當然,這要根據品牌的強勢程度來決定。

(6)現場氣氛營造

訂貨會的現場氣氛十分重要。廠家要在會場佈置好拱門、氣模、

氣球、條幅、標語、產品堆頭、陳列、海報等，場內還要安排投影儀、背景幕布等。訂貨的過程中要穿插安排能夠互動的表演、抽獎、訂貨擂台賽等活動。

這裏需要注意一個最關鍵的因素，那就是選擇的主持人要能煽情，要有助於營造訂貨氣氛。

(7)會後跟蹤

會後，廠家首先要統計訂單，其次要將產品儘快落實送到位，並將貨款悉數收回，千萬不要寄庫。訂貨會的目的就是要擠佔二批商的資金和倉庫，你擠佔的越多，競爭品進入的機會就越小。

寄庫的危害很大。二批商起初不好好賣，等別人沒優惠政策了他再提貨，容易造成市場不平衡。另外，新產品推廣中存在很多不確定的因素，如果產品不好銷，二批商不提貨了，要求廠家把錢退給他，這時候廠家就會處於很被動的狀態。

訂貨會結束後，相關人員還要走一輪市場，看看有沒有要補訂的，待產品都到位後，就要著手進行鋪貨了。

廠家召開訂貨會，一方面是為了卸庫，另一方面就是考察二批商，根據他們銷售的速度和補貨情況，最終在每個所規劃的區域內選出一家二批商進行簽約，作為經銷商分銷平台的成員。因為畢竟不能每次卸庫都要召開訂貨會，否則任何一個廠家可能都 hold 不住。

26 新產品的廣告策略

一、新產品廣告的分類

廣告根據表達不同可以分為三類：

1.通知性廣告

新上市產品通常用這類廣告，目的是促進最初需求的產生。

2.說服性廣告

在產品競爭激烈的階段運用較多。技巧是企業突出它的優勢，並且不會引起其他更強大的品牌產品的反應。

3.提醒性廣告

在產品的成熟期十分重要。主要起提示強化的作用，目的在於讓現有的購買者相信他們購買這種產品是正確的。

二、新產品的廣告定位

1.新產品廣告定位

企業在制定廣告策略時，必須對產品進行廣告定位。廣告定位策略研究如何在各種激烈的市場競爭態勢中將商品或服務打入消費者的心中，以便佔有一席之地。廣告定位決定著廣告內容和廣告形式。

⑴正確的廣告定位可以賦予商品或服務一個獨特的個性，使它可以在消費者心目中牢不可破，在擁擠的市場擁有一席之地。

⑵廣告定位，並不是定位在廣告的商品本身，而是定位在顧客心

裏。

⑶廣告定位是以消費者的眼光來看待其心目中的看法。

⑷好的廣告定位策略在於攻心。

2.廣告定位應該考慮的問題

致勝的廣告定位策略在於找縫隙和空洞，通過市場分析，應將以下三個問題作為重點考慮的內容：

⑴我有別人沒有的什麼東西？

⑵我能做別人做不到的什麼事情？

⑶我可以提供別人無法提供的什麼利益？

如國際牌 VHS 錄影機以播放 4 小時(其他產品只能播放 2 小時)的廣告信息重新定位；司迪麥口香糖以零售價 9 元再定位口香糖。

3.廣告定位與產品定位的區別

企業產品本身所具備的優點、特點很多(產品定位)，但消費者所需求的可能只是產品功能中的一部份。對於消費者而言，其所感興趣的是自己的需要，因而對企業來說，重要的是如何找出消費者心目中的縫隙，建立產品與其需要的聯繫(廣告定位)。

(1)廣告定位與產品定位的目的不同

廣告定位的目的是為了「在預期客戶的頭腦裏佔有一席之地」，以便在「媒體爆炸」、「產品爆炸」和「廣告爆炸」的時代順利地把現有產品賣出去。產品定位的目的從短期看是為了銷售，從長期看是為了企業各種經營目標。產品定位在新產品出來時就已經定了，但是廣告定位有可能隨著階段發展的需要有所不同。

(2)廣告定位與產品定位的根據不同

廣告定位的根據是人們大腦的認知規律。因為「大腦不能處理全部信息」，「大腦備受干擾」，「大腦憎恨混亂」，「大腦不會改變」，「大

腦喪失焦點」，所以應該「集中研究一下預期客戶的觀念，而不是產品的現實情況」，應該儘量簡化所要傳播的信息，以便「讓它鑽進人們的頭腦」，「如果想延長它給人留下的印象，還得再簡化」。產品定位的根據是市場需求狀況、趨勢、競爭狀況以及政策等所確定的產品功能範圍。

⑶廣告定位與產品定位的重點不同

廣告定位的重點是方法和技巧，即如何用消費者喜歡的方式表達其喜歡的內容。產品定位的重點是確定產品功能內容以及發展方向。

三、新產品廣告訴求

廣告的重點不僅取決於它說什麼，還取決於它怎麼說。
1.確定廣告訴求
在確定訴求時，必須明確以下幾點：
⑴明確新產品可能提供的重要利益是什麼？
⑵廣告的目標是什麼？（定位策略）
⑶新產品的潛在消費顧客是誰？
⑷這些潛在顧客購買的動機是什麼？
⑸新產品適合的訴求方式是理智還是情感？
⑹採取什麼樣的方式表達？
⑺通過什麼媒體來傳達？
2.如何進行廣告訴求
通常來說，廣告訴求可以分為理智型和情感型兩種方式。
對於一個新產品來說，採用何種方式，還取決於產品的類型。
⑴對於功能性較強的產品需要消費者瞭解其功能，必須使用理智

型訴求。

⑵對於必須賦予感受、體現地位的產品，可以使用情感型訴求。

此外，在訴求時還應注意：

⑴對於同質化較強的產品，如清潔劑、香煙等，必須注意表達方式，以差別化。

⑵選擇一種適當的語調。如為了突出產品的專業性，必須採用肯定的語調，以免轉移人們對廣告的注意力。

四、新產品訴求的主題

不同的訴求方式帶給受眾的心理感受與回應也完全不同。廣告訴求的目的首先是明確產品給消費者的利益承諾，其次，要和消費者建立「相關性」。否則，多麼有創意的廣告都是無效的廣告。

通常訴求的主題有以下幾種：

(1)宣揚一種主張

提出「華夏人，使用手機」；

(2)強調文化或生活態度

「減肥是一種生活態度」；

(3)表明事實、態度、意念或心志

愛多 VCD，我們一直在努力；

(4)傳達一種功效和利益

海飛絲，頭屑去無蹤，秀髮更出眾；

(5)強調一種事實

雀巢兒童成長奶粉，成長只有一次；

(6)表達一種慾望

青島啤酒，一小時以後，你就會渴望再來一杯；

(7)表達消費者對產品的感受(或感覺)

所謂訴求感受是指消費者在選擇物質產品或者服務的同時，渴望獲得的那種心理舒適與精神滿足。更多的時候，心理舒適與精神滿足比產品本身的功能更重要。如「農夫山泉有點甜」，訴求產品的口味感受，而 1999 年可口可樂公司，發動了典型的「感覺促銷」大戰——歌星張惠妹，在電視上高唱「可口可樂，給我感覺」，用「感覺」來征服年輕一代，使消費者對可口可樂保持忠誠。

不同的產品、不同的訴求主題，應該採用不同的訴求語氣。在人稱方面，可以分別使用第一人稱、第二人稱和第三人稱。

例如：

寶潔廣告極具說服力。它的電視廣告慣用的公式是「專家法」和「比較法」。寶潔先指出你面臨的一個問題，比如頭癢、頭屑多，接著便有一個權威的專家來告訴你，頭屑多這個問題可以解決，那就是使用海飛絲。最後用了海飛絲，頭屑沒了，秀髮自然更出眾。這就是「專家法」;「比較法」是指寶潔將自己的產品與競爭者的產品相比，通過電視畫面，消費者能夠很清楚地看出寶潔產品的優越性。當然寶潔廣告常常揉和「專家法」和「比較法」，比如舒膚佳廣告。舒膚佳先宣揚一種新的皮膚清潔觀念，表示香皂既要去汙，也要殺菌。它的電視廣告，通過顯微鏡下的對比，表明使用舒膚佳比使用普通香皂，皮膚上殘留的細菌少得多，強調了它強有力的殺菌能力。它的說辭「惟一通過中華醫學會認可」，再一次增強其權威性。綜觀舒膚佳廣告，它的手法表現一般，但衝擊力卻極強。

五、形象代言人

作為一種行銷手段，企業非常熱衷於品牌形象代言人（簡稱品牌代言人）。這是因為：

1. 名人因其具有廣泛的知名度，其本身的曝光就可以引起更多的注視，當將其與某一品牌形成聯繫後，產品知名度自然會隨之提高。如當年「美的」花百萬買鞏俐一笑，使「美的」從默默無聞走向為眾人所知。

2. 名人在特定的範圍或領域中擁有大批的擁護者甚至崇拜者，以其為品牌代言人，可以讓消費者仿效其行為。如寶潔選擇章子怡為潘婷的品牌代言人，除了欣賞其健康、靚麗的形象和知名度外，更在於章子怡的高雅又平易近人的氣質和產品的品牌形象相吻合，可以更好地成為與廣大消費群體溝通的橋樑。

3. 名人因為在某個特定領域或範圍內具有相當的權威性，因而易於獲得消費者的信賴。如喬丹「Just do it！」，使耐克運動服飾受到全球青睞。

4. 名人以自身的魅力來豐富品牌形象提升品牌價值。

廈新 DVD 產品代言人選擇因《還珠格格》一戲而走紅的趙薇，因為他們看中了她「健康、時尚、聰慧、快樂」的生動形象，與家電產品的人性化需求十分吻合。

5. 在市場競爭日趨激烈、產品之間的差異性越來越小的情況下，啟用名人代言可以拉近產品與消費者的距離，縮短啟動期的時間。因而，雖然請名人做品牌代言人費用昂貴，但是很多企業還是趨之若鶩。

◎案例：哈根達斯的策略

不同的企業，不同的新品類型在上市時廣告和行銷溝通策略都是不同的。只有在明確目標、產品定位後，才有可能實施有效的廣告策略達成最終的目標。

哈根達斯(Haagen Dazs)是一個創立於美國的品牌。在市場上，其售價是普通冰淇淋的 5～10 倍(比同類高檔次產品貴 30%～40%)，通過精緻、典雅的休閒小店模式銷售，被消費者視為頂級冰淇淋品牌，並且深入人心，甚至成為時尚生活的標誌。

哈根達斯在進入市場的時候，就對當地的情況進行了認真分析，認為那些出入高檔辦公場所的公司白領、高級主管和金髮碧眼的老外是時尚的權威。於是，他邀請這些「權威人士」參加特別組織的活動，並與電視臺做了一個「流行風景線」的節目，將自己定義成流行的同義詞，引起了頗多人的注視。在炒完「時尚生活品質」之後，哈根達斯又賦予自己新的定義——永恆的愛情標籤，一句「愛她就請她吃哈根達斯」吸引戀人們頻繁光顧旗艦店。哈根達斯為了維護情侶的忠誠度，讓他們對哈根達斯從此「情有獨鐘」，還在情人節的時候，除特別推出由情人分享的冰淇淋產品外，還給情侶們免費拍合影照。

哈根達斯所取得的成功除了行銷策略的成功外，它獨特的行銷溝通和廣告策略也都值得我們借鑑。哈根達斯幾乎不做電視廣告，他們認為，電視的覆蓋面太廣，是一種浪費。所以他們的廣告多數只是平面廣告，如在特定的一些媒體上發佈大幅面的廣告。這樣既節省了廣告費，又最大化了廣告的視覺效果。

27 利用廣告達成銷售配合

　　廣告是推廣的主要方式之一，可以利用廣告達成對市場的拉動，同時利用銷售人員對管道的服務和支援，把一些推廣的市場工具帶到消費者面前，形成對銷售的整體支援。地面廣告和空中的媒體廣告都是要把產品信息傳達到市場面前，不同的信息載體所傳達的內容和方式不一樣，所起的作用也不相同。

一、廣告到達地點的配合

　　所謂廣告到達的地點，就是廣告通過媒體傳達的信息可以到達的地方。

1.媒體的範圍與銷售的關係(見 27-1)

　　⑴每一個媒體所能觸及到的目標都是有限的，只有把幾個媒體綜合起來運用才能達到最佳的效果。

　　⑵幾種媒體加在一起的分量是多大？銷售的努力和銷售的政策所能起到的市場推動作用有多大？這些都是企業在產品上市之前就要考慮的。如果你推廣的力度大，銷售政策的設計上就會有很多為了未來所設計的品牌空間；如果你的推廣力度不大，銷售力度很大，也就是說你需要利用價格杠杆來推動銷售的話，那麼你未來品牌的空間就會很小。

表 27-1　媒體的範圍與銷售的關係

媒體	類別	覆蓋率	銷售策略
電視	有線	對某一可控區域的收視人群	對直營和主營市場有幫助
	無線/衛視	跨區域的，不可控的	對產品的廣泛告知有好處，對管道支持比較大
報紙	綜合類	區域及區域以外範圍	對區域銷售有幫助，適合主營區域市場及區域主管市場
	專業類	專向訴求人群	對主要設定的人群及工業產品的客戶比較直接
焦點	賣場	進入賣場的人群	適合主營市場的人群及賣場衝動消費者
	環境	賣場週邊及引導區域	對主管市場的人群潛移默化的教育和引發衝動
雜誌	專業類	專向數量，人群不集中	工業產品及專向人群
	娛樂類	專向及大眾人群	大眾人群，適合主營市場
廣播	娛樂類	年輕一族，區域範圍	適合主營市場所有人群
	專向節目	區域的固定人群	針對性的專向人群
POP	賣場	進入賣場的人群	在賣場引發其他人群的需求及購買衝動和慾望
	賣場外	賣場附近或週邊人群	引發過往人群的矚目和需求

2. 銷售與媒體的配合

(1)根據長管道利用方式選擇媒體的支援(見圖 27-1)

圖 27-1　長管道的結構示意圖

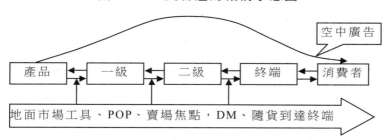

說明：該圖是一個比較長的管道結構。在這樣的長管道上，地面推廣的路徑離消費者比較遠，所以採用空中廣告和地面廣告攻勢相結合的方式進行。空中廣告對消費者的拉動作用也是對整個管道的整體反向拉動，這樣就形成對消費終端的拉動影響到賣場，而賣場的被拉動也會影響到二級管道，結果二級管道又影響到一級管道，所以空中的拉動可以從終端影響到管道的開端。而從管道的開端隨著銷售的推力把推廣的一些地面宣傳用品隨著貨品或者業務人員的服務送到終端。這兩種方式的配合就是推力和拉力的配合。

(2)根據短管道利用方式進行的媒體和推廣配合(見圖 27-2)

圖 27-2　短管道的結構示意圖

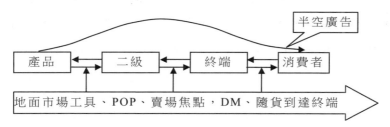

　　說明：短管道的空中距離比較短。由於管道比較短，空中的作用已經沒有長管道那麼明顯，而地面的作用及人員的作用反而突顯出來。所以，在短管道中，企業要考慮增加地面的作用，同時配合一些較短距離的半空支持。比如，電視廣告是長距離的空中廣告，賣場外的環境和商區的焦點看板則都是離消費者距離比較近的重複接受比較多的信息載體。這個時候的作用是隨著銷售的推力走入消費者面前，地面廣告力量已經開始大於電視廣告的力量，同時，從消費者那裏回饋回來的拉力不如推力更大、更有效。

　　⑶直營管道和直銷管道的利用和推廣的配合（見圖 27-3）

圖 27-3　直營管道和直銷管道的結構示意圖

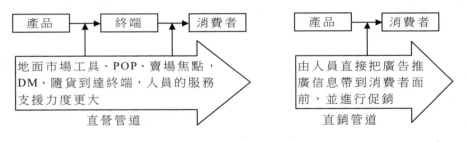

　　說明：直營管道和直銷管道都是人員與消費者距離比較近的接觸。在這麼近距離的接觸中，空中的大炮和飛機已經沒有什麼用武之地了，取而代之的是地面和人員的強勢推力。在消費者的近距離接觸中，直營和直銷是有些區別的。直營需要賣場來幫助完成銷售，是拉力作用，同時導購、理貨、展示中又都有銷售的行為在裏面。而直銷就不一樣了，因為直銷中的推銷戰術就是啟發需示的方式，人員就是信息傳播的載體。

二、地面廣告的配合

　　地面廣告媒體是指除了電波媒體，平面媒體中的報紙、雜誌等之外，用來形容通過地面形式傳送信息到消費者面前的一些媒體。這其中包括路牌、活動焦點、商區視覺群體焦點、燈箱、市場工具、運輸工具、促銷用品、展覽展示工具、DM、POP、海報、貨架、產品包裝、陳列組合、價簽、店招、條幅、插卡以及人員等一切可以在消費者面前展示並起到引發注意和購買欲的載體。在地面的廣告配合中，需要注意的是地面上的工具作用不一樣，所起到的效果也是不一樣的，要把握每個工具在什麼時候採用更為合理。同時，地面廣告需要按照一個規律進行引導，這種引導的作用要根據市場上的產品階段來確定。下面分別作些說明。

1.地面廣告的助銷作用(見表 27-2)

表 27-2　地面廣告的作用及適合點

廣告載體	作用及適合點	廣告載體	作用及適合點
路牌	週邊形象注意度，產品成熟期使用，品牌作用明顯，可以引發注意	海報	在賣場提示購買信息和產品信息
活動焦點	引起注意，提示，強烈的引導作用，成熟期採用，一些產品成長階段作用也很明顯	貨架	在賣場利用貨架宣傳品牌和產品，同時可以展示產品
商區視覺群體焦點	成長末期開始採用，引發強烈注意，提示作用明顯	產品包裝	包裝是很好的產品告知和品牌告知性工具，可以展示，可以提示等
燈箱	形象作用，賣場及賣場環境創造作用，引發注意	陳列組合	利用包裝組合展示的行為可以形成焦點廣告的效果，引發注意和購買

續表

市場工具	在用賣場展示產品及賣場道具,創造賣場活化機會和條件	價簽	價簽是賣場引發產品購買的重要元素,可以提示信息
運輸工具	流動廣告工具,配合品牌告知及形象創造	店招	店招是品牌的重要傳播工具,可以起到焦點效果,引起注意和品牌的視覺傳播作用
促銷用品	對賣場的促銷工具和用品可以創造賣場購買氣氛和引發購買提示,對消費者可以引起對品牌和產品的注意	條幅	促銷或者其他活動的活化工具,可以引起注意,起到配合宣傳的作用
展覽展示工具	展櫃、展架等工具配合形象宣傳	插卡	可以在賣場做提示,也可以作為超市貨架展示產品的提示,也可以在店頭、堆頭等處做擺放進行提示
DM	可以傳送到管道和消費者手中的有效告知性宣傳工具	人員	人員是信息傳播的主要載體,可以對消費者進行服務、導購、勸說購買
POP	在賣場提示購買信息和產品品牌宣傳		

2.地面廣告的引導順序(見圖 27-4)

⑴地面的廣告是從外到賣場內的順序進行引導的。賣場外的最外側是路牌的形象提示作用,進入到真正的實戰區域,則每個區域的目的都很明確。

⑵第 2 個區域是市場環境廣告,比如商區的路牌、燈箱、地鐵燈箱、商區的霓虹燈、路邊的焦點(站棚、沿路燈箱等)以及公車等。

圖 27-4   地面廣告的引導順序

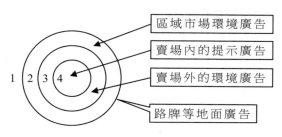

區域市場環境廣告
賣場內的提示廣告
賣場外的環境廣告
路牌等地面廣告

⑶第 3 個區域是賣場外的店招、櫥窗、條幅、引導立卡及燈箱等。

⑷第 4 個區域是進入賣場後的區域。這個區域需要對消費者進行提示，很多宣傳工具都能起到這個作用。首先是海報、POP、店頭桌卡、插卡、DM 等平面媒體的提示作用；然後是產品包裝展示陳列及堆頭陳列等；再後來就是賣場的促銷工具、市場工具和以上的宣傳工具、產品等的共同結合和活化，產生生動化的效果，引發需求和購買；最後是人員的推銷和導購。

3.新產品注意要點

⑴新產品也要注意這些引導和提示作用的信息表達方式，不同的只是新產品在不同階段採用的方法有區別。

⑵產品導入階段要注意賣場提示作用，引導作用不明顯。

⑶產品成長階段要注意賣場活化作用，激發衝動購買，地面引導作用比較明顯。

⑷產品成熟階段要注意賣場的導購作用，引導作用要注意品牌的幾個記憶點要統一，賣場和週邊環境的視覺表現要統一，整體的視覺表現是新產品被認知的機會。

三、不同廣告力度的配合

不同的媒體存在著不同的使用比例，而這種比例和銷售的政策力度是分不開的。廣告的力度大，銷售中的推廣力度隨之減少，但推進速度並不會減慢或者減弱，只是採用的方式和方法有了不同的區別。如果一個產品進入市場，企業用很強的廣告攻勢進行上市的告知性宣傳，管道成員的信心就會很強，就會有更多的主動性和積極性，從而成為推動銷售的一種力量。但如果企業的廣告投入不多，管道成員就會要求企業在產品的管道政策上給出更多的讓利空間，這實際上是把可能塑造出來的品牌利潤空間在上市階段就給讓掉了。

對於一個保健型的產品或者一個功能性產品，品牌的利益不如產品的利益在未來市場上的生存機會大，這個時候的讓利還是可行的。但對於一個消費產品，產品一上市就把品牌利益讓掉，等於是把企業的未來市場讓掉了，如果企業真的把產品賣開了，當可以賺取利潤的時候，企業的品牌利潤空間已經沒有了，結果可能就是為他人做嫁衣，白忙活了幾年。

1.不同季節的廣告和銷售的配合

假設一個夏季產品的需求變化曲線如下圖 27-5：

(1)經銷商的拉動

①在剛剛進入旺季的開端，要尋求經銷商的支持，以在這一年中搶佔有利位置，所以企業都會搶佔最早的時間和管道成員達成某種默契。

②經銷商的拉動以對經銷商的促銷為主，這不是簡單的價格促銷。這個時候管道成員主要看的是你的產品在未來的旺季中是否可以

幫他賺取利潤,所以,促銷應該讓其感受未來可以得到很多獲利機會。一般有廣告承諾、新產品銷售獎勵政策等公關性的政策,目的是在旺季的時候價格底線容易反彈。

圖 27-5　某夏季產品的需求變化曲線

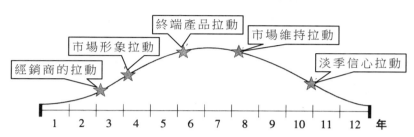

(2)市場形象拉動

①經銷商拉動之後的主要任務就是要在市場上進行拉動,原因很簡單。在做完經銷商的工作之後,經銷商也進貨了,這個時候需要繼續建立經銷商的信心。而這種信心來源於市場到底是否可以接受,企業此時對市場形象廣告的提升,可以促進市場上的更多關注。雖然這個時候並不是全年銷量最大的時候,但市場的潛在反映會促進管道成員努力鋪貨,最後的結果會是一種良性的市場拉動。

②這種拉動主要是廣告和一些形象性的促銷,不是產品的價格或者搭售式的促銷,其作用在當時並不明顯,因為此時正值市場的需求上升,促銷和結果不是必然的關係,但對旺季最高需求的時間段影響會很大。

(3)終端產品拉動

①在產品的最佳和最旺銷的時間,市場上搶奪消費者的工作進入白熱化程度,這時候是全年的最佳時機,所以,企業在這個時候要在賣場進行強勢的一對一的促銷活動。

②在賣場的促銷主要局限在與消費者接觸最近的距離,這種促銷非常直接,目的就是要把全年所有的準備和醞釀在這個時候爆發出來。

⑷市場維持拉動

①在旺季促銷完成之後,企業面對的是產品銷量的急速下滑,這個時候的促銷和市場拉動是為了讓經銷商建立信心,讓其看到該產品的市場力可以讓其下滑速度比其他的競爭產品緩慢,而這種信心的建立可以使產品在第二年獲取更多、更大的管道支持。

②這個時候的拉動不會像上升時的拉動一樣,只是維持性的,過多、過大的拉力支持都是沒有必要的。

⑸淡季信心拉動

①在進入淡季前的拉動由於受市場維持時期拉動的影響,管道成員對產品依然存在信心。此時要進行促銷,借管道成員的這種信心讓其在淡季時幫助企業囤貨,目的有兩個,第一是減輕企業淡季時的生產成本,第二就是在轉過年的進入旺季之前,管道成員需要首先清掉庫存才可能進其他產品,這種清庫行為正好可以幫助企業搶佔市場的有利位置並首先進入市場。

②淡季促進行為有銷售中的獎勵行為,也有推廣行為。

2.廣告的重量分配與銷售的配合(見圖 27-6)

⑴在淡旺季不同的時間內,廣告的比重是不一樣的,不同的廣告比重中不同的媒體在裏面的投放重量也不一樣。原因是不同的媒體所起的作用不同,而不同時間內要解決的問題也是有區別的,這種區別造成廣告在某個時間段內整體力度的區別。

圖 27-6　廣告的重量分配與銷售的配合示意圖

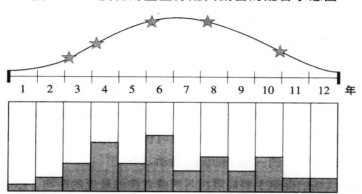

⑵一般情況下，企業都願意在產品進入旺季之前的一段時間內做推廣性的廣告，以支援銷售終端的銷售。但對於新產品來說，淡季轉旺季的過程是非常重要的，這個過程中的推廣行為是對管道成員的一種支持，只有這種支持起到作用，在最旺銷時間內才可能把產品賣掉。

◎公關案例：鴿子吸引人們的眼球

　　一家公司正在籌備開業，但是該公司的公關經理卻為此愁眉不展，因為公司開業在即，老闆希望通過開業讓更多的人認識和瞭解公司，但是由於經費有限，不能採用傳統的廣告方式宣傳。愁煩之餘，這位公關經理臨窗而立——窗外廣場一大群鴿子在自由地飛翔。突然，靈光乍現，一個念頭出現在他的腦海中。他立刻命令員工們買來大量的鴿食，從視窗向外拋灑。鴿子們看見食物便紛紛飛來搶食。接連幾天，他們都如法炮製，鴿子們似乎已經熟悉了這種餵食方式，因而每天到這個固定的時刻就會飛來。

　　到了公司開業的那天，經理吩咐關緊所有門窗。往常餵食的

時間一到，鴿子便飛來吃食物，可是那天見不到食物，於是鴿子向窗口飛來。「有鴿群襲擊一座大廈！」廣場上的市民發現了這一現象，發出了呼聲，引來人群紛紛圍觀，並奔相走告。很快，消息傳到了市內各個報社、電視臺。大量記者火速趕來，電視臺進行了現場直播。至此，這家公司在開業時發生的新鮮事迅速傳遍了整個城市，一連幾天，市民們都對此談論不休。這家公司也終於達到了最終目的。

這家公司巧妙地製造了有新聞價值的事件。這個事件的過程符合了新聞的要求：

1. 具有新聞價值的活動或事件。

2. 具備的新聞價值足夠大，足以引起一部份人群的興趣，或能在一定範圍內以口頭形式繼續傳播。

3. 可以在一定範圍內成為新聞工作者關注的對象。

28 新產品上市的推力、拉力有效結合

通路鋪貨、通路促銷是市場推力，而廣告宣傳及消費者促銷活動是新產品上市的拉力。有兩種狀況經常出現：

①強推力，弱拉力

新產品上市如果銷售部的產品鋪貨執行相當到位，甚至在短期內超過了預期的鋪貨率指標，而廣告宣傳品及消費者活動卻遲遲沒有到位或沒有展開，產品的末端回轉必然緩慢。這樣的操作方式很容易造成通路積壓，而且新產品一上市就「滯銷」的局面會更加打擊經銷商

的重覆進貨意願，給以後的產品推動帶來更大的障礙。

②強拉力，弱推力

市場部門花了很大的心力進行高密度的廣告宣傳活動，並透過派樣、試吃、road-show 等消費者活動有效地提升了產品知名度和初次嘗試率。但是由於產品鋪貨率極低，使得消費者無從購買。這樣的狀況有時稱做「廣告先行」，甚至在精心操作之下，也可以產生類似「持幣待購」的特殊效果。然而，在絕大多數情況下，風險是很大的。特別是快速消費品，同質化水準高，購買參與度低，想要他們「持幣待購」簡直不可能。這樣一來，龐大的廣告花費就只有付之東流了。

產品經理人在新產品上市的過程中絕不僅僅是一個策劃者，更重要的是協調功能。新產品上市階段產品經理人要在廣宣品、促銷品的製作、配發、產品及包材的物料採購和批量生產、廣告片播放等環節上做好監督協調保證供給，為銷售部的上市執行做好後勤工作。這需要同時涉及生產、企劃、銷售、儲運、採購各部門的資源調配。

上市計劃制定過程中有關鋪貨進度要求的內容要及時和銷售部溝通以確保切實可行。上市後要透過企劃人員實地調查、委派各地工讀生調查等方法監控各地鋪貨進度是否達標。

一旦發現銷售部鋪貨不力，企劃首先要直接將結果告知銷售部並與之溝通探求問題障礙所在並尋求解決方法。直接向總經理告狀會導致部門關係惡化，而且很可能銷售部鋪貨不力是另有原因，如：包材斷貨等。

鋪貨率是新產品上市成功的基礎，鋪貨率達不到一定水準，評估新產品接受度根本沒有意義，在與銷售部溝通發現確實是銷售人員鋪貨不力，就堅決向上級投訴，企業應及時對鋪貨不能達成的人員做出處罰。

29 不同生命週期的新產品促銷策略

1. 導入期的促銷策略

促銷策略對推廣新產品至關重要，再好的新產品推到市場上，即便貨鋪得滿地都是，如果消費者不知道，一點用也沒有，很快就會面臨被退貨的困境。

在新產品導入期，一個非常重要的促銷手段就是消費者拉動，只有消費者動了，整個管道才能變得通暢。因此，在管道做得非常優秀、經銷商佈局好、產品鋪完貨後，企業就應該著手去做消費者拉動，目的有兩個：一是讓消費者認識、瞭解這個產品（宣傳賣點；並點燃體驗激情）；二是「引誘」先鋒消費者成為該產品的消費群體。

在導入期，不建議採取過多的管道促銷政策（終端陳列除外）。因為產品最初的定價很重要，此時如果採用大力度地管道促銷，就可能會擾亂市場價格。例如，企業為了刺激經銷商多進貨、大力推廣新產品，給經銷商買一送一的優惠政策。很多經銷商拿到這個優惠後，可能會把贈送的這個「一」當作自己的額外利潤，或者為了跑量，把它折到產品價格裏去。舉個例子，假如產品最初的定價是 1000 元，經銷商獲得買一送一的優惠後，別人都還在賣 1000 元的時候，他可能會賣 800 元，這時如果還有人競爭，他可能就會賣 700 元，因為即使賣到 700 元，他還有 200 元的額外利潤。這樣就會對新產品推廣產生很大危害。

因此，在導入期，企業應儘量少用管道搭贈的推廣政策，多進行消費者拉動。也就是說，企業應該把促銷集中到消費者和終端零售店

身上，而不是管道中的經銷商和二批商這一塊。

不過，對於品牌力比較弱的產品，批發環節可能就進行不下去了，這時也可以針對二批商採用堆箱陳列的辦法刺激他們進貨。例如二批商承諾堆 100 箱陳列，如果每次檢查都不少於 100 箱，就可以獲得獎勵。雙方要簽訂協議，將各種細節規定清楚。另外，堆箱陳列也是一種造勢，給零售商的感覺是這個產品有氣勢、有前景，大家都在賣，而且每家都進了很多貨/企業對於終端店的促銷手段，主要是鋪貨時的進貨獎勵。在獎勵方式上，最好也不要採用本品搭贈，回收紙箱的方式比較好，沒有了外包裝箱，零售店只能把產品陳列出來。另外，採用加大二次補貨的獎勵辦法也不錯，可以刺激他們用力推廣這個產品。

2. 增長期的促銷策略

產品進入增長期以後，需要進行管道下沉，這個時候，企業就可以雙管齊下，同時進行消費者拉動和管道拉動。

對於增長期的產品，市場上會有很多廠家跟進，特別是簡單跟進的企業，說白了，就是來拼價格的。在這種情況下，你必須多方面捕捉相關信息，及時採用一定的管道促銷策略。因為這時你的產品已經被社會和管道所認知，有了一定的市場基礎，如果及時運用管道促銷手段，就會釋放出巨大增量，有力地將對手「封殺」在管道裏。

即便對手是超低價上市，但由於你的產品是第一品牌或領先品牌，管道已經被你的產品塞滿了，競爭品的銷售就不會馬上起來。而且低價切入的產品往往沒有太多的費用做市場，就是憑著「三板斧」來「撈一票」的，如果這時你把它「封殺」了，管道對它的感覺就是不好賣。連續幾個月下來，競爭品就無法撼動你的市場地位了。

在與競爭品「鬥爭」的過程中，你要讓經銷商、二批商看到你的

氣勢和產品的前景,這樣他們才會積極銷售你的產品。這時的促銷政策就是解決「誰來賣」的問題,透過及時的管道促銷,讓經銷商、二批商感覺賣你的產品比賣競爭品更有錢賺(關鍵是量更大),這樣就會有更多的分銷商願意加入你的團隊,銷售你的產品。

大量的產品鋪下去後,銷售可能會呈幾何級數增長,此時更要重視消費者的拉動。實際上,只要方法得當,真正的消費者大量進入就是在這個階段。因此,這個階段還是應該保持足夠的消費者促銷策略,讓更多的人體驗到產品的性能,並加以引導,形成正向的口碑傳播。不過從整體上看,此階段消費者的促銷力度應該比導入期有所減小才對。

3. 成熟期的促銷策略

當產品進入成熟期後,企業應該儘量少用促銷政策。因為進入成熟期後,產品價格開始走低,銷量不像以前那樣迅猛增長,企業和經銷商的利潤都已經被攤薄。這時的促銷和廣告都應該以提醒消費者為主,而不應該竭澤而漁,拼命拉升銷量,否則,即便眼前的銷量可能會被拉升,最終卻會導致這個產品快速進入衰退期。

4. 衰退期的促銷策略

當一個產品進入衰退期後,很多管理較差的企業已經大批退出了競爭,這時,企業一定要慎重地採用或者少用促銷政策。這是因為在衰退期,企業每用一次促銷政策,都會加速價格曲線快速往下走。

這個時候,由於已經有足夠的消費者認知這個產品,企業根本就沒有必要再向消費者做品嘗、買贈的活動。同樣,對管道也要儘量少用搭贈這樣的本品促銷政策。與一味地促銷相比,企業應該把費用盡可能多地用在推廣新產品或還處在上升期的產品身上。

總之,在產品不同的生命週期裏,企業所採用的產品策略、定價

策略、管道策略、促銷策略都是不一樣的。當然，市場變化莫測，企業可能要去面對強大的競爭對手、搶佔市場佔有率、應對一些突發事件，但基本規律是不變的。

30 各類新產品的上市促銷

1. 快速消費品新產品上市促銷

快速消費品新產品上市促銷一般會採取品嘗性官能促銷。快速消費品新產品上市促銷形式主要是官能性免費品嘗。如煙草新產品上市的免費品吸、乳製品新產品上市的免費贈飲、啤酒新產品上市的免費贈飲等等。快速消費品新產品上市也有其比較成熟的流程形式。特別是管道系統，快速消費品新產品上市為了迅速實現市場鋪貨以及迅速回籠資金，快速消費品新產品上市往往針對管道的各種環節做多種組合的新產品上市促銷政策。

不少快速消費品企業由於本身實力不是很強，加上為了研發與生產新產品，在研發費用與固定資產上投入了大量的資源，自然希望快速回籠資金，為了鼓勵一批商迅速提貨，往往會在新產品上市之初制定非常優惠的新產品進貨政策，從而使得經銷商與企業共同來承擔市場風險。

由於二批商是快速消費品企業主要的二傳手，特別是一些全國性品牌，在人手上十分緊張，這就需要大量借助二批商資源，為了拉動二批商快速鋪貨，不少企業會在此期間增加二批商進貨的返利力度。為什麼對二批商我們不選擇及時兌現管道政策，主要是為了控制市場

竄貨，對於快速消費品來說，由於是新產品上市，價格利潤空間比較大，一批商為了維護一方市場穩定性往往採取比較克制的態度，但二批商就不一樣了，面對充滿誘惑的市場，二批商往往會無所顧忌地開始市場竄貨。採取增加返利就是防止市場混亂。儘管這樣，一些大膽的二批商還是會冒返利被停的風險提前透支廠家給予的政策性返利。

隨著快速消費品市場競爭的加劇，終端越來越成為一種稀缺資源。新產品上市中，為了增加對終端零售商的誘惑，幾乎所有的快速消費品新產品上市都會在零售終端做一些鋪貨政策，其力度主要是根據規模需要而定。

快速消費品新產品消費者促銷很少採用「買贈」式，主要採取官能品嘗。G牌乳業在進軍市場時最重要的法寶就是免費品嘗。G牌面對伊利高空轟炸與大規模地面推廣，採取了比較原始的免費品嘗手段，透過街頭攔截及社區派送方式，使得產品很快進入了千家萬戶。用這個近乎土得掉渣的手段化解了競爭對手的圍追堵截，使得市場上銷售節節升高。

採取免費品嘗手段有一點非常重要就是產品品質，如果產品品質本身還不是很成熟，或者是你的產品品質存在明顯的瑕疵，就一定不能採用這種方法，否則會給新產品帶來滅頂之災！

快速消費品新產品上市涉及非常多的管道環節，因此，快速消費品新產品上市中開展「買贈」活動，防止經銷商將管道政策變成管道價格，使得新產品價格體系遭受巨大破壞。有一些企業採取了管道政策後期兌現的方法，就是為了防止管道竄貨與竄價。為防止管道產品竄貨，很多快速消費品企業採取了對贈品進行等值交換，也就是不把本品作為贈品，而是用其他等值的產品作為贈品，這樣就避免了管道系統價格竄貨行為產生。

2.耐用消費品新產品上市促銷

由於耐用消費品新產品都是屬於一個公司的年度戰略,而且新產品上市也是傾公司所有財力物力人力資源,因此,耐用消費品新產品在上市前的精心策劃往往十分縝密。

為了使自己的新產品概念獲得消費者認同,企業往往展開與消費者廣泛的互動,透過互動,教育與引導消費者。如彩電行業的數字化浪潮、冷氣機行業的變頻策略等新產品上市中,企業都會設計很多消費互動參與的終端活動,透過活動吸引品牌遊離者與大膽嘗試者進行嘗試性消費。新產品概念性促銷階段一般會有一些小禮品鼓勵消費者參與。新產品概念性促銷有很強的目的性,而實際上這個階段新產品消費者也是企業利潤最高的消費群。但是,這部份消費者穩定性較差。

為了強化消費者對新產品進一步認識,耐用消費品企業會選擇與新產品品牌以及產品賣點比較接近的贈品來增加消費者對新產品概念以及品牌理念的認知程度,從而強化新產品技術性信息。例如,健康家電產品,企業一般會選擇健身器材與保健用品作為促銷品;保鮮定位產品,企業一般會選擇新鮮水果與新鮮貼作為贈品;而節能定位產品,新產品贈品往往是節能器等。新產品的品牌性促銷對建立新產品品牌認識,實現新產品概念嫁接具有十分重要的意義。

新產品透過市場教育後的贈品設計一般會比較多選擇家庭主婦比較關心與比較喜歡的家庭生活性促銷用品。特別是新產品進入旺銷季節,新產品的促銷贈品很快就轉化為鍋碗瓢盆、油鹽醬醋這些生活用品,很多耐用消費品的消費決策都是由一些家庭主婦來決定的,而家庭主婦對於生活用品情有獨鐘,所以耐用消費品的贈品就成為家庭用品的主戰場。

耐用消費品新產品促銷需要注意以下四點:

①新產品不適宜過早展開促銷

我們看到很多耐用消費品恨不得今天上市,明天就開始買贈式促銷,對新產品價格穩定以及消費者認知都會產生十分不利的影響。因為新產品作為一個企業階段性研發的成果,過早自貶身價,很容易讓消費者看低,不僅不會推動新產品銷售,而且很容易破壞新產品的品牌形象,因為中國消費者還是普遍買高不買低。

②新產品贈品設計要有創意性

在促銷三個環節中,第一環節側重於傳播,第三環節側重於實用,而第二環節則是凸現創意的環節,因此,新產品促銷第二階段對一個企業的策劃能力是一個非常大的考驗。

③促銷贈品要忌諱過分誇大其辭

有一些耐用消費品片面地將贈品價值說成比本品價值還要大,就顯得有點喧賓奪主了,不僅不會起到市場拉動作用,而且很容易造成商業欺詐。

④耐用品上市一般不做管道促銷

很少有企業在新產品上市之初就大範圍在一批零售商系統做促銷。倒是有一些耐用消費品管道系統由於自身處於比較強勢的地位,會透支年終返利政策,使得耐用消費品價格戰烽火連天。

31 新產品的市場推廣策劃流程

市場推廣旨在展示企業產品，宣傳企業行銷文化，是演繹企業形象的一種全方位的動態市場行為。它包括企業產品上市之前的造勢和上市之後的後續服務等內容。而產品市場推廣策劃便是當企業在產品上市時，吸引並讓更多的消費者認識、瞭解，然後贏得消費者認可，提高品牌知名度，擴大市場佔有率，最終取得預算利潤等一系列市場行銷活動中一項十分重要的、必不可少的工作。

通常進行產品市場推廣策劃時，首先要瞭解該產品的特性、瞭解該企業為其產品所設定的目標消費市場以及市場定位。也就是說要充分瞭解產品的實質和消費者對產品的認知，這樣才能正式進入產品市場推廣階段的策劃。

其次，由於產品市場推廣策劃一定是以產品的銷售量為目標的，因此就要在刺激購買慾望上下工夫。此時最重要的是尋找能充分展現推廣主題的最佳切入點，也即別具一格的推廣主題。

如果一個企業能夠提供給顧客某種具有獨特性的比較優勢。那麼它就具有了有別於競爭對手的經營差異性，企業就有可能獲得競爭優勢。

1. 確定目標對象

行銷推廣的第一步首先要明確說服溝通的對象，是公司產品的潛在購買者，目前使用者，還是決策者或影響者；是個人、群體還是普通公眾。

此階段最主要的工作就是進行形象分析，評價公司、產品和競爭

者在受眾心目中的形象。形象分析的兩個最重要的指標是(公司和產品的)知名度和美譽度。如果知名度低，則推廣的首要目標是擴大知名度；如果知名度高而美譽度較低，則市場推廣的重點應放在建立美譽度上。

值得注意的是，現實中許多企業忽視了對美譽度的分析，過分重視知名度，這往往導致錯誤的市場推廣決策。

2.定下溝通目標

確定目標受眾後，產品經理必須決定期望的受眾反應。下表顯示了四種消費者反應層次模式。

表 31-1　消費者反應層次模式

階段	AIDA模式	影響等級模式	創新採用模式	溝通模式
認知階段	注意 ↓	認識 ↓ 瞭解 ↓	認識 ↓	展示 ↓ 接收 ↓ 認知反應 ↓
影響階段	興趣 ↓ 渴望 ↓	喜愛 ↓ 偏好 ↓ 確信 ↓	興趣 ↓ 評價 ↓	態度 ↓ 意圖 ↓
行為階段	行動	購買	試用 ↓ 接納	行為

根據該階段的特點制定相應的推廣目標。例如，對於企業推出的一種全新產品，大部份目標受眾一無所知，此時推廣的主要目標應是建立知名度，讓人們瞭解這種產品；如果目標受眾比較瞭解某類產品，但對我們的品牌尚未形成偏愛，則市場推廣的目標應是說服消費者購買我們的產品。

3. 設計你的溝通信息

確定市場推廣中表述的信息需要解決四個問題：

說什麼（信息內容）；

如何有邏輯地說明（信息結構）；

以何種形式說明（信息格式）；

由誰來說明（信息來源）。

從市場推廣效果的角度考察，上述四個方面都非常重要。需要注意的是，在進行市場推廣策劃時不要忽略了其中的一個或幾個方面，而過分地強調另外的方面，以至於使您的廣告令人費解。

4. 選擇你的溝通管道

行銷人員需要選擇有效的信息溝通管道來傳遞信息。溝通管道分為人員和非人員兩大類型。目前大多數企業主要採用非人員管道進行市場推廣工作，應重視人員管道的作用。

首先，透過顧客服務及其他激勵措施，鼓勵產品的現有顧客向他人宣傳介紹企業的產品，即努力形成一種口碑效應。

其次，加強銷售人員的作用，尤其是對於消費品生產企業。許多消費品企業的銷售人員只負責與批發商打交道，很少或不去幫助零售商銷售。但在零售現場，售貨員與顧客的溝通對於促成顧客購買能起到極大的作用，如果企業無法組建一隻龐大的促銷隊伍，起碼也應該要求自己的銷售人員努力說服零售商主動擔當這項工作。

5. 制定市場推廣預算

確定市場推廣預算的最佳方法為目標任務法,即根據確立特定的目標,為實現目標所要採取的步驟、完成的任務,以及估計完成任務花費的多少來確定推廣預算。以下將描述根據目標任務法制定市場推廣預算的規範過程。

將制訂好的行銷計劃提交到公司最高層,由公司最高管理層提出建議或做出修改,修改後的計劃隨後應得以執行。

6. 市場推廣組合

企業都面臨著在五大市場推廣工具(廣告、銷售促進、直接市場行銷、公共關係及人員推銷)之間分配總推廣預算的任務。在制定市場推廣組合時,要考慮多種因素:

對於消費品,廣告作用最大,銷售促進次之,然後是個人推銷、公共關係。

對於工業品,人員推銷作用最大,銷售促進次之,然後是廣告及公共關係。

大體而言,如果產品複雜、昂貴、有風險,在市場上買主很少且是大宗買主時,更適合使用人員推銷。

市場推廣組合受公司採用「推」或「拉」的策略的影響很大。

在消費品的市場行銷中,「拉」力要大於「推」力,因此許多企業在策劃和執行中非常重視廣告和銷售促進的作用,而弱化了「推力」的作用。

在不同的買者準備階段,各種促銷工具的效應不同。

廣告在產品認知階段發揮著最重要的作用,它比銷售員拜訪或是銷售促進更有效。

顧客知曉度主要受廣告及人員推銷的影響,顧客的信服度主要受

人員推銷的影響。

銷售成交主要受人員推銷及銷售促進的影響。

再次購買主要受人員推銷及銷售促進的影響，或多或少也受到提示性廣告的影響。

在產品生命週期的不同階段，促銷手段的成本效應也各不相同。

介紹期各種推廣活動的效果都較好，重點是廣告宣傳。

成長期，由於口碑發揮了作用，需求自然增長，各種促銷手段的作用都有所減弱。

成熟期和衰退期，更適合採用銷售促進。

排名前三位的領導品牌更適合做廣告，而排名第四甚至更靠後的品牌則較適合開展銷售促進活動。

7. 衡量市場推廣結果

在執行市場推廣計劃之後，產品經理必須衡量其對目標受眾的作用。包括詢問目標對象是否可識別並回憶起推廣信息，看見過多少次信息，能回憶起那幾點，對信息的感覺如何，以前及現在對公司及產品的態度如何。行銷人員還需收集到目標對象的行為反應。例如有多少人喜歡該產品，多少人購買，多少人向別人談及該產品等。

8. 整體市場推廣工作

組織及管理整體市場推廣工作可分為以下幾個方面：

加強在市場推廣方面的學習和鍛鍊，掌握並熟練運用各種推廣工具；

不要把所有的事都委託給外界的專門機構去做；

在公司的行銷組織內任命一名專門的經理或主管負責市場推廣工作。

32 新產品促銷推廣

促銷是行銷當中最生動的一種手段。新品上市，要想製造銷售氣氛，促銷不可避免。一方面是對管道商的促銷以推動分銷，另一方面是針對消費者的拉動消費。

針對終端的促銷，例如可以採取「終端陳列有獎」，以鼓勵終端對我們的新品進行展示，例如上導購人員、購買終端的特殊陳列位、聯合促銷的「廠商週」、對終端團購的支援等。另外還包括對消費者的拉動，終端只要能獲得廠家的政策支持，都可用這一種促銷手段。

針對消費者的促銷，實際上在終端層面提的促銷多半是指這部份促銷。例如捆綁、特價、贈品、第二件半價等。對於商超這樣的現代管道，對供應商的促銷方案要求較高，他們也要通盤考慮是否有利於商超門店的經營，是一件較複雜的事。例如沃爾瑪在選擇促銷方案時要考慮到是否吸引消費者、增加消費者每次購買量、操作簡單、效果直接、明確合理的細節安排、對整個品類有積極的影響等方面。許多從傳統管道轉型過來的供應商，是需要一定時間積累才能提高的。

消費者拉動，我們提三個詞先做個辨析。一個是「廣告」，一個是「推廣」，還有一個是「促銷」。廣告的一般理解是線上的，如電視、網路、廣播、報紙，立足的是長遠的效果，不太在意眼前的銷量；促銷，往往是讓利性質的以追求短期的效果，如銷量提升、庫存處理、打擊競爭品等；推廣是介於廣告和促銷之間，長遠和短期效果兼顧。現在銷售部的促銷，也不能只管短期效應，必須兼顧長遠的品牌建設，即你做促銷提銷量還是處理庫存，都不能以損害品牌為前提。特

別是在新品上市階段，銷售部的促銷一定要平衡到銷量和形象，這是第一個提醒。

33 如何評估促銷活動效果

促銷評估可以積累促銷經驗，提供人員考核的依據。並且你評估考核的內容，也是對團隊促銷活動提出的最明確的要求。很多企業的促銷目前只考核促銷期間的銷量，其實這是很粗放的，對促銷的效用並沒有充分發揮。

下面根據對促銷活動不同的關注視角，提出三種評估的方法，即業績評估、目的評估和過程評估，以供參考。

1. 促銷業績評估。

先看「銷量淨增加率」指標。一般來講，在促銷活動之後我們都有個銷量的低谷期，銷量淨增加率指標就是考慮了促銷前、促銷期以及促銷後的銷量變化情況，綜合對促銷期銷量的增加做的評價。可以看一個銷量淨增加率分析，見表 33-1。

再看第二個衡量業績的指標，叫盈虧平衡點分析，就是找到該次促銷活動必須達到的最低銷售數量，這個指標關注的是費用投入的有效性。

最低銷售數量＝固定投資/（毛利－讓利）。舉例：某產品在好又多做堆頭促銷，假設每件產品的出廠價為 93.6 元，廠家讓利 9.6 元/箱，又花了堆頭費 1000 元，假設每件的毛利是 31.2 元，這樣在這次促銷中的盈虧平衡點銷量為：固定投資/（毛利－讓利）＝1000 元

/(31.2－9.6)元/箱＝46.3 箱

表 33-1　銷量淨增加率指標分析

銷售期	P-3	P-2	P-1	SP	P+1	P+2	P+3
銷量	1003	1028	945	2306	700	800	700
SP前平均銷量	＝(1003+1028+945)/3＝992						
SP後平均銷量	＝(700+800+700)/3＝730						
每一期前後減少的銷量	＝992-730＝262						
SP期銷量淨增量	＝2306-992-(262x3)＝528						
銷量的淨增率	＝528/992×100%＝53%，即我們要衡量的指標值						

2. 促銷目的的評估。

銷的目的顯然不只是為了銷量。促銷目的的評估更多的是一些定性的指標，但對業務團隊也有較好的引導作用，例如：

⑴推廣新品，我們可以關注產品銷售總量、單個消費者購買量（客單價）、消費者熱情度。

⑵吸引新消費者，可以透過對消費者的當場詢問收集信息並記錄，交給導購去做。

⑶刺激單次購買量，記錄購買產品的消費者總數，以及單個消費者單次購買量。

⑷消化庫存，促銷前後統計庫存產品總量，促銷前後統計庫存產品生產日期批次。

⑸打擊競爭對手，與競爭品陳列位置比較、促銷前後銷量比較、競爭對手是否有針對性措施跟進等。

⑹改善店方客情，關注進場談判、陳列談判、促銷談判的配合度，以及訂單配合度。

3. 過程控制評估。

⑴促銷前的評估：與零售終端相關人員的溝通是否到位；促銷人員是否招聘、培訓到位；促銷商品是否已經下單。促銷的方式、店內陳列位置是否按計劃執行。

⑵促銷中的評估：促銷商品是否齊全、庫存是否充足；贈品是否充足、是否按要求發放；促銷商品的價格執行是否準確；促銷商品陳列表現是否生動化；促銷商品是否張貼 POP，是否醒目；促銷期限是否按原計劃執行；促銷人員工作是否積極。

⑶促銷後的評估：是否與店方相關人員及時溝通；剩餘庫存商品是否及時處理；商品是否回覆原價。

另外，企業應有意識地收集和提煉區域團隊中好的促銷案例，這是沉澱團隊智慧的很好的方法，好的案例可以學習推廣，使成功得以複製。以下是某企業提煉商超主題促銷活動案例的流程，值得借鑑。

⑴典型促銷案例收集：區域經理負責收集典型促銷案例，案例要包括促銷申請方案、現場記錄材料、促銷評估報告以及第三方評價（賣場、經銷商、執行人員）。

⑵督導核查：督導實地調查門店及訪談當事人，確定促銷案例的真實性。

⑶整理歸檔：銷售管理部整理歸檔，建立公司的主題促銷案例庫。

⑷培訓傳播：銷售管理部透過多種方式（如講師培訓、電子文檔共用等）傳播典型案例，使促銷經驗（教訓）得以共用。

⑸獎勵：對於值得推廣學習的促銷案例，由銷售管理部申請、銷售總監批准後對創作人給予獎勵。

34 新產品的終端鋪貨策略

一、新產品的鋪貨

鋪貨又叫鋪市，是企業短期內開拓目標區域市場的一種方法。新品上市，鋪貨工作非常重要。鋪貨中若出現地面鋪貨進度不能與空中媒體配合或者鋪貨不足等現象都會給企業造成損失。

鋪貨中的常見問題：

· 鋪貨目標盲目求大，達不到預期效果。

· 缺乏對自身實力的認識，盲目求快。

· 鋪貨計劃既不明確，也不具體。

· 計劃有效性差、不具有指導意義。

· 企業重視鋪貨率和鋪貨量，而忽視了貨款回收問題。

· 鋪貨人員的素質問題給產品人市帶來不良影響。

· 沒有把握鋪貨的最佳時機。

· 鋪貨與廣告脫節，時效性把握不準。

· 為達到鋪貨目的而盲目承諾。

二、造成鋪貨問題的原因

1.鋪貨目標過大，達不到預期效果

由於缺乏有效的市場調查與預測，很多企業的鋪貨目標往往是拍腦袋決定的。為了實現這一目標，企業強令執行，卻忽視鋪貨的實際

效果。常常看到這樣的現象，為了達到鋪貨的目標，甚至將沒有價值的終端以及風險明顯的終端列為鋪貨對象。

2.缺乏對自身實力的認識，盲目求快

部份企業缺乏對自身實力的認識，以為只要把貨鋪出去了，就等於佔領了市場。更有甚者，不顧自身實力、人員配備和資源狀況等條件，而設定一個月鋪貨全國的目標。

3.鋪貨計劃既不明確，也不具體

很多企業在新品上市初期，只是籠統地設立了目標，至於鋪貨目標的主次（先鋪那個市場，後鋪那個市場；是先鋪市區的市場，還是先鋪週邊市場）、各種管道的鋪貨目標對象標準以及各種應變措施卻沒有。

4.計劃有效性差，不具有指導意義

在實際中，確實有很多因素阻止鋪貨的順利進行，如競爭對手設置的壁壘，經銷商的不合作等等。有效的計劃，首先是可實施，其次是要對實際的工作具有指導作用。

5.企業重視鋪貨率和鋪貨量，而忽視了貨款回收問題

企業由於盲目追求鋪貨目標，導致貨款的回收成了很大的問題。即使將貨款回收，也造成大量人、財、物的浪費。

6.鋪貨人員的素質問題給產品入市帶來不良影響

為了達到鋪貨這一硬指標，很多企業臨時僱傭了人員鋪貨。因為缺乏相應的行銷知識、產品知識，沒有經過基本的技巧、素質訓練，導致對品牌形象產生不利影響。

7.沒有把握鋪貨的最佳時機

對於季節性比較強的產品，要儘量在淡季入市。因為在銷售旺季，競爭很激烈，新產品進入的壁壘相應也很高，不容易鋪貨，成本

也很大。

8.鋪貨與廣告脫節，時效性把握不準

為了配合電視廣告的播出，企業通常提前 3～4 月開始鋪貨，但也常常可以看到很多企業缺乏計劃性，上面電視廣告鋪天蓋地，而地面上鋪貨嚴重不足，使消費者產生購買慾望卻無處可買，造成資源的巨大浪費。

2002 年夏天，第 5 季在推向市場的過程中就犯了這樣的錯誤，促銷活動開始於 5 月份的世界盃開賽，而到了 7 月初，除了中南部份市場外，其他大部份市場連鋪市工作都還沒有開始，產品還停留在代理商的貨倉裏。很多消費者看了中央電視臺的廣告後，到超市卻沒有見到第 5 季的芳蹤，大失所望。這種鋪貨與促銷的脫節，不僅造成了促銷費用的浪費，而且終端鋪貨的積極性也受到了損傷。

9.為到達鋪貨目的而盲目承諾

為了把貨物順利地擺到經銷商及終端的貨架上，很多鋪貨人員不惜口頭承諾服務或各種優惠。但由於內部部門的協調問題或企業自身資金問題而導致承諾無法兌現，大大損害了品牌在經銷商心目中的形象。

三、鋪貨實戰謀略

新品上市，在時機選擇上應該考慮鋪貨等問題。為了實現迅速而成功的鋪貨，企業通常情況下採用的是鋪貨獎勵政策，如定額獎勵、坎級獎勵、進貨獎勵、開戶獎勵、鋪貨風險金、促銷品支援、免費產品和現金補貼等。但是如何使用這些策略，達到刺激經銷商實現與其聯動，共同推動的目的，實戰當中有很多成功的策略：

1.謀略一：通過獎勵刺激，完成鋪貨目標

利用經銷商對利潤的追求，設定合理的獎勵政策，可以刺激經銷商，使其快速地完成新品鋪貨。廠方在制定政策時，必須綜合考慮政策是否具有誘惑性，而且不會影響價格的穩定以及市場的推廣工作。近年，最為經典的案例之一要屬康師傅的坎級促銷。

◎案例：康師傅的鋪貨策略

1999 年，康師傅準備上市 PET 清涼飲品系列(檸檬茶、酸梅湯)。為了一舉佔領市場，在旺季前全面鋪市，康師傅決定通過坎級促銷。

1.第一階段

1999 年 5 月 20 日至 6 月 30 日，其坎級分別為 300 箱、500 箱、1000 箱，依坎級不同獎勵為 0.7 元/箱、1 元/箱及 1.5 元/箱，該階段考慮到坎級自身必有的劣勢，所以將坎級設定較低，但獎勵幅度較大，主要是考慮到新品知名度的提升會走由城區向外埠擴散的形式，在上市初期應廣泛照顧到小客戶的利益，而小客戶多分佈在城區。

2.第二階段

1999 年 7 月 1 日至 7 月 31 日，其坎級分別為 1000 箱、2000 箱、3000 箱，依坎級不同獎勵為 1 元/箱、1.5 元/箱及 2 元/箱。此階段新品已在城區得到良好回應，並輻射到外埠，應提高坎級，照顧中客戶利益，但對小客戶來說，卻需要投入大部份精力，或者放棄其他品牌的銷售專做康師傅才能順利達到想要的返利。在第二階段時，因為市場需求的急劇擴大和 PKT 裝的熱銷，康師傅

和統一都處於斷貨的狀況,但因為康師傳華北區的生產線在天津,統一的生產線在昆山,相比較來講,康師傳的生產能力比統一強很多,且運輸線路也短,佔據地利之長;但在廠商斷貨之時,某些經銷商卻有大量的囤貨,經銷商囤貨和廠商斷貨共存的情況下,奇貨可居又必然會影響到價盤的穩定,所以康師傳在推出該階段促銷政策的同時,又推出一份各級經銷商出貨價格單,明確告訴經銷商,如違反價格政策,立即停止供貨。這項措施穩定了市場的價盤,也消除了各級經銷商對價盤不穩的擔心。

3.第三階段——區域銷售競賽

1999 年 9 月 1 日至 9 月 31 日,按各區域銷售狀況進行區域銷售競賽,設立入圍資格及獎勵金額,高額獎金的利誘極大激發了客戶的積極性,使客戶大量囤貨,最大可能地佔用客戶的庫存及資金;9 月份對飲品來說已是旺季的尾聲,所以通過此活動,在淡季到來之際,利用客戶的囤貨來打淡季仗。銷售競賽的完滿進行,為本次上市計畫畫上了精彩的句號。

4.針對零售點

鋪貨謀略:盡可能提高鋪貨率,增加產品的曝光度。

於 1999 年 5 月 20 日至 6 月 30 日針對零售店進行返箱皮折現金活動,每個 PET500 箱皮可折返現金 2 元,此項舉措為飲品常見之促銷政策,推出前一週內,市場反應一般,但由於經銷商的宣傳及市場接受度的不斷提升,零售店對康師傳瓶裝清涼飲品系列(檸檬茶、酸梅湯)的接受度直線上升,到 6 月中旬,康師傳瓶裝系列在零售店鋪貨率達到 70%。

於 1999 年 7 月至 9 月推出「財神專案」,即規定獎勵的條件,達到獎勵條件的每陳列 2 瓶/包指定產品即送 PET500 清涼飲品系

列一瓶，此項促銷政策一經推出即受到零售店的一致認同，「財神專案」連續執行 3 個月，康師傅鋪貨率得到極大提升。

　　財神專案的目的在於增加零售店內產品的陳列面、產品的曝光度和鋪貨率，因為對飲品這類隨機購買類產品，消費者在口渴的情況下會去最近的零售點買水喝，至於買那種產品全憑其在零售點所看到的有限的產品，即使他有打算購買的某種產品，如果零售點沒有他想要的產品，他會迅速地找出替代產品來完成購買行為，所以使顧客方便地購買到產品或者說提升零售點的鋪貨率對這種隨機購買型產品至關重要，財神專案也正是在這種情況下出臺的，是廠商有意識地引導零售店增加產品陳列排面，吸引眼球。

2.謀略二：以推帶動拉

　　通常情況下，都是廠家鋪貨，然後通過媒體廣告或促銷將顧客拉進門，但是反其道而行，直接在消費者身上下功夫(如試用，讓消費者試用後感覺良好)，激發消費者的購買熱情，可以大大地刺激經銷商鋪貨的熱情。

3.謀略三：製造「假像」與「假像」購買

　　企業派專人充當顧客去各零售點假像購買。當問的次數多了，零售商自然會對產品留下印象，感覺該產品好銷，此時再去鋪貨，就會感覺到容易了。水井坊就曾經利用過此招。在上市時，水井坊召開新聞發佈會，對產品上市進行大肆宣傳，然後立即大規模鋪貨。幾天以後，水井坊又派人將市面上的水井坊全部買回，造成「供不應求」的假像。摸不著頭腦的經銷商立刻對產品產生了濃厚興趣，當斷貨一過，立即購進更多的貨。

4.謀略四：反其道而行

通常情況下，產品鋪貨是在旺季到來之前，但此時來自管道的阻力較大。若反其道而行，選擇淡季進行鋪貨，不但可以避開旺季激烈的競爭，而且可以降低進入費用。

5.謀略五：曲線作戰

新品上市，因為知名度低，在管道受到的壓力較大，特別是初期進入一些賣場費用投入較大。若能開闢新的管道，不但可以具有示範作用，避開競爭，而且給進入其他管道帶來方便。如可采眼貼膜上市時，沒有按照常規進入商場終端，而是選擇了在藥店經營，不但減少了前期投入，避開了競爭的風險，而且以特殊的形式吸引了消費者的關注。

6.謀略六：跟隨或「搭便車」

企業在自身品牌知名度低的情況下，可以通過跟隨暢銷產品來帶動新產品鋪貨，如神奇犛牛緊跟彼陽犛牛；也可以借用暢銷產品的現有知名度，搭便車與其捆綁以打開管道大門，提高新產品的鋪貨率。這種方法比較適合弱勢產品，例如伊川杜康酒就是通過捆綁銷售來完成鋪貨的。具體做法是找到當地成熟品牌漓泉啤酒的經銷商做代理，利用其成熟的網路，將伊川杜康酒與漓泉啤酒捆綁，將貨迅速送達終端，縮短鋪貨時間。

四、新產品上市的終端管理

根據市場調查數字顯示，消費者 70%的購買決定是在終端做出的。

1.良好的陳列能夠產生以下效果：

· 有效吸引消費者，刺激其衝動性購買；

· 增加銷售機會，有助於達成銷售目標；

· 提升產品及公司的品牌影響力；

· 增強終端客戶對公司的信心。

2.商品陳列原則(技巧)

表 34-1　商品陳列原則 (技巧)

原則	具體說明
利潤性原則	1. 商品陳列必須確實能提高店面的銷售能力。 2. 必須盡可能爭取增加銷售量的特別陳列方式和陳列物。
方便原則	1. 方便顧客拿取。 2. 不要讓零售商感覺到陳列的麻煩。 3. 運用指示牌引導。
數量充足原則	如果店內缺乏充足的產品支援，任何一個陳列都不會獲得成功。如果消費者找不到自己要買的規格，就會轉向其他品牌的產品。貨架上的產品不足，品種規格不齊全，都將會導致銷量下降。
黃金陳列原則	1. 黃金陳列位置 ⑴產品放置在消費者經常走動的位置，如超市商場的進口處、出口收銀台附近及店內中心通道上等。進口處可增加目標消費者的購買，廣告效應好；出口處可加強消費者的隨機購買。 ⑵產品陳列在目標消費者最可能光顧的區域，以適應目標消費者的購買習慣，如將海王金樽置放在酒品貨架及保健品貨架上。 ⑶櫃檯陳列，陳列於平視高度的產品，被購買的機會最大；陳列架上人的眼光最容易看到、手最容易拿到的位置，高度約為 80〜150cm。 ⑷與知名品牌相鄰陳列，將產品與人品牌或知名品牌、旺銷產品相鄰陳列，可有效提高消費者的光顧率，增加隨機銷量。 2. 開展促銷 商店人流最多的走道中央、貨架兩端的上面、牆壁貨架的轉角處、收

	銀台旁。 3. 最大陳列面 　陳列面的增加對銷售的影響可達 50～300%，因此，我們要盡力與客戶協商，爭取最大的陳列面。單一品種應爭取 4 個以上的陳列面或產品雙排面陳列。
吸引力 原則	⑴利用現有商品數量，集中堆放以顯示氣勢。 ⑵注意與其他品牌的劃分。 ⑶配合陳列空間的大小，充分利用廣告、POP 等材料吸引顧客注意。 ⑷商品標籤的正確位置。 ⑸不要讓海報或陳列等東西掩蓋。
定期清 理原則	對於貨架或櫃檯必須及時清理： ⑴保持產品清潔，先進先出，及時補貨。 ⑵及時更換破損包裝產品和過期產品。 ⑶產品正面必須朝向消費者，排列整齊。 ⑷保持貨架清潔及最佳陳列位。
良好客 戶關係 原則	具備了良好的客戶關係，才能獲得客戶的支援並爭取創造良好的陳列表現。用陳列的好處說服客戶接受陳列，努力引起客戶的興趣和注意，尊重他的反對意見，從客戶的角度去考慮問題，要用耐心去不斷地爭取。

◎案例：可口可樂的終端生動化

　　「衝動性購買」是軟飲料消費的主要特徵，可口可樂產品的 70%以上都是由於消費者的衝動而購買的。許多消費者走進零售終端時可能並不打算購買碳酸飲料，但是當消費者看見了可口可樂產品時，就提醒了他們要購買該產品，所以消費者進行了未經思考的購買行為。也正是由於這種未經計劃性購買的重要性，可

口可樂公司的銷售人員才會在生動化的產品陳列方面做出最大的努力，確保消費者能看到、得到他們所陳列的可口可樂產品，從而吸引消費者在千百種商品中選擇可口可樂產品。在終端，可口可樂產品陳列的 8 項基本原則如下：

1. 貨架展示

⑴位置

可口可樂強調產品要擺放在消費者流量最大最先見到的位置上。

⑵外觀

貨架及其上邊的產品應清潔、乾淨。

⑶價格牌

應有明顯的價格牌。所有陳列產品均要有價格標示。

⑷中文商標面向消費者

有促銷圖案的包裝，中文商標和促銷圖案間隔擺放面向消費者。

⑸產品次序及比例

陳列在貨架上的產品應嚴格按照可口可樂—雪碧—芬達的次序排列，同時可口可樂品牌的產品應至少佔 50％的排面。產品在貨架上應唾手可得。

①同類產品集中擺放

可口可樂公司的產品分為凡大類：碳酸飲料、水飲料、果汁飲料、茶飲料。這樣就要求每一類的產品均與同類在一起陳列，不能跨類別陳列。

②同一品牌垂直陳列，包裝由輕到重

可口可樂與可口可樂垂直對齊陳列、雪碧同雪碧對齊、芬達

與芬達對齊,其他品牌依此類推,同時按包裝容量的大小,由輕到重擺放。要注意上下貨架不同包裝的品牌對應,如上層是易開罐的可口可樂,則下層的對應陳列就是塑膠瓶的可口可樂,這就是所謂的品牌垂直。

③同一包裝平行陳列

同種材質的包裝平行陳列,不可混合排放。例如 PET 只能同 PET 共同陳列,而不允許和 CAN 擺放在一起。

(6)終端內,在飲料區以外至少有一個多點陳列

即跨區陳列,以提高被購買的比率和消費者購物的方便性。

(7)做到產品循環,先進先出

過期產品需立即收回。

通過實施標準化的產品陳列,可以影響消費者更多地購買可口可樂產品,塑造良好的終端形象,並且杜絕斷貨,加快存貨週轉,提高客戶的銷售業績,從而產生一舉數得的益處。

2.廣告用品

可口可樂在終端的廣告用品主要包括:商標(品牌貼紙)、海報、價格牌、促銷牌、冷飲設備貼紙及餐牌等。在終端內充分合理地利用廣告用品,正確地向消費者傳遞產品信息,可以有效地刺激消費者的購買慾望,從而建立品牌的良好形象。因此,可口可樂要求銷售人員必須在零售點上充分利用和發揮廣告用品的作用,並且要遵守以下的原則:

(1)商標不可以被其他圖案、物品遮蓋或包圍。

(2)商標不可以歪放、更改或刪減任何部份。

(3)公司系列商標擺放時要遵守由左到右或由上至下的原則。排放順序依次為可口可樂、雪碧、芬達、醒目、天與地等等。

(4)廣告用品必須張貼於終端明顯的地方，不可被其他物品遮擋。

(5)海報或商標貼紙必須貼於視線水準位置，不應太高或太低，應以不擋住公司產品的高度為準。

(6)及時更換已經褪色、損壞或附有舊廣告標語的廣告用品。

(7)廣告用品應附有合適的消費者信息，並且要與信息內容和售點活動及所售產品相一致。

(8)各種廣告用品要經常保持整齊、清潔。

可口可樂就是這樣長此以往、不遺餘力地按照以上模式化的終端廣告用品執行標準，有效地創造出了產品在終端的競爭優勢，在刺激消費者衝動購買的同時，還建立起了自身良好的品牌認知度。

3.冷飲

專家測定：當消費者品嘗到攝氏 1～4 度的碳酸飲料時，最能體驗到冰涼解渴、美味怡神的最佳口感。更會使消費者對品牌情有獨鐘，並留下良好的品牌印象。為了達到這一目標，可口可樂準備了多種冷飲設備供客戶使用，從而確保消費者在終端上購買到冰凍的可口可樂產品。

(1)冷飲設備的類型及特點

可口可樂公司的冷飲設備主要包括：玻璃門展示櫃、水冷櫃(水循環製冷)、保溫箱、現調機等四類。(詳見表 34－2)

表 34-2　冷飲設備的類型及特點

序號	冷飲設備類型	特點
1	玻璃門展示櫃	展示效果好，有助於突出品牌形象。
2	水冷櫃	容量大、降溫快、溫度均勻。 可以搬到室外，便於消費者購買產品。
3	保溫箱	不受水、電和環境的限制。 容易搬動且佔用空間小。
4	現調機	能隨時提供新鮮、冰爽的飲料。 具有 4～6 個閥嘴，可以滿足消費者的不同需求。

(2)冷飲設備的投放

①選擇合適的客戶

可口可樂在投放冷飲設備時，首先要充分考慮到擬投放終端的基本條件，而且要充分評估投放冷飲設備後，所能產生的額外銷量。其次客戶是否能做到專賣，以及是否有一定的管理能力等，這些條件都會作為可口可樂公司是否選擇在此客戶處投放冷飲設備的評估指標。

②冷飲設備的擺放

可口可樂系列冷飲設備的擺放原則是：

首先要放在最顯眼的地方，只有放在最顯眼的地方，才能夠讓消費者不費力氣就注意到冷飲設備的存在。

其次要放在終端人流量較多的地方，這樣就可以使消費者更方便地購買冰凍的可口可樂產品。

③不同分銷管道的設備投放類型

可口可樂針對不同的管道，設計出了不同的冷飲設備組合，以便更好地滿足終端客戶的實際需要。(詳見表 34-3)

表 34-3　不同分銷管道的冷飲設備投放類型

序號	分銷管道類型	投放冷飲設備類型
1	超市	玻璃門展示櫃
2	食品商場	水冷櫃/玻璃門展示櫃
3	街道攤販	保溫箱
4	傳統食品店	保溫箱/水冷櫃
5	餐廳	玻璃門展示櫃
6	影視場所	玻璃門展示櫃/水冷櫃
7	學校	水冷櫃

(3)冷飲設備的生動化管理

銷售人員對擺放在公司冷飲設備內的產品，也必須按照可口可樂公司的生動化標準進行產品陳列。以玻璃門展示櫃為例，銷售人員在其中擺放可口可樂系列產品時，必須做到：

① 此展示櫃應 100%陳列可口可樂公司產品。

· 同包裝水準陳列，同品牌垂直陳列。

· 品牌陳列順序及比例自左向右依次為：可口可樂 35%、雪碧 35%、芬達 15%、醒目 15%。

② 包裝自上而下依次為：CAN355ML、PET600ML、PET1.25L。

· 在有新產品投放市場時，頂層應陳列新產品。

· 溫度保持在攝氏 1～4 度，產品週轉按先進先出的原則將生產日期最早的置於前端。

· 配有明顯正確的產品價格簽和冰箱貼。

系統、有效的冷飲設備管理，刺激了消費者的購買需求，並且會增強消費者對可口可樂品牌的忠誠度，最終為可口可樂產品創造出優異的銷售業績。

4.存貨

存貨包含兩個內容，即貨架上的存貨與倉庫內的存貨。貨架上陳列的產品應循環擺放，舊貨在前，新貨在後，同時應注意及時補充貨架上的產品。倉庫內的存貨也應注意循環，同時要放在倉庫內容易拿取的地方。

35 利用地面和賣場推廣的設計

產品進入市場，就意味著銷售已經到達了消費者面前，在消費者面前產品也要進行必要的推廣，而這些推廣是伴隨著銷售產生的。銷售人員把產品送到消費者的面前，同時也把推廣送到了消費者面前，這些推廣方式有些是隨著產品而產生的，而更多的是產品以外的市場推廣行為，這些行為和一些地面媒體的共同作用就是地面的推廣。

一、終端陳列

所謂終端陳列，就是產品到達消費者面前時的展示行為。我們很多時候都說這是銷售終端行為，因為這些展示行為大多是通過銷售人員的銷售行為來達成的，而不是通過市場人員來達成的。但也有例外，現在市場上經常可以看到的大型商場門前的舞臺表演以及伴隨著這些表演產生的促銷行為，都是市場人員的市場努力來達成的，我們管這些叫市場終端行為。對於一個新產品來說，銷售的行為和市場的行為都面臨著走到消費者面前時應該如何表現的問題，同時，更關心

的是產品走到消費者面前的方法和時間。而終端的陳列正是產品送到消費者面前時的表現方法之一，也是非常重要的推廣和銷售手段。

1.陳列包含的內容

(1)地面產品陳列

一般在賣點入口處地面或環繞賣場中心區的理想位置，將某個品牌的單一產品或者系列產品集中陳列陳列，形成一種宣傳氣勢，在確保銷售空間及誘發衝動購買上極具效果。在一些超市還設有專門的產品陳列區域。可口可樂、百事可樂、聽裝啤酒等飲料常用。

(2)櫃檯產品展示

在超市貨櫃上把產品進行陳列的一種方式。正常的陳列要能夠產生對消費者的視覺衝擊效果，所以要有一定的陳列寬度，產品的六個陳列面是最佳的陳列寬度。陳列還需要有一定的高度，符合人體的視覺習慣，應以 140～180 釐米的高度為宜。要想達到更理想的效果，還可以形成陳列面，三個以上的陳列寬度和整體貨櫃的高度是一個基本的陳列面。

對於一些耐用消費品，還可以進行展示性陳列。與櫃檯產品陳列不同，用於展示的產品量大，且有一定造型設計，更具視覺衝擊力。但用於展示的這部份產品一般不作為零售用途。

(3)特殊貨架產品陳列

一般為廠家自行設計提供，以立地或懸掛方式附著於賣點貨架兩端或正面(小型)，專門用來展示自有品牌產品，貨架上有醒目的品牌標誌。超市中的端頭就屬於這樣的貨架陳列展示方式。日化產品、食品等常用此手段。

(4)專用展櫃或展臺

由廠家自行設計提供，專門用來展示自有品牌產品，展櫃或展臺

側面印有品牌標準色和標誌。

和路雪等冷飲產品和可口可樂等飲料產品也經常用冰箱、冰櫃等方式來達到此目的。

⑸購買點的廣告陳列

櫃檯的插卡、立卡、桌卡陳列；櫃檯商品展架陳列；招牌、櫥窗陳列、宣傳單插架、海報支架，動感 POP；小型展示燈箱、價簽支架、產品托架及包裝等展示與陳列。

2.不同時間點的上市陳列重點

⑴產品導入期上市的陳列

· 產品的包裝焦點及集中展示。

· 產品在部份主要賣場的宣傳展示。

⑵產品成長期的上市陳列

· 多點展示，在可以送達的網點進行展示。

· 集中產品展示。

⑶產品成熟期的上市陳列

· 在重點網點和大型賣場做產品展示。

· 在小型網點做宣傳展示。

3.陳列工作的時間和人員

· 陳列由銷售部門來完成。

· 宣傳品和市場工具的陳列由銷售部門執行，由市場部門製作。

· 陳列需要在產品送達到賣場的時候進行，送達的時間應提前在廣告攻勢的前 10～15 天來完成。

二、終端活化

終端活化就是在產品到達消費者面前的時候，需要利用產品和宣傳品把銷售的氣氛做得隆重一些，而這些氣氛是通過產品在賣場的展示和擺放來完成的。舉例說就是對獨立賣點（如路邊冷飲攤點、居民區內的煙雜店、商業區內的品牌專賣店等）範圍內的商品陳列、POP佈置、環境氣氛等進行活化處理，使之能夠對進入賣點內的顧客形成一種視覺刺激，進而促成顧客的購買。

1. 賣場活化的目的和重點

(1) 創造購買氣氛

這是賣場活化管理的重點，包括戶內廣告、燈箱、產品堆放、各種促銷海報和 POP 等都是為了創造購買氣氛，吸引消費者，從而達到銷售的目的。因此賣場活化必須從如何吸引消費者出發，設計各種活化方法和手段。

(2) 引發衝動需求

利用產品的活化擺放和根據消費者對產品需求方式的瞭解和研究，設計合理的擺放和陳列，使這種氣氛能引發消費者購買產品的慾望和需求潛能。

(3) 改善產品形象，樹立公司品牌

賣場活化要以吸引消費者為目的，但同時必須維持公司產品和品牌形象的一致性，不能改變公司的標準色、品牌訴求和相關製作標準。

(4) 增加銷售和利潤

一切賣場活化的目的都是為了增加銷售和利潤，因此在進行活化工作時，必須根據銷售狀況及時調整活化工作重點，不能一成不變。

2.產品賣場活化的形式

⑴產品在賣場的活化,就是要把產品在賣場的展示空間中盡可能地進行一些生動化的處理,達到產品和宣傳工具的合二為一,使消費者走入這個賣場會有一種被引發衝動消費的可能。

⑵賣場活化要合理利用平面、焦點廣告及產品陳列工具及市場售賣工具,同時根據消費者的消費心理特徵合理地利用賣場的環境、位置進行心理引導,達到讓消費者自覺感受而不是被動接受的狀態。

⑶賣場活化需要人員的技巧訓練和有力的管理,由於這是一個專門的學科,這裏就不詳述,將在另外一部書中進行詳細的講解。

3.產品上市的賣場活化

⑴產品在導入階段上市的時候,不用進行活化,因為這時的市場需求還沒有被真正地啟動起來,引發衝動購買的可能只佔被攻擊人數的 5%以下,所以活化作用不會很明顯。

⑵產品成長階段的上市產品的展示行為應該比活化行為更重要,所以,這個時候需要以展示為主、活化賣場為輔來實施賣場的生動化行為。

⑶產品成熟階段時,消費者在選擇產品的時候感性因素加強,所以在賣場的展示活動當中,需要強化賣場的活化作用,這樣才更容易引發需求和購買。

⑷快速流轉產品比耐用消費品更需要賣場的活化作用。

三、焦點廣告

說到焦點廣告,很多銷售人員以及廣告公司的人員都不是很清楚。焦點廣告就是設立在賣點門前、賣點附近或者賣場內,以燈箱、

平面路牌和攤點組合形式為主的,用來吸引路人、樹立形象的廣告形式。焦點廣告不是某一個廣告的獨立形式,它可能是一組市場工具組成的廣告,比如冷飲攤點等,也可能是一個門店的裝飾形式而達成的廣告效果,像柯達專賣的形象店。也有可能像街頭的報亭由於位置顯眼而被廣告利用成為焦點廣告。也有可能是一個遊動的廣告,像公車的整車廣告等都可以成為焦點的廣告形式。在店面內的一些燈箱、一個產品堆頭、化妝品櫃檯的背景大幅燈箱、企業派送到店頭的冰箱及展櫃等都可能形成焦點廣告形式。

⑴焦點廣告是地面媒體的一部份,它的作用是引導消費者走進賣場及走到產品面前。在賣場外的焦點廣告一定是有產品在該地區進行銷售,如果沒有產品在該地區進行銷售,焦點廣告就會顯得多餘。

⑵焦點廣告一般都是在產品的成長後期才會採用,在產品導入階段進入市場的產品不要輕易應用焦點廣告,因為這時產品品牌的重要性還沒有突顯出來,產品的利益和結果訴求還在繼續,而焦點廣告達不到教育消費者和啟發消費者需求的目的,只能達成對消費者提示購買和引發其衝動消費的慾望,同時提升產品品牌的知名度。

⑶感性產品的焦點告知作用要明顯一些。

⑷利用焦點廣告進行產品上市需要企業有雄厚的資金,同時要求該類產品的市場已經接近成熟。很多企業會在主營市場進行市場化建設的同時,進行一些焦點廣告的輔助,目的是要儘快達成認知和購買,同時提升品牌。

四、終端促銷

終端促銷就是在產品走到消費者面前時所採用的促銷方法。一般

情況下，這種促銷都是以產品的促銷為主，因為離消費者距離越近，促銷的行為越理性，離消費者的距離越遠，促銷的行為越感性，終端促銷是對消費者的近距離促銷，消費者更關心產品的直接利益。同時，對於一個新產品的促銷行為主要是以產品的利益進行促銷的，因為這個時候品牌還沒有形成，就是有些已經成名的品牌所做的新產品，也是以新的產品概念和特點作為產品的優勢進入市場的，所以，促銷內容主要是以產品的利益為主，而終端的促銷正是以產品利益捆綁一些其他利益來完成的。

1. 瞭解終端促銷的內容
(1)瞭解促銷的原因

POP 是店頭促銷的主要工具，因此必須瞭解店頭促銷的流程和注意事項。

(2)決定促銷的時機

①選準好的時機才能事半功倍，起到預想的促銷效果。

②常見的有週年慶、節慶、季節性轉換、旺季促銷活動等。

③公司新品上市時：介紹新品特點和優勢。

④老產品或積壓產品降價銷售：為了對某類產品集中銷售，採取降價等方式進行促銷，有時是為了吸引消費者注意，其實是為了公司的新產品發佈。

⑤事件促銷：即利用競爭對手出現的重大新聞及時進行針對性的促銷活動(如很多月餅廠家利用「冠生園」事件搞月餅品質促銷活動，還有利用奧運、週年慶等都屬於事件促銷)。

(3)決定促銷的主題

確保促銷的主題與產品的定位相一致。

(4)決定主要促銷產品的促銷辦法

· 確定主要的促銷產品，並確定促銷的政策和方法。

· 確定優惠辦法：打折、贈品、摸彩等。

· 各項工具和資料準備齊全。

(5)吸引消費者的注意，集聚人氣助勢

用現場發氣球、現場比賽、抽獎等活動來吸引人氣，從而達到吸引消費者注意的目的。

(6)賣場佈置

①要注意佈置的統一性，包括色彩、產品擺放、促銷品擺放等，才能形成視覺衝擊力，讓人印象深刻。

②注意賣場的乾淨整齊。

(7) POP 製作

燈箱、海報、帆布條、吊旗、指示牌、告示牌、標語牌等。

2.新產品促銷的注意事項

⑴新產品上市的賣場促銷要注意不能強化競爭品利益，不能以被競爭品確認的產品概念為促銷贈品。比如，「去頭皮屑」已經形成「海飛絲」的產品概念，而你的產品正好和海飛絲是競爭對手，所以，你就不能用「去頭皮屑」的任何一種產品作為你的促銷贈品。

⑵新產品上市不宜進行捆綁促銷，因為一個新的產品在還沒有獲得消費者的信任之前，就進行這樣的促銷，會給人一種搭著賣的感覺。

⑶新產品上市促銷要注意促銷時間，因為新產品只有在賣場人多的時候才可以引發消費衝動，所以，要選擇年節及週末的時候對產品進行增加附加利益的促銷。

⑷產品上市之前和上市的同時不宜增加產品的附加利益，而應該採用試用或者品嘗等方式。

⑸對於老品牌新產品的促銷，可以利用老產品附帶新產品，通過老產品的促銷達到推廣新產品的目的。

3.新產品終端促銷適用的方法(見表 35-1)

表 35-1　新產品終端促銷適用的方法

促銷方式＼促銷目標	特價	折價券	退款券	禮券	贈品	抽獎	猜謎	繼續購買獎勵	比賽	加值包	試用品	樣品	活動招待券
介紹新產品	★		★		★	★				★	★	★	
舊產品開發新市場		★	★		★	★				★	★	★	
鼓勵試用	★			★									★
試用者改為常用者	★	★			★	★	★		★				★
引起衝動購	★	★	★		★								★
鼓勵大量購							★	★					
鼓勵再購買	★								★				
鼓勵零售商增加陳列						★	★		★				
加強廣告的閱讀率									★				★
加強品牌印象													

36 做好終端鋪貨

終端是深度分銷的主戰場。新品只有鋪到終端才有機會與消費者見面。持續保有廣泛的、有震撼力的終端覆蓋是快消品銷售的第一要務。

1. 零店陳列獎勵

選擇繁華街道集中區的零店，要求店主按照公司規定的標準陳列，且對陳列零店業代每週進行檢查，如合格則當場獎勵一份小禮品，一般活動持續時間在一個月左右。

零店陳列獎勵是為了大面積提高鋪貨率，保持鋪貨率在活動期內不下降，同時提高陳列效果，創造新品的流行趨勢。所以選擇點數較多，要求也較低。

下面與大家分享一個案例。說的是某啤酒企業在杭州做的零店（便民店）陳列獎勵的方案——《A 啤酒便民店終端陳列獎勵方案》，揭示這種促銷方法的應用。

(1)目的：鼓勵終端售點對「A」啤酒的陳列展示。

(2)時間與範圍：3 月 15 日～4 月 15 日；各經銷商所轄區域及週邊空白區域適合做陳列的便民店。

(3)陳列要求：六箱店面堆箱（具體擺放方法另定）及兩張 POP 及兩條吊旗（或一條橫幅），保持產品、POP、吊旗的良好展示形象一個月；集中區域陳列。

(4)獎勵標準：符合陳列要求的終端，可獲月贈酒 1 箱加 1.25 升可樂一瓶。

(5)費用預算：預計 1500 家便民店終端參與此活動，月贈酒 1 箱加 1.25 升可樂一瓶。三月份便民終端陳列總計費用為：1500 家終端×1 箱×25 元/箱＋1500 家終端×4 元＝43500 元。

(6)執行與控制：

①市場部印製《終端陳列檢查表》並發放給業務人員。

②業務人員在市場巡訪過程中，對照陳列要求不定期檢查。

③1 月內若發現 2 次不合格，取消終端陳列獎（每個終端每月檢查頻率為 4～8 次）。

④4 月 16 日根據最終檢查結果確定獎勵對象，由被獎勵終端所屬經銷商在補貨時兌現獎勵。

⑤該陳列獎由被獎勵終端簽字，業務員審核後公司對經銷商送貨時補發。

(7)業務員具體檢查登記表（表 36-1）。

表 36-1　業務員具體檢查登記表

業務員：　　　　終端名稱：　　　　填表日期/時間：		
終端陳列檢查點	狀態	是否合格
堆箱數量		
堆箱方式		
是否在店面明顯位置		
堆箱形象是否良好（無破損、整潔、產品新鮮等）		
POP/吊旗數量		
POP/吊旗形象（無破損、翹角、被覆蓋、髒物等）		
店主簽名確認：　　　　　　　　　日期：		

2. 零店鋪貨獎勵

零店鋪貨獎勵是指為鼓勵零售商進貨而給予的額外贈品或好處。由於產品零售利潤較低，為了提高零店試銷的意願，在新品鋪貨時直接給予獎勵，對快速提升鋪貨率，以及與競爭品搶佔終端資金和庫存都有好處。此活動要注意以下幾點：

(1)防止贈品資源流失。如業務人員和經銷商聯手謊報鋪貨假訂單，虛報、截流贈品；重覆獎勵，對早已二次、三次進貨的零店，再次使用獎勵政策，浪費獎勵資源；或者業務人員有意用此獎勵政策給批發大量出貨，沖銷量，然後把訂單分割到幾十、幾百家「假零店」的頭上。

(2)有批戶或大零店借機屯貨；這事有利有弊，權衡好，可控即可。

3. 隨箱贈刮刮卡

在產品包裝箱內放置刮刮卡，零售店在銷貨的同時取得刮刮卡，以刮卡中獎的方式來促進零售店銷貨的促銷方法。其目的在於設計不同獎品，特別是透過大獎來吸引零售店進貨銷售，實現增加新品零店推力。此活動容易出現的問題有：經銷商拆箱取走刮刮卡；獎品流失；經銷商兌獎點兌換不及時；持卡零店未及時兌換。所以要注意：

(1)活動告知一定要充分。讓零店知道此項活動，經銷商就不好做手腳了。

(2)大獎兌獎一定要有身份證、電話等詳細情況，杜絕私自拿取獎品。

(3)保證批發點中小獎品的供應，可以給經銷商一點手續費以鼓勵。

(4)印製海報要標清活動起止時間，時刻提醒小店老闆儘快兌換。

4.包裝物回收

例如回收箱皮，是一個對零售店十分有效的促銷方法。透過1～2元的現金價格回收零售店手中新品的箱皮，達到促進零售店積極銷售新品的效果。回收箱皮活動中易出現的問題有：重覆計算箱皮；不能及時兌付；箱皮過大，不宜清點、保存、兌付。要注意的一些細節有：

(1)規定剪取箱皮中的唯一標識部份，便於清點、兌付、回收的操作。

(2)嚴格現金管理，活動執行者領取現金後，要上繳相應的箱皮數量，並做詳細登記。

(3)公司專人對回收的箱皮清點，覆核其中是否夾著不在此活動範圍內的「冒牌貨」。

(4)要記錄各個兌換點批發戶的詳細情況。

(5)業代及時瞭解兌換活動執行情況，督促兌換點批發戶及時兌付現金。

(6)回收的「標識」要及時銷毀，防止再次流入市場重覆計算。

心得欄 _____

_____

_____

_____

_____

_____

37 新產品鋪貨要達到的效果

透過鋪市，廠家要把產品行銷最樸實的 3A 要素（見圖 37-1）充分體現出來。

圖 37-1 產品行銷 3A 要素示意圖

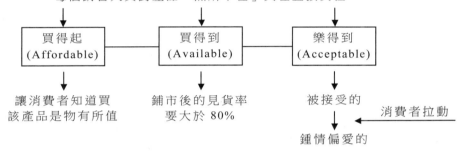

1.買得起(Affordable)：鋪市也是為產品進行市場定價的過程，要讓消費者和管道瞭解新產品的價格情況。批發商、零售商需要知道進貨和出貨的價格，消費者需要知道這件商品的購買價格。對很多包裝升級的產品，廠家還要讓消費者體驗到價格變動的幅度。一般來說，大眾式的快速消費品、耐用消費品都是大家買得起的，關鍵是怎麼突出性價比，讓消費者知道買該產品是物有所值。

2.買得到(Available)：每個銷售人員都應該對產品「無處不在」負有直接責任。如圖 37-2 所示，新產品在上市的導入期、增長期內（A、B 段曲線），鋪貨率與銷量是同比增長的；進入成熟期後，再提高鋪貨率對銷量的影響就不是太大了，鋪市出現邊際效應遞減（C

段),這時銷售人員就不應該再將工作重點放在該產品的鋪市上:到了衰退期,隨著鋪貨率的提高,銷量反而會下降(D段)。也就是說,當家家都有這個產品時,低價將成為主要的競爭手段,毛利降低容易造成終端店銷售熱情減弱,不主動推或者「藏著賣」,從而出現邊際效應下降的現象。

圖 37-2　鋪貨率與銷量的關係

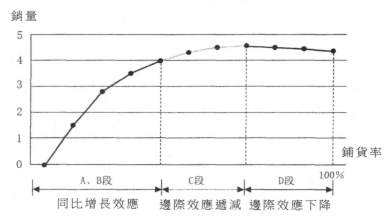

因此,在新產品上市初期,抓好鋪市工作十分關鍵。據分析,新產品上市鋪貨率達到 80%時,廣告及地面促銷拉動效果是最佳的;鋪貨率低於 70%,廣告和促銷拉動的效果都會大打折扣。

3.樂得買(Acceptable):主要解決為消費者提供某種性能的問題,給消費者購買的理由,讓消費者喜歡或者鍾愛這個產品。好的賣點可以給產品「插上翅膀」,銷售人員要學會營造賣點。

雖然賣點通常並不是由銷售人員決定的,但賣點的營造一定是基層行銷的範疇。鋪貨以後,透過營造賣點拉動消費,並讓終端店動銷十分關鍵。終端動了,批發商和經銷商的管道才能拉通,銷售人員和管道的信心也會隨之高漲,該新產品將很快進入下一輪補貨的良性循

環。

鋪貨後，如果終端門店在 3 個月內難以動銷，管道對該產品的信心將會喪失殆盡，同時也意味著該產品的推廣宣告失敗，接下來管道甩賣、終端不願接貨、消費者投訴等問題都會接踵而來。

38 新產品的鋪貨率

鋪貨率高的產品往往能夠迅速吸引消費者，康師傅是中國最成功的食品飲料生產商之一，它下屬有 500 多個銷售企業、100 多個物流倉庫。高鋪貨率幫助康師傅有效地將其品牌知名度轉化成消費者實際的購買行為。根據麥肯錫的調查顯示：在聽說過康師傅茶飲料產品的被訪者中，有 78%的人曾經購買過該產品，也就是說有效轉化率為 78%；而同類競爭者鋪貨率與銷量的轉化率一般在 45%～65%。

1. 鋪貨率 ≠ 見貨率

廠家對終端鋪貨時，如果每個終端只鋪一箱產品，往往會導致小店的老闆沒把它當成一回事，產品都不一定擺出來，這樣產品雖然鋪進去了，但是消費者看不到。在這種狀態下，鋪貨率與見貨率是不相符的，檢查見貨率比檢查鋪貨率相對更加重要。

為了增加見貨率，銷售人員不要一張口就承諾給陳列費用，可以採用有獎回收紙箱等獎勵政策。現在，很多基層業務員已經走入「沒費用就不會做市場」的怪圈。

有些廠家常常會誤讀二八定律。「20%的終端會產生 80%的銷量」這個定律本身沒有錯，加大對 20%店的投入也沒有錯，錯誤之處在於

他們經常往 20%的店裏投放 80%的費用。他們認為終端不會亂價，其實過度投放對市場的危害非常大。

某大型飲料企業在做終端時，將火車站附近的零售終端定義為「旺點」，這些店只要進 500 箱茶飲料，每個月的陳列費用也是 500 箱茶飲料(折 1.5 萬元)。可是這幾家店每個月的茶飲料零售量都到不了 500 箱。賣不完怎麼辦？留著慢慢賣還不行，因為每月都有源源不斷的銷售任務和陳列獎勵。結果這些店只能將多餘的茶以每箱低於市場 2～3 元的價格倒貨給批發商，從而導致市場價格混亂。

實際上，一些賣場或者採購人員也在充當這種角色，為了套取廠家的費用，向廠家大量下單，吃進費用並完成任務指標後，再轉手將產品倒入批發市場，造成了市場混亂。

另外，這種投放方式會造成業務員的權力過大，甚至有些業務員本身也會利用手中的陳列額度參與倒貨，從中撈取利益。因此，廠家需要加強對旺點費用的核控。

在我看來，對終端促銷的力度不應該超過 15%～20%，如果超出這個力度，雖然銷量在短時內表現較好，但是會導致產品的價格快速走低。

2. 從量變到質變 1+1+1≥3

上面講過當新產品向小店鋪貨一箱時，店主不一定在意，或許隨便就扔到那個角落裏了；鋪進去兩箱產品時，店主雖然感到壓力比較大，鋪貨難度也加大了，但對產品的體會仍然不是很深，不會刻意去關注、體驗這個產品的走勢；如果銷售人員能夠說服店主進三箱貨，並輔以紙箱回收，那情況就會發生質的變化。這是因為三箱是該產品的一個臨界點。

對一個普通的零售終端來說，如果店裏有三箱新產品，店主肯定

會用心關注，而且紙箱被回收以後，他只有將產品上架或放進冰櫃，甚至在壓力下去做一些推薦和推銷工作，從而用心體驗這個產品是否好銷。這樣情況就大不一樣了，前者是你壓著他去賣，後者是他要主動去推，由此就會產生從量變到質變的飛躍。

還有很多業務員在鋪貨時，如果整箱鋪不進去，就拆箱進行單瓶鋪貨。這時候，店主就會想：賣不掉也沒關係，大不了自己消費了，也就更加沒有感覺和壓力。新產品上市本來就是要動員大家一起推，店主不在意你的產品，消費者根本不知道這家店有沒有這個產品，結果過了半個月，業務員去查看，店主直接告訴他不好賣，這樣反而容易挫傷大家對新產品的信心。

其他行業的產品在鋪貨時也會有臨界點。最近我在為一個乳品企業培訓時，發現不少學員把乳製品產生質變的臨界點定為五箱。不同行業有不同的臨界點，大家可以在工作中去應用、體會、總結，並加以推廣。

3. 鋪貨量與動銷量

從圖 38-1 可以看出，總體鋪貨量在開始階段是大於實際動銷量的，而且高出 20%～30%都是正常的；隨著鋪貨率的提高和銷量的上升，鋪貨量開始下降，特別是 1 個月以後，有些零點賣完貨，如果廠家沒有政策，他們通常不會馬上進貨，從而導致鋪貨量和銷量都會出現一個明顯的回落，大家鋪貨的效率也會隨之降低。

這時，廠家應該及時啟動廣告和消費者拉動活動，隨著消費者拉動活動的展開，在第 6 週時，動銷量通常會急劇拉升。這時終端的總體庫存量開始減少，甚至有些店已經翻單，要及時做好補貨、補鋪的工作。到了第 3 個月，動銷相對前 2 週可能又出現回落的情況，這也屬於正常現象，廠家應該持續做好消費者拉動工作。如果這個產品的

動銷量能在第 4～5 個月再次拉升，說明該產品的推廣已經獲得初步成功。當然，不同產品的週期可能會有所不同，但基本過程是一樣的。

圖 38-1　鋪貨量與實銷曲線

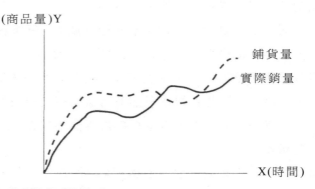

4.準確調查鋪貨率

銷售人員在調查鋪貨率時，必須注意以下幾點要求。

第一，各城市抽檢鋪貨率時，注意在城市的東、西、南、北、中分散抽樣，執行逢三抽一的市場調查方法，盡可能使樣本點更有代表性，在選取終端類型時要考慮權重係數；

第二，要確保調查人員的名單不被銷售人員知道，以免舞弊；

第三，給調查人員培訓必要的調查方法；

第四，嚴格要求調查結果的真實可信度，及時對市場調查結果抽檢、覆核，對假報現象予以重罰；

第五，各地市場調查數據的統計錄入要準確快速。

在調查鋪貨率時，銷售人員可以按照以下六個步驟進行：

第一，確定調查目的及意義；

第二，確定調查內容，設計調查方案；

第三，確定調查時間、區域和樣本量；

第四，確定抽樣方法；

第五，開始採集數據；

第六，整理數據，撰寫調查報告。

鋪貨不僅對新產品上市十分重要，對老產品來說也同樣重要，成熟產品也可以透過再鋪貨增加銷量。對於這一點，銷售人員要格外注意。

39 新產品的陳列追蹤

尤其對快速消費品而言，生動化是最重要的行銷手段，產品能否佔據更大的貨架直接決定著產品銷量。零售店的生動化要求相對簡單，主要考核 POP 和產品陳列位置，產品陳列排面一般會隨鋪貨率增長而上升。商超、批發生動化要求相對較高，具體追蹤方向包括排面數、特殊陳列、堆頭面積、POP 及條幅等助陳物的數量。

透過對生動化的管理可以起到以下作用：

⑴對比分析本品及競爭品生動化數據，結合新品上市後銷售情況，尋找本品在各管道市場表現上的差距與機會。

例如發現本品在批發市場的堆箱、POP 數字遠小於競爭品——立即執行批發市場堆箱陳列獎勵活動進行補救；發現本品在商超管道堆頭數不佔優勢——策劃全國市場「買贈」活動，以此活動為主題，展開商超生動化攻勢。

⑵幫助各區主管認識工作失誤。

例如 A 地新品推廣業績疲軟，生動化統計結果證明該市場的商超

管道本品排面數為競爭品的 1/4，這樣的市場表現怎麼可能有好的銷量！

⑶透過幾次生動化追蹤結果的縱向對比發現競爭品動態。

例如統計顯示競爭品 X 在 3 個月內超市堆頭及排面數不斷增加，成為我公司超市管道新品推廣的一大障礙──本品應當採取針對性的促銷活動，並加大陳列費用投入擠佔市場。

⑷橫向分析各品牌各管道表現，判斷競爭品的管道策略重點，考量新品管道調整方向。

例如新品在 B 省上市後，商超作為重點管道給予大量投入。很快，新品在生動化及銷量等方面均超過競爭品 H，H 在商超銷量有萎縮趨勢。原因有新品的廣告促銷攻勢猛烈，使商超消費購買首先發生轉換，新品大受青睞，消費者採購踴躍。然而，月底市場總結時，發現 H 的總體市場佔有率保持穩定。調出生動化追蹤記錄，得知 H 已開始在商超減量供貨，其業務代理拜訪商超的頻次減少一半，同時停止商超促銷活動。橫向分析零售及批發環節，H 開始實施批發 15＋1、零售店 1 箱＋3 包的促銷政策，促使批發走貨加快，零售店鋪貨率上升。一切跡象表明，H 調整 B 省市場的管道策略，已將工作重點從商超暫時轉移到零售和批發上來，加大了零售和批發的促銷力度，力求穩住 B 省市場總體銷量。根據分析，制定如下對策：

B 省市場競爭品 H 撤離商超為暫時性策略，本品應繼續保持商超各項工作力度，鞏固銷量及生動化成果並不斷提升。

批發開展為期 3 個月的堆箱陳列活動，並簽訂活動期間唯一堆箱舉辦協議，阻擊 H 的批發攻勢。

展開零售店陳列獎勵活動，先為期 1 個月，要求新品全品項陳列，一方面補強鋪貨率，另一方面阻擊 H 的零售店銷售。

40 將新產品加以命名

　　一個產品，從內在的素質和理念上進行包裝和創造之後，還需要對產品的外在因素進行符合內涵的設計。這些設計是為了讓消費者能夠從外觀上去感受產品的內在因素，就像一個人穿不同的衣服所能體現的素質和內涵是不一樣的，但這些外在因素不是通過語言進行表述，而是通過外表就應該有所理解。

　　所謂產品的名稱，就是該產品的屬性和核心利益組合而成的一種辭彙表述，不是產品的品牌，也不是產品的企業名稱，更不是產品的核心利益的代名詞。如何瞭解產品名稱和如何給產品起名是企業對該產品市場的最初定位的結果。

　　有了產品的名稱，還要有產品的個性化識別元素，那就是產品的商標，也就是產品的品牌。這部份是受到國家保護的，所以可以花上很多資源進行推廣。

　　給產品起名包含兩方面的內容：一個是產品的名稱，另一個是產品的商標。我們很多時候是為了產品的商標去想一個好的名字，但也不要忽略產品名稱的重要性。

　　利用產品名稱進入市場，要考慮該市場的需求潛量和方式。很多企業的產品市場的潛在需求有限，競爭不是很激烈，所以它們會採用產品的名稱進入市場。也有些是為了節省教育市場的費用，但它們採用的產品名稱很多都是既有利益，又有結果的。

　　產品的商標和名稱是本質上不同的兩個東西，商標是說明你這個產品的惟一符號，而產品名稱是說明這個類別產品的。企業在給產品

起商標的時候，要注意所起的商標一定要能夠被迅速地認知和接受，並能得到好感還不產生歧義，所以，商標的創造就顯得非常重要。

1.產品的名稱

利用產品的名稱進入市場有好處也有壞處，好處是可以更直接地表述產品的利益與結果；壞處是利用產品名稱會淡化品牌的作用，市場一旦做起來後，容易被其他產品把市場瓜分。

⑴產品的名稱在市場上的存在，很多是以產品的核心利益方式來體現的。比如，彩電是產品的名稱，冰箱也是產品的名稱，這些都是產品的核心利益的體現。

⑵在產品的名稱被普遍認知之後，很多人利用產品名稱對該產品進行市場區隔，甚至採用產品名稱去贏取市場。這時進行的產品名稱的創造就不僅僅是產品的核心利益，還要把核心利益所帶來的結果通過名稱進行表述。比如，「感冒通」是一種感冒藥的產品名稱，它是既有利益，也有結果的。「金嗓子喉寶」也屬於產品的名稱，而它也說明了產品的核心利益和結果。

⑶產品的名稱在市場上還沒有，需要企業自己首先對產品進行命名時，可以採用很多方法：

①可以採用發明者的名字名稱
②可以用產品的使用利益進行命名
③可以用產品的形狀命名
④可以利用時代流行辭彙命名
⑤可以採用名人命名
⑵有利益和結果的名稱不能註冊為商標。

2.產品品牌的名稱

圖 40-1　產品品牌名稱取名流程圖

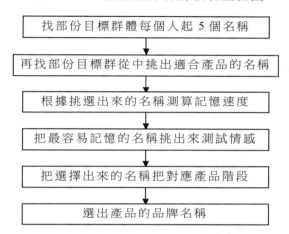

找部份目標群體每個人起 5 個名稱

↓

再找部份目標群從中挑出適合產品的名稱

↓

根據挑選出來的名稱測算記憶速度

↓

把最容易記憶的名稱挑出來測試情感

↓

把選擇出來的名稱把對應產品階段

↓

選出產品的品牌名稱

　　產品的品牌就是產品的註冊商標，是產品在未來市場上生存的識別符號。利用產品的品牌進入市場，可以獨立為自己劃定應得的市場空間，市場不易被其他的產品瓜分。但產品商標的獨立性需要在市場上單獨進行識別和塑造，以讓市場認知和產生好感，這就需要時間和資源的投入。容易識別和記憶的商標可以節省推廣時間和資源，所以，如何創造一個容易識別和推廣的商標，就是商標認知和創造的原點。

①聯想法

· 先按照產品的利益結果尋找可能匹配的名詞。

· 找出該產品的定位人群，讓其聯想該產品的品牌。

· 總結一定量的品牌名詞進行其他的比較。

②記憶法

· 抽選一定人群對總結出來的辭彙進行感性感受。

- 把不同人群的感受進行歸類。
- 將歸類結果匯總。
- 把獲得最多認可的辭彙挑選出來。

③比較法

- 把挑選出來的辭彙拿給一些陌生的消費者挑選。
- 確定消費者選出的那些辭彙都屬於什麼樣的產品。
- 根據挑選出來的詞和產品讓更多的消費者進行好感比較。

④其他的起名方法

- 根據平仄關係起名，以方便記憶。
- 根據尾音起名，以便感覺大氣或響亮。
- 根據吉祥度起名，以引起消費者的好感。
- 根據好感及民俗起名(如好、佳、冠、金、皇等字眼)。
- 根據時代流行語言起名。
- 根據產品的聯想起名。
- 根據諧音起名。
- 根據黃曆起名。

3.名稱設計表現的要求

產品品牌在市場中的表現非常重要，因為品牌的中文字形是有其含義的，中文字屬於象形文字，字形能反映出該文字所能表達的內容。對於品牌來說，文字就是品牌的具體表現和展示形式，而一個品牌的內涵是多方面的，針對於某一個產品來說，產品的屬性、利益、特點和品牌之間的聯繫正好可以通過文字的形狀表現出來。

(1)感性產品品牌的文字表現

①文字不能用很嚴肅的黑體或者很端莊的宋體字，一般情況下都採用變形字體，如「可口可樂」的商標設計就是一個感性化的品牌設

計。

②文字的變形不是想怎麼變，就怎麼變的，要考慮到產品的特點和產品所帶來的結果。比如，「飄柔」的結果是秀髮的飄逸，文字也要表現得飄逸起來；而一個減肥產品的品牌就不能把字體做得很寬。

③要考慮產品品牌的對象。如果產品針對的是女性，品牌要柔美一些；如果針對的是男性，品牌要剛毅一些；如果是針對兒童，品牌要活潑一些，同時要有一些跳躍感。

④品牌還可以通過產品的屬性進行表達。比如，一個產品是固體的，要有固態的感覺；是液體的，也要有液態的聯想。

(2)感性產品品牌的色彩表現

①品牌可以考慮消費者的情感，如春、夏、秋、冬的色彩是不同的，消費者的感受不同。產品也有對應各個季節的色彩表現，如冷氣機多採用藍色，而食品很多採用的是象徵秋天豐收的橘黃色。

②色彩不能過度按照產品的利益結果進行對接。雖然冷氣機大部份採用藍色，但食品就有很多的不同。消費者選擇冷氣機的時候是理性選擇的，同時理性中帶著感性的接受成分；而消費者對食品的要求就會有所不同，消費者在選擇食品的時候是感性選擇、理性接受的，所以，食品的品牌色彩可以利用感性的接受方式進行表現。

(3)理性產品品牌的文字及色彩表現

①理性產品的品牌文字一定要有理性的表現。一個藥品的品牌不能太飄逸，也不能太活潑，而要嚴肅，因為消費者要從品牌的表現上體會出產品的態度。

②一個工業產品也不能像快速流轉品那樣，對消費群體的情感進行對接，因為工業產品的客戶更多的是通過理性的分析，然後才能接受你的產品。所以，也要採用一些比較規範的文字和比較理性的冷色

進行處理。

③理性產品品牌的文字可以表現產品的利益或結果，但這個產品一定是有滿足感性需求的內容的。比如，一個汽車的品牌，可以表現出快速，富有動感，也可以表現出品質，因為汽車是慾望、權利和富有的象徵。所以，很多汽車用一些故事及可以體現或者提高形象的方式來處理這些文字。

④色彩和產品的功能、利益有直接的關係，很多產品還注意其帶來的好處所能體現的色彩。

⑤一些產品注重民族情感和文化內涵的表現，這些表現多數存在一些不是針對消費個體的產品身上。

41 新產品的包裝

不同產品的包裝方式是有區別的，有些是產品的內包裝，有些是外包裝；對於不同的產品來說，有些是為了把產品包裝起來運輸方便，有些是因為產品的屬性必須要包裝才能存在。總之，產品的類別和運輸方式可以改變包裝，產品的展示和推廣也需要改變和創意包裝的形式。我們在這裏要說的包裝主要是產品可以展示的包裝，這主要是行銷的市場行為當中針對消費者的需求和購買方式而設計的包裝內容。

1. 包裝要考慮的內容
(1)包裝設計的市場要求

· 包裝設計需要考慮消費者接受時的情感需要。

- 不同產品的情感需要是不一樣的。
- 理性產品和感性產品是有區別的。
- 理性產品的色彩要冷靜。
- 感性產品的色彩要偏熱烈。
- 兒童產品的形狀色彩要活潑。

(2)包裝設計的展示要求

- 適合在賣場的展示。
- 適合品牌的突顯原則。
- 適合賣場的生動化。
- 符合該產品的售賣行為。

(3)包裝設計的服務要求

- 方便購買和運輸。
- 符合人性化要求。
- 有符合要求的文字註解和說明。

(4)包裝設計的物流要求

- 適合管道的運輸。
- 適合倉儲。
- 符合成本。
- 適合裝卸。

(5)包裝設計的推廣要求

- 要具有衝擊力。
- 要體現推廣的主體色彩。
- 形狀應該符合產品的概念理解。
- 要能說明產品或者有產品圖片。
- 品牌名稱要佔據主導位置。

· 是產品的理念體現，是消費者情感凝結的焦點。

2.包裝是市場認知的原點

一個產品的包裝體現的是產品要傳達的內容，同時是要讓消費者把凝結的情感因素發洩到包裝身上，從而達成產品的銷售。所以。產品的概念、賣點等諸多因素要在包裝上體現出來。所謂包裝是市場的認知原點，就是說，產品的品牌和理念傳達要以產品的包裝作為傳達的基礎。比如，一個產品的包裝是綠色的，整體的推廣和給消費者的感覺都應是以綠色為基凋，同樣，文字和語言的傳達也是如此。

包裝色彩的另一個作用就是幫助進行推廣，因為包裝本身就是一個信息傳播的載體，包裝在賣場的展示和活化作用，激發了消費者的購買慾望。

◎案例:「可口可樂」的包裝形式

在很多產品的市場推廣行為當中，我們可以看到很多以包裝作為原點的例子。比如，「可口可樂」的包裝色彩是紅色的，所以，「可口可樂」在推廣的行為當中全部採用紅色:在電視廣告中採用紅色，在市場終端賣場的所有視覺展示行為全部採用紅色。作為品牌來說，沒有色彩之分，企業選擇什麼樣的色彩進行推廣都是以包裝的色彩作為視覺原則的。「可口可樂」的紅色在視覺的傳達上非常有感性化的色彩和視覺衝擊力。對於消費者來說，企業所有的市場行為都是為了讓消費者把情感凝結到自身的產品身上，而最直接的體現方式就是包裝，因為消費者是以包裝作為發洩情感的目標的。

3.不同產品類別的包裝形式和要求

不同的產品包裝採用的展示方式是有區別的，感性產產品多採用感性一些的色彩處理，而理性的產品則應該採用理性的方式。但應該注意的是，所有的產品一旦到了市場的成熟階段都具有感性的因素和成分，讓我們很難判斷我們的辨斷依據是該產品的市場密集程度和消費者的購買頻率，購買頻率快的產品要讓消費者情感接受的成分大一些，而購買頻率慢一些的產品，需要我們處理得更加理性化一些。

對於藥品來說，消費者在購買的時候更注重的是產品是否可以帶來功效而不是情感上的接收利益，所以，藥品的包裝要體現產品的品質和嚴肅性，不能過於活潑。

4.包裝要適合市場的接受習慣和方式

包裝不是以企業是否喜歡為前提，而是由市場的需求方式和習慣來決定的一從市場習慣來說，有些產品是針對男性，有些是針對女性的，它們是存在著區別的。從需求方式來說，任何一個產品都存在著感性接受的成分，但購買的產生必然又存在理性分析和論證的結果。包裝的色彩和訴求語言要符合消費者購買的這些習慣，才能有效地把產品的利益和市場準確對接。

◎案例：不要輕易改變產品包裝

有一類產品叫果茶。第一個果茶出品的時候，把產品外包裝瓶的上口都用錫紙給裏了起來，而且選擇了一個上面小下面大的瓶型。

這第一個做出果茶的企業把該產品的包裝其實作了一個定位，以後的果茶產品都是採用這個瓶型，並在上面都裏上錫紙。

還有餵奶的奶瓶，多少年來包裝也輕易不會改變，因為消費者已經習慣了這個包裝形式，你可不要輕易地改變，如果你去改變，你就要承擔重新教育市場的責任。

42 讓產品有一個訴求重點

產品進入市場之後，要讓消費者瞭解產品能給他們帶來的好處，而最簡單的辦法就是把產品的好處寫在包裝或者產品的推廣說明 DM 上。但消費者不會主動地就願意去看你那些很細緻的產品介紹和說明，很多時候，需要用很短小的一句話或者一句很有衝擊力的語言引發消費者的興趣，同時激發消費者存在於內心深處的感性神經，讓其能主動關心和注意你的產品，從而達到更多認知和消費的可能。

一、訴求語言的設計

所謂的訴求語言，就是我們日常所說的廣告語，主要體現在產品的包裝上，也有很多時候是體現在產品的推廣過程當中。比如，一個產品的電視廣告往往用一個經典的語言對該產品的利益進行總結，有些廣告語由於其上口易記，在很短的時間內就能達到很高的認知和好感，而有些則沒有任何市場反應。

1.訴求設計的關鍵點

訴求語言不是獲得獵奇和創造關注所要表現的內容，它是告知消費者利益的一個必須做的工作。消費者在瞭解你產品的過程中缺少一

個感性引入的環節，而訴求正是我們引入消費者的興趣和關注的視覺和語言機會：當我們看到「只溶在口，不容在手」的訴求時，想像會隨著該訴求的引導把我們的興趣提升。「滴滴香濃，意猶未盡」既把產品的結果告知消費者，又把產品的利益表達得非常清楚，所以，訴求的設計既要告知消費者產品的利益，也要告知消費者產品利益可以換來的結果。

⑴要注意訴求分產品訴求和品牌訴求，這兩個的訴求方式是有區別的。

⑵要注意訴求語言也要有階段性，既有產品階段性訴求，也有針對消費者的時代變化而產生的訴求。

⑶訴求語言不能憑空想像，不能只利用一些詩句或者形容詞達到自己理解的目的。

⑷訴求是告訴消費者他們所要的是什麼，而不是告訴消費者，你具備什麼，或者你有什麼。它是提示消費者的一個語言。

⑸訴求是簡單明瞭的，不是長篇的說明文字。

⑹訴求不能誇大其詞，不能用一些很虛幻的語言讓消費者看不明白。

2.產品訴求的設計方法

產品的訴求關鍵是要告訴消費者你的產品能夠給他們帶來的利益和利益所產生的結果，因為消費者購買產品的時候需要考慮的就是這些內容不能只傳達利益而忽視其結果，因為沒有結果的利益沒有任何意義；也不能只告知結果，沒有這個結果產生的基礎會讓消費者不明白你產品的特點和這個結果之間的關係，造成訴求語言的空泛，缺乏說服力。

◎案例：寶潔公司的產品訴求

　　寶潔公司的洗髮水產品「海飛絲」的產品訴求是：「頭屑去無蹤，秀髮更出眾」。「頭屑去無蹤」是說明產品可以帶來的利益，而「秀髮更出眾」是說明該產品利益帶來的結果，所以，這個訴求是利益對應結果，消費者能夠感受到產品帶來的是什麼，可以解決什麼問題。而有些產品只訴求結果，沒有利益表達就會出現消費者不知所云的現象。比如，一個浴液可以給人帶來身體的滑爽，但訴求表現為「柔美的身姿，全家共用」，這就是有結果、沒有利益的訴求。還有一個冷氣機產品的訴求是：「清新浮動的自在空間」，這也是一個很好的結果，但是這個結果並不是因為冷氣機本身的利益所帶來的，所以沒有說服力。

3.品牌訴求的設計方法

　　說到品牌訴求，應該和產品訴求有所不同。一個是時間上的不同，如果產品在市場上已經非常成熟，這個時候進入市場的產品訴求要告知產品和品牌；如果成熟期的市場區隔已經完成。就要在設計訴求時既要體現品牌概念，也要表現產品特點。這兩點應該進行捆綁；當然，如果不是新產品上市的話，訴求的方式就會有區別。品牌的訴求是要針對消費者情感進行凝結的，要能夠打動消費者的心靈，不是讓其在產品身上考慮過多的利益，而是把產品當成滿足心靈需求的一個載體：比如，人們穿一件能夠體現身份的西裝，需要體現其自身的品位和價值，就要給產品賦予更多的品牌概念，這個概念的訴求不是表達產品利益的，而是要表達消費者要的心靈需求結果的。

◎案例：房地產廣告品牌的訴求

　　現在市場上的房地產廣告很多，訴求的語言也是五花八門。對於一個滿足消費者居住條件的房地產項目，訴求中要體現房子的產品利益。而對於一些高檔的別墅項目，就不是要滿足消費者居住的產品條件，而是其他的舒適條件。這些條件是滿足心靈結果的，是品牌的訴求。比如，一個滿足居住的樓盤的訴求是：「尋尋覓覓，這裏是你中意的選擇」；而一個高檔公寓的訴求是：「超越，只因擁有」。

二、銷售主張的設計

　　很多人把銷售主張和訴求混為一談，這是不對的，但銷售主張確實和訴求有相似的地方，就是都是針對消費者簡單明瞭地表達企業產品利益的一個方式。所不同的是，銷售主張是企業在說明自己的產品特點，而訴求是告訴消費者他們其實需要什麼，而不是企業有什麼。這就是銷售主張和訴求的最大區別。

　　銷售主張的設計方法：

　　在成熟階段上市的產品可採用銷售主張方法，而在其他階段就不宜採用。原因很簡單，在產品的上升或者成長階段，市場對產品的需求很大，消費者不會關注產品的個性特點或者某個企業的個性化設計，主要是為產品的核心利益去購買產品；而當產品進入成熟階段後，產品的市場區隔開始明顯，對產品的個性追求也更加突出，這時候，企業不用提示消費者他們需要什麼，而是要表明自己產品的特

點，引發更多的獵奇和追求。

◎案例：「農夫果園」的銷售主張

　　「農夫果園，喝前搖一搖」、「農夫果園由三種水果調製而成，喝前搖一搖」，這是一個飲料產品的銷售主張，銷售主張基本上都是產品在成熟階段才可以採用的方法。對於農夫果園來說，它屬於飲料產品，是非常成熟的產品，它的產品利益是解渴，而在成熟期，產品的市場已經在區隔下產生了細分，細分的產品一定要說明產品與競爭產品之間的區別。在這種情況下，產品為了表現自己的特點，可以提倡一種新的消費方式，而農夫果園正是做一種新的消費提倡。同樣，「農夫山泉有點甜」也屬於典型的銷售主張。

三、訴求表現的方法

　　把產品或品牌的訴求設計好以後，更重要的是要知道如何把這些設計好的語言進行表現和在什麼地方使用。

1.訴求表現的方法

　　⑴訴求語言是有情感的，所以要根據訴求語言所表達的情感進行表現。

　　⑵文字的形狀是溝通的語言之一，字體的處理非常重要。太飄逸了顯得不認真，太端莊了會造成溝通氣氛不好。

　　⑶要考慮產品所對應的消費群體：如果是兒童，要有針對兒童的文字形狀和色彩；如果是女人，要有針對女人的情感表現；而男人或

者老人等也有不同的文字表達方式。

⑷要考慮產品的屬性關係和利益體現。有些產品是液體的、流動的，它們給消費者帶來的感覺是通過產品帶來的，所以，要從流動和液態方面來表現讓消費者體會。

⑸要考慮品牌帶來的感覺。比如，帶來的是心情的愉悅，還是運動和快感，文字的表現是要有所體現的。

⑹要考慮產品是屬於感性還是理性。感性產品的訴求要能創造衝動消費，而理性的產品訴求要讓消費者願意接受。

⑺銷售主張不能脫離產品的利益太遠，也不要創造一種新的利益需求方式，除非你的品牌威力足夠大。

2.訴求的使用

⑴在產品的包裝上可以使用。

⑵在產品推廣的電視廣告當中。

⑶在產品推廣的平面廣告當中。

⑷在推廣的公關、促銷等各類行為當中。

43 新產品上市的時間因素

一、集中時間策略

產品的告知，其實是一件非常容易的事情，就是把產品和品牌的信息告訴給消費者。但由於企業在告知方法上的想法太多，造成脫離了其本身的目的，而過多地強調告知過程的創意行為。結果過足了創

意表現的癮，卻使企業的產品告知行為變得過於複雜。

所謂的集中時間策略就是在一個相對集中的時間裏，把所要傳達的信息告知出去，這樣的告知需要利用一些技巧才能夠達成。產品上市的時候，都要把已經設計好的產品及產品的所有信息告訴給消費者，這就需要安排好一個順序，不能一股腦地把所有的信息在一個很短的時間內全部灌輸給消費者。這樣不僅消費者接受不了，也容易產生不好的結果。

集中時間策略是產品上市開始階段採用比較多的方式，那麼什麼是集中時間策略呢？我們分析一下消費者接受信息的過程就會有所瞭解。消費者接受信息的時候有一個記憶頻率，在一個相對的時間內的記憶次數可以決定消費者對你的接受程度。比如背誦一首詩，雖然這首詩很有韻律感，但我們要記住它也需要多次的重複朗誦或背誦。這個次數是需要進行測定的，不能是一個月背誦一次，也不是半年背誦一次，更不是一年背誦一次，如果真是一年背誦一次的話，就是十年也是很難背誦下來，因為頻率太慢，無法讓人記住。那我們是不是把頻率加快就可以達成記憶了呢？也不一定。比如，一首詩你讓在一分鐘內背誦十遍，你不一定能夠記住，因為頻率太快了，超越了你的記憶能量空間。所以，面對消費者時，我們需要考慮的是他們是如何接受這些信息的。對於集中時間策略，目的是在一個較短的時間裏，集中相對密集的相同信息讓消費者認知和記憶。需要讓消費者首先認知什麼呢？一個全新的產品和對於一個品牌來說，新產品需要認知的信息內容是有區別的。

1. 新產品集中時間告知的內容
(1)全新的產品
· 產品的利益和利益產生的結果。

- 產品的形式和產品的形狀。
- 產品的包裝形式和產品的品牌。

⑵老品牌的新產品
- 產品的品牌和產品之間的關係。
- 產品的特點和優勢。

2.新產品的集中告知的方法
- 設計重複性的創意語言在一個電視畫面中進行表達。
- 在電視廣告中多次重複品牌、產品(包括語言及形式)。
- 在平面廣告中突顯品牌和產品。
- 在平面媒體中,用與電視廣告相同的色彩或者語言進行重複。
- 所有媒體之間用色彩和設計形狀進行連接,以讓視覺產生重複記憶的可能。
- 媒體推廣在產品剛上市的一個階段內,保持相對密集的頻率。

◎案例:「恒源祥」的新產品上市廣告

有很多優秀的產品上市廣告,其中最典型的是「恒源祥」的上市廣告。「恒源祥」在其上市廣告中,多次重複宣傳「恒源祥」這個品牌。原因是其產品是羊毛衫,而羊毛衫是一個在市場上非常成熟的產品,消費者對這個產品的認知已經不需要進行新產品的傳達。恒源祥雖然是一個有著悠久歷史的品牌,但對於全國的消費者來說,還需要進行品牌的認知傳達。所以,「恒源祥」的產品上市廣告採用了多次重複品牌的方式,在一個較短的時間內進行重複性的傳達,從而迅速地得到認知。

◎案例:「康師傅」速食麵的新上市廣告

「康師傅」速食麵的上市廣告也非常簡單。在上市廣告的畫面當中只有兩支筷子,挾三遍麵條,每挾一次,畫外音說一句「麵」,共說了三遍「麵」;最後說出「康師傅速食麵」。這樣簡單的創意在很短的時間內風靡大江南北,因為大家只要記住這個「麵」就行了,沒有必要瞭解這個麵的味道如何。消費者在不認識這個麵的時候,是不會想去瞭解這個產品的,所以,產品的上市廣告首先要達成消費者的認知,然後再達成消費者的瞭解。康師傅的上市廣告在市場上用很密集的方式進行訴求,每天都有很多時段在播出。但只播出半個月的時間就可以了,因為不能老是讓消費者認識你是誰,還需要介紹自己,所以,康師傅速食麵在產品上市十五天以後換了另外一個廣告。就是產品的「聞香篇」廣告。這個廣告詳細介紹了產品的味道和好處,用美麗的視覺和感官的誘惑讓消費者感受產品並產生購買的嘗試。但這屬於均衡時間策略的內容,在這裏不多介紹。

讓消費者認識你的產品,需要根據每個產品的購買頻率和週期,進行不同的設計,同時也要考慮消費者的接受方式。總之,產品上市時的迅速認知是企業都願意做的,但不同企業的狀況和資源不一樣,不同的產品階段也會有不同之處,企業可以用很多方法進行處理,達到讓消費者瞭解的目的,這要具體情況具體分析。

二、均衡時間策略

均衡時間策略是在一個時間區間中如何讓消費者瞭解你的過程頻率。這個策略基本上是在產品上市一段時間的時候採用的，有時也可以和集中時間策略交叉使用。總之，均衡時間策略不是在一個很短的時間內高頻率的告知策略，而是一個比較緩和的策略方式。

1. 產品上市的均衡時間告知策略

(1)全新的產品

①只有功能性產品需要均衡的告知策略，因為消費者對一個不認識的產品的高度認知無法形成購買的可能。

②一個全新的感性產品在剛剛進入市場的時候，也要逐步地啟動市場，所以很多也需要採用均衡告知的策略。

③市場沒有教育出來之前，且產品的購買產生不了頻率的時候，需要採用均衡時間策略來引導和提示消費者。

(2)老品牌新產品

一個很有名望的品牌是不願冒教育市場、開發新產品的風險的，更多的老品牌是做已經在市場上成熟的產品，因為這個產品的市場規模和潛能已經非常清楚地顯現出來，對於其產品的未來風險是可以預估的。所以，老品牌的新產品的均衡時間策略，基本上是在產品的個性化及其與品牌的關係上進行推廣。

也有個別的品牌去做一個全新的產品，這主要是以前的品牌所對應的人群和這個新的產品所對應的人群有所區別，這是要冒很大風險的工作. 但由於市場上真正瞭解行銷工作的人不是很多，在整體市場提升階段發展出來的企業，行銷的思維觀念仍然固化在以前的思維空

間當中，所以，會出現很多新產品上市時利用已有的品牌，而忽視已有品牌所對應的群體和新產品所對應的群體之間的區別，造成資源更大的浪費，甚至對品牌造成不良的影響。這種新產品的認知工作等於是重新開始，也就是說要採用均衡時間策略的方式。

2.新產品的均衡時間告知方法

⑴告知的內容以產品的核心利益和利益產生的結果為主。通過創意的方式讓消費者從理性上理解、感性上接受。

⑵在產品上市階段的均衡時間要保證消費者在合理的時間內能看到和體會到產品的存在，所以需要設計合理的媒體組合方式。

⑶產品的每個階段都有每個階段要推廣的內容。而新產品上市要考慮該產品階段消費者已經知道了那些內容，那些內容還需要與自身的產品品牌聯繫在一起進行強化性的告知。

44 不同生命週期產品階段性告知方法

產品告知需要考慮產品處於該產品類別的什麼產品階段，不同的產品階段由於市場需求狀況存在著明顯的不同，同時不同的產品階段中產品屬性的需求變化因素也存在著一些差異，就需要我們對這些差異進行考慮，然後才能有針對性地對市場進行教育。由於這些不同性使教育和告知的方法產生了不同，如果不考慮這些差異，就會出現有時企業的推廣力度很大，但效果並不明顯，有時並沒有費力，但卻很出效果的現象。

一、導入階段的新產品告知

對於導入期來說，是一個產品進入市場的最初時期，而這個產品以前在市場上並不存在，所以，需要對市場進行教育。此時的市場需求很低，應該說整體市場的商品佔有率不足 5%，面對這樣的一個市場，新的產品很難在短期內進入，需要忍受漫長的時間，同時也要承擔市場教育的風險，因而該市場的教育結果就變得更為不確定。但敢於承擔市場教育的企業，都是很有實力的，不是有很雄厚的資金，就是有很強大的技術支持，總之，這些企業都很自信。但不管如何自信，企業都希望市場儘快成熟，自己能儘快獲取利潤。不同的企業就採用了不同的方法，有的急功近利、高舉高打，有的慢慢騰騰、觀望偷巧，也有的胡亂打一通廣告，沒有效果就早早收兵。這些都是對導入期市場的不瞭解而出現的市場手段和方法。

1.導入期市場策略

表 44-1　導入期市場策略

導入期行銷重點	導入期推廣重點
培育市場	創造認知
挖掘潛在需求	教育消費者
產品功能介紹	針對早期採納者

2.導入期的上市推廣策略
(1)確立產品概念

創造新的產品概念，迎合消費者潛在的需求或引導消費者新的需求，讓這種需求合理化，變成一種習慣性的基本需求。比如，喝茶的習慣由來以久，喝熱茶的消費習慣沿襲了幾千年，但喝涼茶的概念是

全新的，這就是罐裝茶飲料的產品概念之核心所在。

(2)確立市場目標

劃分最可能需求並購買擁有該產品概念的產品的消費者範圍。再拿罐裝涼茶飲料的例子來說，在現今的市場上，傳統的茶葉消費者多集中在中老年人中，他們的飲用習慣為熱飲，而且，在我國傳統的飲茶觀念中，涼茶或過夜的茶是不宜飲用的，所以，將茶水變為一種冷飲的產品觀念適宜於可能培養這方面需求基礎的青少年人群。培養「易感」的年輕人群的新需求比扭轉消費觀念相對「固守」的中老年人群要容易得多，而且市場潛力要大。

(3)確立廣告概念

①設計一種最能將產品概念表現得淋漓盡致，又最容易被目標消費者接受與認同的說法。

②在產品的導入期，廣告訴求應偏重於理性的教育，強調新的產品概念帶給消費者功效需求上的滿足。

(4)確立廣告訴求

①根據廣告傳播目標、目標消費者的接受習慣與感知條件來確立廣告形成。

②選擇能將產品特性優勢在視聽方面表現得更加出色、極富感染力與說教功能的形式。比如，便於理性產品概念傳播的電視 30 秒廣告，便於理性讀解的報紙廣告等。

(5)確立廣告表現

①廣告創意與表現應在目標與規則內進行「天馬行空」般的創造。根據產品定位、廣告訴求重點、目標消費者的心理及品味，恰當地運用感性與理性的手段，將產品賣點準確有力地表達出來。

②在具體表現方式上，要根據不同產品生命週期的廣告塑造目

標，結合不同媒體的優勢特點來淋漓盡致地將創意概念付諸表現。

③在導入期，主要目標是教育市場認知產品概念，所以廣告創意表現的理性成分居多。比如，電視廣告應以易於功效表達的情節式創意為主，而對於平面媒體表現而言，應突出有關產品概念的內容及視覺元素。

3.導入期上市的告知重點

⑴教育消費者認知產品的概念。

⑵教育消費者認識產品的利益和結果。

⑶告知產品的使用方式和使用結果。

⑷告知產品是由誰生產的，並告知產品的品牌。

4.導入期上市的告知方式

⑴利用消費者可以見到和感受到的方式進行推廣，通過紙質媒體可以讓消費者瞭解產品的外觀、功能和使用方式，電視媒體則還能展現產品的包裝和品牌。

⑵利用與消費者接觸的機會進行推廣，主要是人員的地面攻勢，在賣場的展示、促銷、導購等可以接觸到消費者的最近距離並讓消費者進行嘗試。

⑶利用派送和推銷的方式接觸消費者並進行告知。

⑷利用展示會、新聞發佈會、上市說明會的方式對經銷商和消費者進行告知。

⑸利用平面媒體配合電視對產品進行說明。

二、上升階段的新產品告知

處於上升期的產品已經在市場上經過導入期的教育，對某一種產

品來說經過市場的初步認知，一些隱性需求開始顯現出來，並開始有人初步嘗試，但市場還需要繼續教育，使其儘快成長並成熟。這時期的商品普及率只有15%左右，面對這樣的市場情況，有些企業看到了市場的潛在需求開始顯現，已經耐不住性子，開始強轟廣告，希望自己能夠在眾多的產品中搶佔有利的位置，就像馬拉松長跑一樣，有實力的企業開始搶跑，並形成不同的實力方陣。

面對這樣的情況，不管是什麼樣的企業，也不管企業的資源如何，都會不顧自己的體能拼命往前跑，這樣的結果就會造成在成長期內有些企業可以趁機利用技巧搶奪有力的位置。所以，認清自己和對手，瞭解前面的路還有多長，明確如何分配自己的體力就是各個企業在這個時期的策略問題。而該時期的策略主要體現在產品的上市策略上，因為此時企業都在搶奪市場，有更多的企業加入到競爭的行列中。

1.市場策略

表 44-2　上升期市場策略

上升期行銷重點	上升期廣告重點
產品初步達成認知	廣泛告知產品特性
產品與品牌結合推廣	提升對產品利益的理解
開始選擇策略搶佔市場有利位置	促使嘗試和採納

2.上升期的推廣策略

(1)確立產品概念

深化產品概念，讓消費者知道購買的產品可以幫助解決關鍵問題。

(2)確立市場目標

強化產品定位，確立品牌定位，這時的品牌區別開始以產品的表

現整體區分，但產品的差異並不明顯。

⑶確立廣告概念

· 鞏固深化產品概念，以告知產品利益為主。

· 強調品牌潛在價值，把品牌賦予概念結合產品進行推廣。

⑷確立廣告訴求

· 訴求核心轉向有關品牌價值的內容。

· 訴求應融入感性成分。

⑸確立廣告形式

在導入期的基礎上融入便於表現品牌訴求的形式。

⑹確立廣告表現

在產品上升期，主要目標除鞏固產品概念外，是開始創建產品品牌的時機，所以廣告創意表現要融入一些感性成分。比如，電視廣告應以易於情感表達的故事式創意為主，而對於平面媒體表現而言，應突出有關產品品牌的內容及視覺元素，在導入期的基礎上融入便於表現品牌訴求的形式。

3.上升期的告知重點

⑴明確概念的產品利益和利益結果。

⑵告知品牌及表現品牌與產品之間的關係。

⑶品牌開始加入些概念，這些概念主要和產品概念相聯繫。

4.上升期的告知方式

⑴電視廣告的品牌告知和產品相聯繫。

⑵電視廣告的告知開始影響管道，所以要有一些社會性的告知，即媒體的組合方式不一定都是目標區域或人群。

⑶終端展示和活化的作用開始顯現，因此需要地面媒體配合商品進入賣場給予推廣支援。

三、成長階段的新產品告知

進入成長期，產品已經被更多人認知，在市場上開始顯現出強勁的成長勢頭，這個時期加入競爭的企業會很多，競爭也開始激烈起來。但由於市場成長較快，每一個企業可能都有利可賺，關鍵是要在這個時期迅速提升自己的品牌，以在未來的競爭中佔據一個有利的位置。這個時期的顯著特點是商品普及率在 15%～50%之間並維持在 35%左右。

1.成長期市場策略

表 44-3　成長期市場策略

成長期行銷重點	成長期廣告重點
根據自身狀況選擇做領導者還是跟隨者	創造並強化品牌偏好
品牌的重要性開始突顯	刺激大眾更多地使用和採納
價格開始左右市場	讓消費者瞭解商品及品牌特性

2.成長期的推廣策略

(1)確立產品概念

①此時入市的企業應將其產品概念的優勢與其品牌形象同時推出，注意兩者的內在關係。

②之前入市的企業應重在提升品牌形象，鞏固產品概念。

(2)確立市場目標

強化品牌的目標市場定位，這個時期要把自己的品牌群體固定，同時有針對性地對自己所定位的人群進行教育，但這時產品的人群還要寬泛一些。

(3)確立廣告概念

廣告概念以品牌形象內涵與潛在心理價值為主導。

(4)確立廣告訴求

訴求的感性化成分增加，強調品牌的心理價值與潛在利益。

(5)確立廣告形式

①廣告形式除了要適應市場與產品條件外，要便於感性化的品牌訴求表現。

②採用 15～30 秒電視廣告以及視覺衝擊力較強的戶外媒體等。

(6)確立廣告表現

在產品成長前期，主要目標是全力創建品牌，所以廣告的創意表現要充分發揮感性創造的力量。比如，電視廣告應以易於情感表達的故事式創意為主，而對於平面媒體表現而言，應突出有關產品品牌的內容及視覺元素。

3.成長期的告知重點

⑴感性化的品牌教育，吸引更多消費者注意產品和關注品牌。

⑵告知的區域面積加大，影響越多的人越好。

⑶對管道的教育和公關作用明顯。

⑷品牌的宣傳力度加大，目的是要搶佔市場份額。

4.成長期的告知方式

⑴電視廣告的品牌告知開始大於產品告知。

⑵終端和地面的廣告都要有品牌的作用。

⑵電視廣告、地面廣告、店頭或終端都要開始注重信息傳達的統一性。

四、成熟階段的新產品告知

產品進入成熟期，說明市場已經完全接受了這個產品，競爭更加激烈，企業要根據自己的資源狀況選擇利用什麼樣的策略，消費者又回到理性消費的階段。這個時候，企業要利用產品的特點和新的產品概念區隔市場，維護產品的忠實人群，然後教育新的消費者成為自己未來的消費人群。這個時期的顯著特點是商品普及率在 50%～55%以上。此時入市的產品，產品的品牌和較早入市的產品及品牌相比沒有任何優勢，所以，不能以品牌入市。一般情況下都會包裝產品，讓產品有一個符合個性化人群的特點，以便從那些已經區分了人群的品牌和產品身上把希望個性化的人群再細分出來。而這些特點應該如何告知和教育是必須要重視的。

1.成熟期市場策略

表 44-4　成熟期市場策略

成熟期行銷重點	成熟期廣告重點
爭取更多的銷售 品牌競爭更加激烈 產品特性更加突出，市場區隔更加明顯 多品牌及副品牌塑造	運用廣告創造產品差異 維持消費者意願 加強末端活化

2. 成熟期的上市推廣策略

(1)確立產品概念

①生成新的產品概念，以滿足更加細分的市場的特殊需求。

②產品概念要與長久積累的品牌價值內涵有內在聯繫。

(2)確立市場目標

①目標市場細分化、區隔化加強，將衍生的副品牌產品重新定位。

②品牌教育不是固定地跟隨某一人群，隨著他們的年齡變化而變化，而是以不同時間、不同時期、甚至不同時代的擁有同一需求特徵的人為導向。比如，可口可樂的目標消費群基本是少年與青年人，這個目標群的年齡概念是不變的，永遠指向不同時期的年青人。但隨著一代代曾經年青的消費者的年齡演變，這個市場將不斷擴大。

③當然，這個目標市場的定位要隨著市場的變化而做適時調整，細化及區隔市場的副品牌，並強化特殊需求人群的教育。

(3)確立廣告概念

①差別化品牌的潛在利益。

②符合消費者利益與信仰的企業理念。

(4)確立廣告訴求

①以實際的或潛在的品牌差別化、個性化的利益點為主。

②感性訴求為主，新概念及新特色的產品感性與理性成分的有機結合。

③功能性產品以理性結合感性。

(5)確立廣告形式

①廣告形式應迎合不同細分市場的接受形態。

②廣告形式應便於理性告知與感性感染。

③比如，電視以 15 秒、30 秒的功能性廣告和 30 秒品牌及企業形象廣告為主，報紙以中等尺寸規格的軟性文章及品牌特殊功能的介紹，雜誌以多期整版的配合來鞏固，賣點則進行活化、促進銷售等。

(6)確立廣告表現

從產品成長後期到成熟期，主要目標是強調品牌的差異化、個性

化，並逐步建立企業形象，所以廣告創意表現要充分發揮感性創造的力量。

3.成熟期上市的告知重點

⑴告知產品的個性化和差異化，以讓消費者對其個性利益感興趣。

⑵簡單告知品牌和該產品之間的關係。

⑶產品符合時代性需求的賣點的告知。

4.成熟期上市的告知方式

⑴強勢進入市場，需要在主要媒體上強勢推出突顯利益的廣告。

⑵軟啟動市場要採用以報紙介紹利益、電視介紹品牌的均衡時間策略。

45 理性產品的告知

不同的產品類別，由於消費者的需求方式有所不同，所以告知的方法也是有區別的。對於產品來說，需求形態上有感性和理性的區別，對於品牌來說，主要是感性的。除了這些區別以外，還應該注意的是產品的購買頻率，有些產品消費者在短期內可以多次購買，而有些產品則需要很長的時間才可能產生第二次需求，這些不同的需求方式決定了不同的推廣和告知方法。

理性產品是指科技含量大，價值較高、耐用，購買週轉時間長、購買時選擇性大、購買決策相對複雜，與消費者物質利益及人身利益關係較密切，且受理性思維影響較大的產品。主要指耐用的選購品與

特殊品，如家電、汽車、住房、精密儀錶、攝影器材、醫藥及醫療器械等。

　　由於消費者在選購此類產品時，會很在意產品的優勢性品質、功效或高品質的售後服務等產品實體固有的優點以及企業提供的使用性的消費利益，所以決策過程會比較複雜，以理性思考的成分為主，並會參考來自多方的大量商品信息與所處社會群體的體驗意見。

　　任何產品在問世之初都會經歷被目標消費市場理性認知的過程，大到高精尖科技產品，小到家喻戶曉的可口可樂、日常食用速食麵。我們也許能清晰地記得，當可口可樂剛進入中國市場時，那奇怪的味道是如何讓喝慣了茶的中國人不可理喻；第一次購買速食麵時，是如何認真地閱讀包裝袋上的食用說明而按圖索驥。現在想起來也許有點可笑，可任何產品都會經歷這樣的過程，最初都有理性的角色出現，都有理性的作用，都需要進行理性化的市場培育。

　　而後，經過產品階段的轉化，有些功效與使用價值及消費者人身利益聯繫過於緊密的產品，如藥物、醫療器械等在相當長的時間內仍被消費者以十分謹慎與理性的消費態度所接納，例如得感冒的病人就不會因為形象喜好或其他心理原因而選用其他療效的藥物；有些功效與使用價值及消費者物質利益聯繫過於緊密且具科技密集特徵的高值耐用產品，如家電、通訊產品、汽車、房產等，在消費者的購買態度中，理性的成分也居多，但隨著產品市場和技術的日益成熟、消費市場認知率的深化與普及、消費者整體消費水準的提高與消費觀念的更新，有些原先被認為是絕對理性產品的高值耐用品，消費者的購買觀念正在融入更多的感性成分，如品牌心理價值、外觀偏好等感性因素在購買決策中也佔有重要位置，有時甚至是決定性因素。

1.理性產品的市場推廣策略

表 45-1　理性產品的市場推廣策略

產品條件	生命週期	廣告目標	創意策略	創意手法
理性產品	告知階段	告知、教育階段，對消費者進行功效告知，教育市場認知產品	從產品理性概念出發，從消費者角度出發，聚焦產品的核心利益點告知目標消費者產品卓越的功能、品質、效果等	·強調 USP 銷售主題，以訴求產品獨特的、具體的、競爭對手無法取代的某一特點為依託 ·一般適於採用告知式、演示式、比較式、消費者證言或名人認可式、悖反思維式等的創意及表現手法
	成長階段	創牌、說服階段，提高品牌知名度，建樹品牌形象	此時，產品的功能已為市場認知，產品的普及率提高。創意策略要逐漸以品牌告知為主(此策略不但為本身產品的市場發展之需要，而且，也可以防競爭品率先樹立品牌，搶佔已炒熱的該產品市場)	·訴求與產品理性優勢有內在聯繫的品牌內涵與形象 ·一般適於採用消費者證言或名人認可式、生活片段式、生活形態式等創意及表現手法
	競爭階段(成長後期到進入成熟期)	強化、提醒階段，強化品牌差別性，培養購買習慣，建立品牌忠誠度	品牌與產品特點同時塑造與提升	·訴求強化產品特點、提升品牌個性化形象 ·一般適於採用名人認可式、生活片段式、生活形態式、意識形態式等創意及表現手法

2.理性產品的告知重點

⑴塑造獨一無二的銷售主張，這一主張可以來自產品的性質、特點、效果、用途(前提是產品有獨具性或競爭對手沒有提到過的特性，

與競爭對手有著明顯的實質性差異)。

⑵提供購買產品(較其他品牌)的更充分的理由(更優質的服務、更合理的價位、更優惠的付款條件等利益條件)。

⑶建議購買產品以解決現有問題或避免將來可能產生的問題。

⑷證明使用本產品可以降低其他同類產品可能產生的風險。

⑸強調產品微不足道的缺陷,用悖反思維方式證明本產品的卓越性能。

3. 理性訴求的時機利用

⑴理性訴求的廣告創意

是理性產品與導入期的感性產品常用的廣告創意方式,通過說明和強調產品理性概念而說服目標消費人群的廣告創意。

⑵理性訴求廣告創意策略的適用時機

①理性產品的整個生命週期,其中導入期應用較多,產品更新及產生副品牌產品的時期應用較多。

②感性產品導入期及後期市場細分推出新的產品概念時應用。

③界於感性與理性之間的產品導入期及新的產品概念推出時應用。

⑶影響理性化產品訴求與表現手段的因素

理性產品在訴求與表現手段上要根據產品的具體條件、生命週期、競爭特點、目標消費群特性、廣告目標等因素靈活掌握,以理性的訴求方式為主,特別是認知型的說服方式。但這並非絕對,也要根據市場情況及產品階段合理融合理性與感性的成分。

◎案例：強生拋棄型隱型眼鏡「水蒸汽篇」

在一個極富情調的餐廳裏，一對情侶正在進行浪漫的燭光晚餐。戴眼鏡的女主角十分靦腆嬌羞。正在兩人情意融洽地低吟喃語之時，女主角的眼鏡突然被新上的鐵板餐熏得霧氣濛濛，十分尷尬。男主角急忙勸慰道：「你今天很美，拿掉它，會方便些。」女主角不好意思地推辭著，終於說：「那樣我會看不清的。」男主角心領神會地鼓勵道：「試試拋棄型隱型眼鏡，眼睛會健康又舒服。」

接著，一連串的產品形象特寫鏡頭伴著旁白：「新的強生拋棄型隱型眼鏡，每個月更換一副全新的鏡片，減少鏡片變舊變髒而刺激眼睛的機會，令人更加輕鬆瀟灑。」

再回到那個餐廳裏，已是第二次約會，女主角果然使用了拋棄型隱型眼鏡，形象美麗而輕鬆，令男友驚歎。女孩得意地問道：「嗨，沒事吧？」

在最後一組產品鏡頭時，旁白為：「強生拋棄型隱型眼鏡，讓眼睛看得更亮，看得更清。」

分析：

1.隱型眼鏡屬於醫療用品，也屬理性消費品的範疇。拋棄型隱型眼鏡是從傳統隱型眼鏡的產品概念衍生的新的產品概念，即更換方便，令眼睛更健康舒適的新一代隱型眼鏡。而且，這個概念尚未被本土眼鏡消費者普遍認知與接受。

2.「強生拋棄型隱型眼鏡」的電視廣告創意正是抓住此類產品的特性及市場發展狀況，從目標消費者需求的生活小節著眼，

既理性地傳達了產品概念，有效促進目標受眾對產品的功效認知，又設身處地地與眼鏡消費人群的特殊需求動機相融合，簡潔明瞭、令人信服。

　　3.廣告沒有直接教條化地向受眾灌輸理性產品的新的功效優勢，而是將情節圍繞著傳統眼鏡給消費者帶來的使用負擔、不便與尷尬並直接影響到消費者的生活品質與社交形象這一事實，由目標消費者普遍遇到的典型實際問題與追求及期望心理導出產品概念。先以幫消費者解決問題而非直接宣揚自身品牌的角度讓消費者對此類產品功效優於傳統眼鏡的特殊利益有明確的認知，而後推出產品品牌。由於強生已有的品牌地位與價值，使消費者堅信強生品牌的產品無疑是此類產品的佼佼者，而且深切感受到強生時刻關注消費者生活這一充滿親和力的品牌內涵。

　　4.廣告創意用情節的方式來組織，很適合理性化產品。情節發生的氣氛也很符合產品目標消費者的生活。

46 感性新產品的告知

　　所謂感性產品是指日常的低值、低關注度的非耐用消費品，它們的流轉速度快、購買週期短、購買頻率高、購買決策相對簡單，受感性衝動購買情緒的影響較大。此類產品如日化用品、飲料、食品、服裝服飾等。消費者在選購感性產品時，對產品的品牌價值，即產品賣相給消費者帶來的意識感受和心理滿足感更為在意。

　　當產品經過目標消費市場對其基本屬性、功效、特性、使用方法

認知的過程以及深度認知與使用普及後(也就是對產品的核心利益、基礎利益、期望利益等理性認知與普及的過程),消費者在購買這類產品時對產品的功能細節已不再深究(如成熟期的家用電器、電視、冰箱、洗衣機等),甚至不加任何思索(如日用品與日常食品,巧克力、可樂型飲料、速食麵等),轉而對它的品牌知名度、信譽度、品牌個性內涵、品味檔次、視覺感受等心理附加價值非常在意。如消費者對服裝服飾、化妝品、洗滌用品、食品等有很強的品牌指向性,又如,部份收入與文化層面較高、時尚觀念較強的中青年消費者對家電、移動電話等高值耐用消費品的購買形態呈現品牌與外觀風格等感性因素佔關鍵地位的趨向。

隨著產品經歷了產品階段的轉化,市場的認知普及與使用普及達到很高的程度。產品廣告策略由最初以產品理性概念為塑造導向的發展階段,上升到以品牌賣相塑造為導向的階段,通過訴求品牌所代表的精神、信譽、個性、身份等感性利益差別來營造產品品牌在消費者心中的心理價值定位。

1.感性新產品的市場推廣策略

感性新產品的市場推廣策略,見表 46-1。

2.感性新產品的告知重點

⑴產品性格的反射:創造印象差異化的品牌形象概念,去迎合目標消費群的特殊追求。

⑵人性需求的反射:激發人性的某種可能與產品品牌個性相吻合的自我意識,建立產品品牌內涵和消費者意識與情感需求之間的更深層次關係。

表 46-1　感性新產品的市場推廣策略

產品條件	生命週期	廣告目標	創意策略	創意手法
感性產品	告知階段	提高品牌知名度，創造品牌形象	無特別的產品功效訴求，以樹立品牌知名度、告知品牌內涵為主	·訴求產品品牌獨特的個性與內涵 ·一般適於採用名人認可式、生活片段式、生活形態式、意識形態式、多樣化情節式、戲劇式、暗喻象徵式、幻想式及超現實式、溫情含蓄式、幽默式等創意及表現手法
	成長階段	加深品牌形象，提升差別化品牌內涵與個性	突出產品特點，即品牌含義所代表的產品優勢特點，以差別化、個性化的特點來進一步區隔市場（市場區隔、產品區隔）	·結合產品優勢，提升與產品優勢相聯繫的品牌個性化形象 ·一般適於採用生活形態式、溫情含蓄式、意識形態式、暗喻象徵式、懷舊式等創意及表現手法
	競爭階段（成長後期到成熟期）	提升產品品牌形象，樹立企業形象	以提升品牌形象上升到運用公關行銷等手段塑造企業形象的階段，進一步拉動產品品牌	·訴求企業獨特理念，樹立企業形象，拉動產品品牌 ·一般適於採用意識形態式、暗喻象徵式、戲劇式等創意及表現手法

⑶感性訴求的廣告創意是感性化產品與理性化產品品牌創造期常用的廣告創意方式，通過說明和強調產品感性的產品概念與品牌個性利益而說服目標消費人群的廣告創意。

⑷與理性產品同理，感性產品在訴求與表現手段上根據產品的屬性、生命週期、競爭特點、目標消費群特性、廣告目標等因素靈活掌

握，以感性的訴求方式為主，特別是情感型的說服方式。但在一些產品的市場導入期與推出新的產品概念時要適當融入理性說教的成分。

3.感性訴求的時機利用

⑴感性產品的整個生命週期，其中品牌創建期、產品更新及產生副品牌產品時期應用較多。

⑵理性產品品牌創建期也有應用。

⑶界於感性與理性之間的產品品牌建樹期應用。

⑷一般消費品在產品的成熟階段都有感性的需求成分，所以，在成熟期產品上市的時候需要考慮創建感性訴求的品牌和產品的個陸因素。

◎案例：威士忌酒的兩則平面廣告

1. 第一則廣告，畫面以酒瓶為主體，天、地及整個城市被浸泡在琥珀色的酒液中，夕陽的餘輝也化作威士卡特有的琥珀色調，晚煙輕籠著昏昏欲睡的自然景觀與都市，天地無縫，慵懶地融化在一起。SUNTORY 威士卡如此輕易地讓自然醉了、城市醉了，醉得深沉而迷人。

2. 在第二則廣告中，主體為古舊的兩隻木酒桶的橫截面組成望遠鏡狀。透過其中，看見兩種截然不同的自然景象，一邊是寧靜而冷峻，一邊是狂熱而熾灼。暗示酒的冷與熱兩種飲法帶給消費者彙集自然之精華的兩種意境，也表現此品牌的豐富內涵賦予消費者超值的感官與心理的雙重享受。

分析：

廣告創意根據酒類產品消費形態的特殊性，深層挖掘消費心

理，即威士忌酒的消費者到底需要產品給他們提供那些深層面的利益滿足，運用了意境渲染的方式，注重表現品牌的品位與格調，完全用感性的方式令消費者動容。

對於雜誌及海報廣告而言，簡潔的構圖，強烈反差的冷暖色調對比有效地增強了廣告的注目率與記憶度。

廣告以豐富的想像，戲謔的誇張，將產品所傳達的與眾不同的口感與品牌個性充分表現到了極至。無論是規矩的上班族還是前衛的新生代都不能拒絕這強烈新異、令人隨心所欲的超感體驗。用一系列家喻戶曉的影視及卡通形象的變換來描述食用後的非凡感受，的確幽默得恰當，誇張得貼切，沒有一個標榜個性、追求刺激的青年人會拒絕這種感受。

作為消閒食品類產品的電視廣告，這一系列廣告無論從純感性化訴求的煽動力，創意的新奇與個性化，還是視覺表現的趣味性與娛樂性都非常符合產品屬性與目標消費群的心理。

47 快速消費品的告知

快速流轉品的上市告知和耐用消費品的告知有一定的區別，因為這些都取決於產品在市場上的需求和消費方式。快速流轉品，消費者的購買是以方便和就近為原則的，從消費方式上看，告知可以通過賣場和廣告的配合來達成。而從需求方式上看，快速流轉品的購買頻率很快，所以消費者購買一次的決策時間比較短，感性化程度比較高，存在著很多衝動購買的機會，在告知的時候，可採用強勢廣告的品牌

告知，也可以讓品牌捆綁產品特色進行。但這些告知並不一定產生重複性購買，它達成的是第一次的購買。為了讓產品能夠產生多次購買的可能，需要對產品概念和賣點進行設計，同時這些概念和賣點要符合當時當地的流行思潮和時代特徵，加上產品的感性需求利益的滿足。比如，食品需要口感符合當時當地的認同，服裝要符合當時當地的習慣和審美，飲料要符合當時當地的口感等。

快速流轉品除了在導入階段需要一些理性的告知方式之外，多數的時間需要感性的市場教育和告知，所以很多行為都是感性產品的告知行為。這裏就不再重複說明，只是把重點進行提示：

⑴告知的產品信息一定是消費者產生購買頻率需要的。

⑵告知產品的特色和時代特徵。

⑶告知產品感性的需求利益和慾望利益。

⑷告知品牌和產品之間的關係。

⑸告知的方式可以採用電視的告知和地面賣場相結合，也可以電視告知。

48 耐用消費品的告知

耐用消費品的告知更趨向於理性消費品的告知，但很多理性消費品並不一定是耐用的，所以，在考慮耐用消費品的告知方法時，需要考慮的是產品的使用週期。對於一個消費者來說，企業的品牌產品在當時的時間和地點可能有很多因素促成其購買。但隨著時間的推移，當這個消費者在第二次購買的時候，時間、地點等各種條件都發生了

變化，產品的品牌條件也發生了變化。所以，重複購買同一個品牌產品的概率就比較小。也就是說，對於新的消費者和對於老的消費者都有同樣的教育機會，這類型產品的品牌忠誠度相對比較弱，產品發展速度快、時代進步比較快等因素的影響都可能造成新的產品替代舊的產品或者品牌，所以，耐用消費品需要教育的對象就是整體消費人群中年齡最輕的一撥人。這些人的年齡應該在 20 多歲左右，基本上是剛剛走入社會、具有未來潛在消費能力的消費群體。面對這些人最好的方式和方法就是迎合他們的時代理念，帶著情感的激情告知他們產品的理性成分。

也就是說，大部份耐用消費品都是在成熟階段，這個時候不是以核心利益來告知，而是以產品的其他符合當時時代觀念的一些附加利益來引發需求的。比如，彩電以產品的款式、造型、外觀色彩和新的顯示技術等帶有時代特徵和技術特點的訴求來贏得消費者，汽車以舒適、動力性、造型等針對不同消費者需求為主要訴求。沒有看到那種汽車是以可以代步，或者節省更多的時間等產品利益作為告知內容的。房地產更是以生活享受或者幸福生活等心靈需求作為訴求重點進行告知，沒有看到誰會以產品可以遮風避雨，禦寒等功能性利益進行告知。

總之，耐用消費品很多都處於產品成熟階段，消費者已經意識到產品對其生活產生的影響，所以才會花很多錢購買這個產品，因此產品的告知內容應該具有更多的情感成分加上理性的訴求主張。

耐用消費品在成長階段和導入階段的告知方式與理性產品有很多相似之處，只是在成長階段的時候需要給產品加進感性的品牌元素，因為這時產品必須要達成消費者的信任，而這來源於產品的服務、品質等品牌因素內支援。耐用消費品的告知重點：

⑴成長期要加進品牌概念的告知。

⑵成熟期要以品牌的概念和產品的特點及特色進行告知。

49 要營造區域市場地面氣氛

如果把新產品的媒體傳播,看作「空中打擊」,那麼「地面掃蕩」也同樣重要。空中傳播解決產品價值和消費者認知的問題,地面形象及品牌宣傳可以促使消費者「衝動購買」,能夠讓消費者感知在身邊和週圍就可以買到這個產品。在這種氣氛的反覆影響和刺激下,如果再有引領潮流的先鋒消費者帶動,客戶遲早都會去體驗這種價值。

都說商場如戰場,空中轟炸的成本雖然巨大,但如果可以減少地面部隊的「傷亡」,那也值得。可是如果地面掃蕩跟不上,就會讓空中打擊成為巨大的浪費。我們經常可以看到在中央電視台打廣告的一些產品,在我們身邊或週圍卻根本體驗不到它的存在,即便是小店或商超的貨架上有貨,也很少有消費者會專門去找。因此,地面傳播做到位非常重要,決不可忽視。

與空中打擊高昂的成本相比,地面傳播要低廉很多,但是需要人員來維護,如果經銷商佈局或者輻射不到位,效果也不會太好。

地面傳播可用的方式非常多,如路牌廣告、站牌廣告、海報招貼(POP)、賣場 DM、店招、橫幅、彩旗、櫥窗、展板、走秀、氣模拱門、車體廣告、燈箱、X 展架、易拉寶、廣告傘、冰櫃圍裙、陳列展架、堆頭、促銷活動、導購、路演、展會……十分豐富。這些方式可以組合使用,在組合方式上要運用得有氣勢,才有感染力,才能給人「無

處不在」的感覺。

1. VI（視覺形象）的傳播

所謂 VI 就是指企業的視覺形象和品牌形象。

品牌可以透過品牌 LOGO、車體廣告、名片、信封、信紙、店招、路牌廣告、牆體廣告、廣告傘、T 恤衫、紀念品、畫冊，包括產品本身等載體來進行傳播。在這些傳播載體中，車體廣告對區域宣傳的作用非常明顯，特別是載有廣告的經銷商車輛或公車每天都穿行在馬路上，成為一個流動性的廣告。

在美國，也有機構對車體廣告做過調查：在做車體廣告之前，公眾對某一產品的認知度只有 4%，透過 1 個月的車體廣告投放，公眾的認識度提高到 10.1%。

牆體廣告也是一種十分廉價的傳播方式。或許很多人認為牆體廣告土了點，但是對三、四線市場還是十分管用的。（新）希望集團的飼料就是靠牆體廣告成名的，現在有些地方還可以看到他們的廣告——吃一斤長一斤，希望牌奶豬飼料就是精。娃哈哈企業也做過大量的牆體廣告。

2. 海報張貼

張貼的 POP 海報在地面傳播中是比較有效的，它既可以不斷刺激消費者的感官，還能提醒消費者在什麼地方能買到某種產品，是廠家的「地面媒體」，也被很多人稱作「無言的促銷人員」。

張貼海報有很多優點，如可以及時傳達新產品上市或促銷信息、提高某產品在零售終端的銷售額、使消費者與零售終端產生無言的溝通、代替店員對該產品的介紹、到達空中媒體無法到達的角落、持續時間較長等。

海報宣傳具有以下特點：必須隨著廠家的主推產品、促銷活動而

變化；一般情況下，海報都經過精心設計，可以吸引消費者的目光和注意力；好的海報可以刺激消費者衝動購買的慾望；海報的成本比空中媒體低得多，重點是要想辦法延長它保持的週期。

海報張貼處是各個廠家地面爭奪的焦點之一，常常出現貼出去的海報不到兩小時，就被競爭對手覆蓋的情況，加上城市化後，張貼的海報變成了城市的「牛皮癬」，因此各地都不允許在主要街道和場所隨便張貼。在多方面擠壓下，不少廠家的業務員慢慢放棄了海報宣傳，這是非常錯誤的做法。

POP 可以反映某一品牌或者經銷商在當地的地位，強弱之間一覽無餘。

3.終端店展示

在如今的激烈競爭中，良好的形象能夠給企業帶來巨大的經濟效益。

對時尚品牌而言，任何一種宣傳方式，都比不上開設自己的專賣店或旗艦店。如今，在大型機場以及各大中城市最高檔的商場、商業街，都會有各種各樣形象店的身影。在這些客流既有數量又有品質的地方，形象店就是一塊永不消失的看板，無時無刻不向目標消費群傳達時尚、親切、溫馨的品牌形象。

50 新產品的管道策略

1.全新產品

對於全新產品來說，在面臨管道選擇時，通常有兩種方式：

第一，直接銷售；

第二，建立新的網路銷售。

確定全新產品是利用現有管道還是另闢蹊徑，可以通過評價產品的關聯性來確定。衡量關聯性的指標主要有三個：

(1)高層管理者決策的關聯度

決策關聯度是管道決策者在決策多元化的產品事務時，使用知識的關聯密切程度。因為相同或相近的行業，知識的相關程度大，運用原有的知識、經驗操作就容易成功。

(2)管理關聯度

管理關聯度是指為企業內不同產品的銷售提供服務的管理職能部門在工作內容上的直接聯繫程度。比如，白酒和飲料兩類在銷售上、管理上關聯度就很低。

(3)市場關聯度

市場關聯度是指多元化產品之間銷售事務的聯繫程度。如果某些產品在品牌使用、銷售模式、客戶資源等方面完全一致，則關聯度高，反之則低。

在操作多元化產品的時候，首先要從這三個方面評估產品關聯度。若關聯度高，則現有的銷售資源對新產品的支持度就高，就容易成功。

2.改進和模仿型新產品

對市場而言，這類產品並非新產品。因而將該類產品投入市場時，競爭將會愈演愈烈。為了與其他產品差異化，必須在策略上有所不同。如施樂影印機 2002 年推出的改進型產品，不但銷售管道拓寬了，還增加了代理、特許經營、增值轉售商、零售商，以及 600 多個遠端網上銷售代表，大大降低了銷售成本，增強了產品競爭力。

3.系列或降低成本型產品

應該盡可能利用現有管道資源，以節省成本為目的。如波導公司成立了 28 家省級銷售公司、300 多個地市級辦事處，專攻地市級城市、內地城市及城鎮，把銷售服務網路延伸到鄉鎮，發展起 5000 多人的行銷服務隊伍，擁有 5 萬個零售終端，號稱「手機第一網」。之後推出的每款新產品都在這些網路中銷售，使產品從研究開發出來到最終進入消費者手中的時間大大縮短，降低了成本和風險。

4.企業與經銷商根本利益的區別

通常情況下，廠家希望經銷商承擔更多的責任，如現款現貨、庫存充足、及時配送貨品、售後服務、對本產品的促銷配合⋯⋯獲取更大的銷量以及市場佔有。而經銷商則希望承擔更小的風險(月結、鋪底、即期品和破損品的退換、廣告促銷大力支持⋯⋯少勞力、低風險獲取更多的利潤空間。

大規模生產必然要求大規模的分銷，企業負責生產、經銷商負責經銷，合理利用資源是非常合理的方式。企業和經銷商都非常清楚這樣的關係，但如何共存以構建戰略性夥伴雙贏關係是很多企業正在思考的問題。

(1)經銷商的篩選非常重要

對於企業而言，經銷商是企業行銷隊伍的延伸，是企業的兼職行

銷經理，通過經銷可以將企業的產品推向每一個角落。因此，首先，必須建立經銷商篩選標準，尋找好的合作夥伴，盡可能避免日後的種種不快，避免廠家與經銷商同床異夢、貌合神離的無奈。其次，必須考慮經銷商的意識和管理能力。最後，也是最重要的是經銷商的道德品質。

(2)企業和經銷商之間的驅動由單純利益驅動轉變為理念與利益雙驅動機制

以資本為紐帶，企業與經銷商發揮各自優勢，在區域上共同開發與管理重要管道。

(3)形成穩定的長期同盟關係

專心經營自身的核心業務，對企業來說非常重要，但同時必須讓經銷商有足夠的信心加入長期同盟。

51 新產品要讓客戶「買得到」

大家應該都知道可口可樂的九字行銷真經，即「買得到、樂意買、買得起」。「買得到」講的就是分銷的問題。現在可替代的產品太多，購物也會考慮多重成本。消費者很少會追著你的產品去買。因此，特別是對快消品而言，廣泛的終端覆蓋是新品成功的必然要求。除非你的產品能買得到，否則一切都是假的。

只有將產品擺到終端，客戶才有機會進行購買。不管是新產品，還是成熟產品，只有透過終端，讓產品與消費者見面，透過消費者的購買才能形成銷售，所以，鋪市是新產品推廣的重要工作之一。

　　產品擺到終端後，只有形成首次購買，並得到消費者的認可，才會有消費者的二次購買，並形成持續的購買。否則，無論多麼好的產品，消費者沒有形成首次購買，產品也不會得到消費者的認可。如有些公司反映產品鋪下去了，但沒有消費者購買，就斷言市場不需求此類產品，這是非常錯誤的。因此，如何拉動消費者達成首次購買，進而使消費者接受我們的產品，形成二次消費和重覆購買，是我們新產品推廣過程中「拉」要解決的問題。

　　新產品上市要選擇一個適合的管道將產品迅速送到消費者的面前。管道的選擇和管道政策的制定就是企業產品撲火和達成一定量銷售的保證。

　　強勢的分銷管道是新產品成功進入市場的基本保證。新產品的包裝、口感、價格的測試，可先在分銷管道成員中開展，一旦決定上市，分銷成員將會全力以赴地配合，從產品完成生產到零售終端的上櫃、展示與推薦，很快就有各級分銷商自覺地分工完成。

　　管道暢通、產品上市快速、滲透力強、管道管理有序、市場推廣力度大、通路費用低、終端維護持久、宣傳有力是確保新產品上市成功的關鍵。

　　管道永遠都是手段，而不是最終目的，不論走那條路，不論怎樣走，只要能夠適合新產品銷售，能夠實現銷售目標就好，能夠佔有並鞏固市場就好。

1. 宣傳造勢

　　一個新產品上市如果沒有宣傳造勢，不投入大力度的廣告，或不採用多途徑的媒體整合宣傳是難以實現品牌信息全面覆蓋的。這種傳播誘惑不僅要提高消費者對產品的認知度，而且對各級分銷管道成員提供了信心和期望的支援，現在的經銷商和終端商非常看重企業的廣

告投放力度。光有廣告投放量還不夠，還必須對消費者有明確的產品利益誘惑、對各級分銷管道成員提供合理的價差和激勵政策的利益誘惑。只有在這種由表及裏的宣傳造勢和利益訴求的誘惑下，區域市場的分銷成員才會加盟到你的產品銷售管道中來，開始產品的經營和品牌平台的建立，這時候，廠商就可以實施管道推進策略的第二步。

2. 市場突破

有了部份分銷管道成員加盟後產品開始進入市場，這時的消費者對新產品並沒有信任度，甚至還不瞭解，分銷管道成員也不會真正用心去做你的產品，他們大都停留在觀望階段，所以這時行銷的重點應該是透過企業直銷隊伍對分銷成員進行有力的終端輔助推廣、有效的終端促銷活動拉動消費，形成市場的成功突破，那怕是局部的，這種由淺入深、從認識到現實的利益誘惑，才能真正樹立起分銷成員對你的產品的信心。這時候，廠商可以實施管道推進策略的第三步。

3. 經銷網路跟進

雖然市場已經形成了點的突破，讓廠商自己和大部份分銷管道的成員看到了希望，但是這時廠商的市場開發資源已經所剩無幾，而產品卻尚未形成贏利模式。分銷跟進是新產品管道策略的重點。分銷管道跟進包括分銷網路進一步建立、健全，將點上的突破儘快擴張到面上，透過多元化的管道整合擴大產品的見貨率並提高銷售量，還要對分銷商的庫存管理、回款管理、售後服務、深度拜訪、物流配送、終端理貨和終端生動化管理等具體銷售管理工作來貼近市場、跟進服務。分銷跟進既是一個全程服務，同時也是全程掌握市場信息、競爭信息的一個過程。在分銷跟進中，網路得到加強，銷量得到鞏固，信息得到回饋，銷售系統在分銷跟進中得到健康發展，完成了由點到面的突破。這時候，廠商就可以實施管道推進策略的第四步。

4. 系統管理

當分銷管道初步形成後，必須高度重視分銷管道的系統管理與維護。管道的結構設置是否合理？管道的系統設置是否完善？管道的流程管理是否合理？在管道推進過程中一定會出現與原先設計要求有偏離的情況，不僅要對設計方案作調整，更重要的是要對管道推進後出現的品牌與銷量的矛盾、管道成員之間的矛盾、價差體系的矛盾、利益分配的矛盾、竄貨問題、市場秩序問題、管道管理成本上升問題、管道成員的管理與激勵問題、物流管理問題、現金流管理問題等進行不斷的系統完善和階段性的整頓調整，以確保分銷管道健康發展。此外，還要對零售終端做大量、長期的規範管理和維護工作。

52 管道政策設計

銷售管道是企業把產品有效送到消費者面前的一個途徑，要有效送達，就需要管道成員的支援。管道成員有自己獲取利潤的方法，也對市場有一定的認識和瞭解，所以，企業要制定政策，來激發管道成員的積極性。

一、管道政策設計要考慮的內容

管道政策的設計就是要制定一個企業認同，管道又能夠接受的銷售政策。這個政策是激發管道成員積極性，並使它們與企業共同對該產品的市場負起責任的一個保障。但管道成員與企業在目的上有所不

同，企業追求的是產品可以換來的利潤和維護市場為以後賺取更多的利潤，而管道成員更關注的是產品當時可以獲得的利潤，它們對市場的重視程度沒有企業的高。產品本身的市場對於管道成員來說利益是暫時的，不是永久的，而對於企業來說則是永久性的。所以，雙方對市場的態度有著明顯的不同，這種不同就會造成企業在制定管道政策的時候，要考慮未來的市場發展，而管道成員考慮的是現實的政策到底可以讓其賺取多少利潤。

面對管道成員與企業在目標上的差異，企業要在幾個方面考慮政策上的問題，使管道成員在對利益的理解和市場建設的配合上能夠與企業同步，達成雙方在一些利益點上的一致，從而讓制定的政策能夠符合雙方的需求，達成最佳的市場結果。

1. 管道政策設計主要考慮的問題
(1)管道的產品政策

①導入期：考慮管道對產品利益的接受點，設計適合的利益需求，對產品包裝、概念、價格進行合理的定位並開展有效的公關，讓管道成員建立對產品前景的信心。

②成長期：用暢銷產品或主要產品迅速擴充市場，選擇密集性分銷並建立二級市場，這個時候經銷商的配合非常重要。

③成熟期：用產品區隔市場人群，讓管道成員配合達成市場的層級建設，不同概念的產品要分別選擇不同的管道成員。

(2)管道的價格政策

①導入期：考慮產品的市場流轉速度和市場潛量規模設計合適的價格以進入市場，同時也要是經銷商能夠接受的政策，但不可把利潤空間做得過大，以免未來沒有調整餘地。

②成長期：在考慮企業資源的情況下，給管道成員留出合適的利

潤空間，使其有積極性，但不能一味地降價，使價格無法反彈。

③成熟期：用提升品牌、促銷、增加服務等行為改變價格利益，必要情況下以新產品設計不同的概念來改變產品價格，以爭取管道支持，贏得更多的市場佔有率。

(3)管道的促銷政策

①導入期：促銷方法應慎重選擇，因為易引起對產品的不信任，一般情況下可採用壓批、部份結款、展示等。

②成長期：多採用公關性促銷方法，不宜採用坎級政策，易造成串貨行為。

③成熟期：對不同的管道成員採用不同的管道政策，有目的地進行激勵，不能造成經銷商的變相壓價。促銷行為以末端經銷單位為主，拉動前端管道成員的積極性。

(4)管道的品牌政策

①導入期：新品牌進入市場，要讓管道成員建立信心，在品牌沒有被認知之前，管道成員一般會壓低扣率，企業則應採用廣告折讓的方式，以便在品牌提升之後，價格可以反彈。

②成長期：企業須給品牌賦予概念，區別於其他品牌，同時在管道環節用品牌的推廣優勢壓低價格擠兌競爭品，擴充自己的市場佔有率。

③成熟期：用多元化產品來細分市場，同時進行管道的多元化建設，明確各管道的目的和任務，配合企業在市場上建設品牌形象。

(5)管道的人員支持政策

①導入期：直營和區域拓展都需要人員的支援，這個時期末端的工作就是配合啟發和銷售，但管道成員多數是需要企業主動進行教育的，所以要有很好的政策和自身人員的參與。

②成長期：擴充市場階段有很多大型經銷商參與，這時要求企業拉動二批，給一級經銷單位更多信心，同時建立末端服務和業務暢流體系，以便搭建完善的市場體系。

③成熟期：在成熟階段，企業業務人員分成不同級別服務於不同的管道成員。這個時期在末端要建立導購隊伍，每一級的任務互相銜接。

二、利用長管道的政策設計

所謂管道的長度，就是企業針對自身產品特點和產品所在市場階段的特點所選擇的管道的長短形式。一般情況下，利用的管道層級越多，管道的長度越長。從產品特點來說，耐用消費品不一定就要選擇比較長的管道形式，而要看這個產品所處的產品階段，不同的產品都有可能要利用比較長的管道形式。而更多的時候，在產品的成長階段，由於市場的需求突然急速增長，造成企業希望迅速佔領和掠奪市場，這個時候很多產品都會利用比較長的管道形式以佔領更多的市場空間。在產品的其他階段，不同的產品和不同的目標都有可能利用層級比較多的管道形式，只是由於競爭和市場建設的需要，長的管道形式和其他的管道形式是配合使用的。

長管道的政策設計策略：

1. 長管道的客觀分析

(1)長管道的利益獲取途徑

①一級管道成員是以產品的鋪貨量來衡量其市場規模，並從規模中獲取利潤，它們比較注重企業對產品的市場支援和可能的市場潛量。

②二級管道成員的規模不如一級管道成員，所以，其更注重在一定規模之下的產品可獲取的利潤。

③三級管道成員以及零售商更注重產品在銷售行為當中的利潤獲得，所以，企業的銷售和現場的推廣支持更為重要。

(2)長管道的政策支持點

①對一級管道成員設計一個基本的利潤，該利潤不以單件產品為依據，而是以產品的基本箱或者基本供貨數量為結算單位。對於耐用消費品來說，由於產品的單件金額比較大，是以產品的一個基本數量為計算單位的。對一級管道成員的政策需要把握的是市場的支持力度及未來市場拓展的速度。企業往往在上市初期給一級管道成員一定的市場支持，並把這種支持設計到價格政策當中。

②針對二級管道成員的政策經常需要一級管道成員的幫助，但企業往往需要首先設計出二級管道成員的政策，以控制終端的市場價格。

③二級管道成員關注利潤，想讓其有更大的積極性就要把利潤做得讓其有興趣，但往往企業希望讓其看到未來的回報，而不是當時的小利。這需要在市場真正被啟發出來之後才能獲得，當該產品處於市場教育期，更多企業是在一級管道成員幫助下來開發二級管道成員的。但很多新產品是在成長或者成熟階段進入市場的，這部份產品就面臨著企業直接對二級管道成員的政策支援。

④零售市場及三級管道成員都看重該產品的直接利潤。企業經過幾級管道把產品送到消費者面前的時候，很難控制住這些終端市場。這些管道的利潤都來源於上游管道成員，企業需要事先把政策和零售的價格設計合理，在產品到達終端吋的推廣支援也是非常必要的。

2. 長管道政策設計

表 52-1　一個長管道的設計思路

產品名稱	型號	容量或重量	價格政策（扣率）				零售價
			區域分銷	二級/批發	三級/零售店	其他條件	
A 產品	A	X	3%～5%	5%～10%	15%～25%	廣告折讓	100 元
B 產品	B	Y	2%	5%	15%～20%	累計進貨量	60 元

這是一個一般性產品的設計思路。如果企業的產品流速比較快，要把這個比例整體降下來。如果產品屬於功效性的藥品或者保健品，還可以根據產品及市場情況作一些微小的提升。如果企業的產品是耐用消費品，要根據當時的市場情況修改。上面所設計的比例只是一個基本規律，是在保證成本、利潤和基本管理費用的基礎上設計出來的。A 產品如果作為企業的一個高檔產品或者是需要利用品牌宣傳的產品。那麼 B 產品則是企業獲得市場份額的一個大眾型產品。它們在其他條件和扣點上稍有區別。

三、利用短管道的政策設計

管道的長短是相對的，但對於某一個產品而言，有些就是絕對的，因為有很多產品只能是採用短管道。比如工業產品，企業的銷售人員同時擔負著管理市場和建設市場的責任，也就是說，企業的銷售人員要同時擔負起管道成員的責任。在這種情況下，我們設計管道政策的時候，有很多義務和責任要由企業的人員來承擔，而管道的責任更多的是幫助企業將產品銷售到企業涉及不到的區域。對於消費品來說，短管道是企業建設市場時承擔服務市場和終端的最佳途徑。根據

管道短這個特點，企業對市場的責任和義務加強了，而消費品市場在成熟階段以及工業品在任何一個階段都需要利用比較短的管道方式來維護市場。所不同的是，消費品市場利用短管道是整體市場政策的補充，而不是全部，但工業產品利用短管道則是由其產品特性所決定的。

短管道的政策設計策略：

1. 短管道的客觀分析

(1)短管道的利益獲取途徑

①短管道中的一級管道成員要同時擔負二級管道的責任。從企業的角度上講這些管道成員既要利益也要市場效果，因為市場利益和管道利益之間的差距比長管道的時候要小得多。

②從消費者的角度上講是零售加二級管道就直接到達企業，也就是說從市場角度上看沒有了一級管道成員，市場離企業更近了。

(2)短管道的政策支持點

①從企業的角度上看，需要關注的是一級管道的市場規模和二級管道的利潤，所以，政策設計要注意該管道成員所管轄的範圍。

②從市場角度上看，對終端管道成員的支援，就要看其市場的服務支援程度和配合能力。對於快速流轉品來說，還要對終端的其他費用進行考量，比如一些大型賣場的進店費等。

2. 短管道政策設計

短管道的政策設計要考慮區域分銷的有效性和流轉能力。因為把管道做短的目的就是要有效控制終端。耐用消費品除保證設計出管道合理的利潤之外，還要讓其有積極性幫助維護市場。而快速流轉品則需要幫助管道成員保障產品正常地流轉，如果該產品的流轉速度不夠，管道成員就會埋怨企業的推廣支援不夠或者對產品的折扣提出更

高的要求，所以，除需要其他推廣設備的支援外，設計管道的價格政策時也要以加快產品的流速為目的。以上只是一個規律性的示意，不同的產品扣率是有所區別的。

表 52-2　一個短管道的設計思路

產品名稱	型號	容量或重量	價格政策（扣率）			零售價
			區域分銷	客戶/零售及專賣店	其他條件	
耐用產品	—	—	5%～8%	15%～20%	累計進貨量	—
快速產品	—	—	3%～5%	10%～15%	廣告訴讓/市場設備支援	—

53　管道利用方式要考慮的問題

一、產品的概念決定管道方式

在利用管道的過程中，如何選擇管道是企業需要重點考慮的，而產品和消費者的需求方式是影響選擇的主要因素，所以，研究產品和管道的關係、消費者的需求方式、市場變化和競爭狀況對選擇和利用管道至為重要。

1.不同概念的產品利用管道的方式不同

一個產品設計成不同概念的管道利用說明

一個胡蘿蔔汁產品，企業把它的概念設計成飲料的時候，要以好喝為前提，這樣的產品就變成了快速流轉品。該產品的管道應該採用即飲飲料的方式，終端為密集型銷售，而到達終端之前要採用控制二

級批發管道來達成密集。但在主營區域市場之外，無法控制更多的二級批發，應該採用利用經銷商代理和企業直接進行管道助銷的方式達成。

如果企業把該胡蘿蔔汁產品的概念設計成營養型產品的時候，概念和快速流轉品產生了不同，管道的方式就要調整。體現在終端應該是以超市賣場為主、其他零售賣場為輔的形式，這就需要直供賣場或者由經銷商幫助進入賣場，其他進入的輔助銷售形式則需要由經銷商來完成。

如果企業把該胡蘿蔔汁產品設計成功能性產品、可以輔助治療及預防疾病的時候，該產品的概念就需要改變管道的方式進入市場。應該採用保健品進入市場的方式或者走多種管道配合銷售的方式，這些管道包括食品主管道、經銷商管道、專供的保健品管道或者一些醫藥管道等。

2.不同概念對應不同需求方式的管道利用不同

上面講了關於產品概念設計改變了產品功能結構從而改變管道方式的做法，下面再談一下關於不同概念對應不同需求方式從而改變管道利用方式的做法。以可口可樂為例進行說明：

(1)讓消費者多次購買

為了讓消費者隨時隨地可以購買到可口可樂，可口可樂把產品的概念設計成可以讓任何人沒有任何理由地消費。它通過對產品配方的保密，把產品的概念設計成可以解渴的即飲飲料，這樣就可以讓消費者因為渴了而消費可口可樂。因為渴而消費可口可樂的途徑是以旅遊市場為主的，消費者在家裏或者單位都有其他可以替代的解渴飲料。

(2)讓消費者選擇性購買

消費者消費產品不僅因為解渴，還有其他因素。比如消費者到餐

館就餐時要喝飲料，在這種消費形式中消費者是選擇性購買，而如何被選擇是企業需要做的工作。餐飲市場中的競爭品相對於即飲市場發生了變化，所以，可口可樂要考慮競爭者的管道方式和利用消費者的這種需求方式，來改變管道的利用方式。

⑶讓消費者產生忠誠購買

消費者把產品買回家中進行消費，所要求的理念又和以上兩種不同。把產品買回家中的消費速度比餐飲更快，但需求的方式不同，所以，在管道的選擇上要考慮消費者購買的方式和地點，設計上也要有所區別。

二、產品價格來決定管道方式

產品價格不一定是產品技術能力和品質的惟一衡量標準，它受市場因素的影響很大。在把產品送到市場之前，企業總是把自己的產品和市場上的其他產品進行比較和評估，但評估不能只針對產品技術指標的好壞，還要進行產品在市場上的其他指標的評估。比如，要評估你的產品和其他產品在包裝、品牌知名度、美譽度以及服務等綜合指標上的差異。

企業在產品上市前，要根據自身資源能力和市場競爭狀況，做好產品的定位。這個定位除了必須符合消費者的利益之外，還要定位你滿足的是那個層面的消費者，這些都需要參考以上的評估。這種定位就是我們說的市場區隔定位，而區隔定位的另外一個表現形式就是價格。

1.產品的價格符合市場和產品

⑴考慮到市場的競爭狀態，企業要根據自身的狀況定位自己的產

品屬於那個價位更適合於參與市場競爭。

⑵根據市場的整體需求能力考慮產品適合的價格。

⑶根據產品品牌的能力制定價格。

⑷根據產品的功效性制定產品價格。

⑸以企業制定的產品概念決定產品價格。

⑹根據產品的市場潛量制定產品價格。

⑺根據產品的市場週轉頻率設計適合的價格定位。

2.價格不同，管道的利用方式不同

⑴產品的流轉速度改變了價格的，要把管道做得短一些，一般是讓產品的流轉速度加快。

⑵在產品的成長階段採用低價進入市場的產品是由於市場的潛量規模很大，而未來的市場空間可以讓企業在把產品市場規模做大的基礎上獲得利潤。所以，管道的利用需要經銷商的強力支援，而經銷商的作用如果是以擴充市場為目的，管道勢必很長，管道的層級就會很多。

⑶按照企業設計的市場定位而改變價格的，就要考慮該市場的主要群體在什麼地方。比如，價格因素比較強勁時，對產品使用性的考慮就比較強，而這樣的市場在中國屬於三四級市場，有些屬於農村市場，管道控制力比較強，要利用管道成員來完成。這些管道需要企業進行一定程度的控制，企業將分公司或辦事處設置得離管道的距離近一些，以便進行有力的控制。

⑷由於產品概念改變而使產品價格變化的，要按照消費者的需求和購買方式對應選擇管道的利用方式。那些管道可以到達消費者面前，就需要利用那些媒體。

三、產品的流轉速度決定管道方式

不同的產品在市場上的流轉速度不同，根據其流轉速度我們把產品分為快速流轉品和耐用消費品，還有一些被定義為功效型產品。不同的產品所體現的購買形態和購買規律是消費者的具體需求體現。快速流轉品消費者的購買頻率加快，購買的選擇方式就會感性得多，而這樣的產品需要把它們送到消費者最方便選擇的地方，所以體現在市場上的是密集型分銷形態；耐用消費品由於消費者選擇和購買的時候比較理性，購買頻率很慢，所以沒有必要把產品送到離消費者非常近的距離，其銷售的密集性就很差；功效型產品由於消費者產生需求的隨機性，所以要以方便購買為原則。總之，不同的產品需求方式產生了產品的流轉速度，而不同的速度又決定了不同的滿足方式。

1.快速流轉品

⑴以產品的流轉速度為盈利模式。流轉速度越快，盈利越多，所以，管道要適合高速流轉，管道環節不宜過多。

⑵該類產品的概念都是即飲、即食、即用的，屬於日常消費類產品。該類產品的感性消費程度較高。品牌的賣相和對品牌的忠誠度都可能影響管道的熱情。

2.耐用消費品

該類產品理性化程度較高，不是日常消費品。品牌的忠誠度要服從於產品的利益表現，產品沒有品牌賣相，需要品牌形象進行提升，所以，產品的流轉速度也會減慢。由於消費者忠誠度較低和購買頻率慢的影響，管道針對的群體會隨時發生變化且並不固定在一個群體身上，造成在管道的利用上會採用擴大管道範圍及其控制區域上。

3.功能性產品

⑴功能性產品由於產品概念獨特，針對的群體比較集中，所以會採用集中性的管道策略。

⑵為更好地面對更多群體的需要，還會採用多種類別的管道選擇方式，讓產品有更多的機會接觸市場。因為這類型產品屬於消費者需要的時候才會找你，而不是你給他，他就要的。

4.利用方式

⑴企業→一級管道→二級管道→零售終端→消費者

⑵企業→二級管道→零售終端→消費者

⑶企業→零售終端→消費者

⑷企業→消費者

說明：

⑴快速流轉品的選擇應該是以第 2 種為主，這樣會離消費者的距離比較近，便於加快流轉速度，同時又能保證一定規模的擴充。第 1 種管道類型作為輔助形式存在，用於幫助市場滲透。在產品市場的導入階段還可以利用企業直接到終端的方式。

⑵耐用消費品以第 3 種方式為主進行市場的導入，以第 1 種方式進行配合。當市場需求開始產生時，以第 1 種拓展和擴充市場。在市場成熟期進入時，以第 3 種和第 2 種進行配合。

⑶功能性產品以第 4 種進行市場的導入，第 2 種進行配合。在市場比較成熟的時候進入，需要利用第 2 種進行市場拓展，以第 1 種進行配合。

54 不同產品時間段上市的管道利用方式

　　在產品的不同階段，產品市場的需求變化產生了滿足方式。一個需求急速增長的市場和一個需求比較平穩的市場在利用管道方式上是有區別的。企業在產品上市的時候肯定要對該產品市場事先做過很週密的調查，但是在不同的產品階段如何把管道的選擇和利用放到關係到企業未來成長空間的位置，企業想得就比較少了。我們要能利用這種需求的變化來選擇管道，這樣才能在未來的發展中看到利益。

一、導入期新產品入市時的管道利用

　　一個全新的產品上市，我們稱其為導入市場，但如果這個產品已經在市場上存在並已經有一定的需求，這個市場就不是導入階段了，所以，導入市場的產品一定是一個全新的產品，而這個產品在市場上的需求還需要企業進行教育。這個時候我們要以企業的資源和企業所設定的目標為依據，同時也要考慮這個產品的未來市場潛量及其可替代性，才能決定利用什麼樣的管道更為合理。

1. 市場潛量大小決定管道方式
⑴市場潛量大時
　　在企業資源充裕的情況下，可以採用主動教育市場的方式，管道可以利用經銷商幫助拓展，以廣告配合產品在市場上的展示和賣場的活化引發需求，這種方式需要對需求的產生抱有極大的信心。

(2)市場潛量小時

市場規模不確定，經過市場調查仍然沒有足夠潛規模的產品，企業基本採用利用經銷商的方式，不主動建立自己的直營模式，以免浪費資源。等待市場成熟，再根據市場的需求變化決定是否改變以往的管道政策。

2.產品的利益可替代性

(1)具可替代性

產品具可替代性，市場上已經存在可以替代的產品利益。比如，電風扇由於冷氣機的進入，利益在一致的情況下可能被替代，只是由於產品的附加利益依然有一定的市場需求，這種情況就說明存在著替代性產品。還有一些產品本身就有很多替代性，比如，牛奶在家庭消費中可以替代飲料和水，而飲料在餐飲消費中可以替代白酒等。在不同的需求環境下，這樣的替代性需求，使得該產品的市場佔有率在無形中受到一些產品的擠壓，整體的市場佔有率不如市場調查得出的結果。在這種情況下，一般可以利用已有的產品利益採用的管道方式，也可以另闢蹊徑，但到達的終端都是一樣的，要考慮終端成員對管道利益的認可程度。

(2)不具可替代性

該產品不可替代時，產品的管道是經過直接接觸消費者來達成的，因為不可替代的產品利益，在產品導入階段需要教育消費者，讓消費者知道這種利益對他們的好處並產生購買行為。

二、成長期新產品入市時的管道利用

成長期時進入市場的產品是非常多的，因為此時產品市場迅速成

長,在這樣的市場經濟條件下,沒有那個投資者看不到這個產品市場的利益,所以這個時候進入市場的競爭者就會增多。

同時因為市場的增長,進入的企業都會有機會,就像手機市場一樣,當市場急速增長的時候,很多企業在政策的感召下紛紛加入進來,大部份也都分到了市場佔有率。

產品成長階段是市場需求的高速增長期,這是企業迅速成為巨頭的最好時機,需要企業把增長起來的佔有率迅速掠奪過來,很多企業在這個時候都會利用管道成員幫助迅速搶佔市場。在利用管道的過程中有的企業採用了比較野蠻的手段,也有的企業在這個時候過於斯文,借鑑一些跨國公司管理市場的方法,結果錯過了擴大市場規模的最佳時期。由於市場發展很不平衡,在一些城市已經非常成熟了,但在一些中小城市還處在成長階段,有些甚至處於導入階段。在這樣的情況下,選擇在什麼類型的市場進入就要考慮這個市場所處的產品階段,不要在產品還處在成長階段的地區採用成熟階段的做法,這樣會造成企業的市場建設雖然完善,但銷售效果不佳和市場規模擴充無序的現象。

成長階段管道選擇的基本方法:

⑴對於快速消費品,應尋找適合的經銷商。在中心區域選擇多個經銷商,各自負責不同的社區域,企業配合經銷商管理這些區域。

⑵在一些人口不是很密集的城市,利用獨家經銷代理或者特約經銷商的方式,雙方分清責任,保證區域的拓展和銷量的達成。

⑶有條件的企業可以在區域的中心城市設立分公司,服務於經銷商並對市場進行維護。

⑷對於耐用消費品來說,可以在區域中心城市設立分公司,由經銷商幫助企業拓展市場,以中心城市為中心向週邊區域輻射。

⑸對於一些以低價位及產品走量為目標的企業,除非目的是策略性的,基本上都應該屬於低端產品。這些產品的市場一般定位於三四級的鄉鎮農村市場,在成長期是以總經銷的形式出現。

⑹在產品的成長期,企業還可以採用招商的形式,通過經銷商把產品的市場做起來。但一定注意在管道政策的設計上要能夠把握住經銷商,不然的話,一旦產品成熟,企業就會被經銷商所挾制。

⑺在產品的成長期,很多企業利用廣告的作用強力拉動品牌,並在品牌的作用下,重點選擇一些比較有實力和信譽的經銷商進行合作。

三、成熟期入市時的管道利用

在成熟階段進入市場的產品也很多,因為此時產品的市場已經明朗,很多企業在這個市場上已經鏖戰多年,也有很多企業看到這些成功企業在產品市場上不僅得到了產品的利潤,還得到了品牌利益及其所帶來的市場空間。在這樣的市場感召下,有一定資金實力的企業都想把一部份精力和資源投放到這些產品上來。從另外一個角度上講,企業由於不會做產品品牌,只會做企業品牌,致使企業的產品品牌都是各領風騷三五年。企業在跟隨時代的過程中,隨著新的一撥消費者的成長,老產品的品牌表現總是被新出現的產品或品牌所替代,所以,任何一個新的產品在成熟市場上從老的產品品牌身上都可能瓜分到一部份市場佔有率。

在成熟市場上,管道幫助企業把市場已經瓜分得差不多了,所有的管道組織和老的品牌產品之間的關係已經非常牢固。一個新的品牌產品進入市場時,要找到有一定實力和規模的經銷商不是很容易,尤

其是耐用消費品更加明顯。對於快速流轉品來說，由於產品的選擇機會比較大，任何一個經銷商都可能對一個新的有潛在市場的產品產生興趣。所以，不同的產品進入市場時，企業要在自己的目標狀況下做出合理的抉擇。

成熟階段管道選擇的基本方法：

⑴快速流轉品在選擇管道的時候，要考慮產品和消費者的基礎機會，首先要保證產品能夠進入市場並上架銷售。在中心城市市場需要直營進入大型商場及大型超市，展開對消費者的促銷並引發嘗試購買的機會。一些資源比較差的企業，可以利用經銷商進入這些市場，但同時要保證在指定的中小型市場上有所表現。

⑵在成熟市場尋找經銷商配合需要進行政策性的公關，還可以利用招商的形式對一些中小型市場及一些不會影響未來品牌形象的市場進行前期投入，以達到逐步滲透的目的。

⑶新產品在成熟期進入，需要完善的銷售團隊的支持，每個銷售層面的人員都對管道成員和管道的暢通負有責任，所以，管道的利用方式就是企業銷售團隊設計和管理的基礎。成熟市場不僅要把產品鋪向市場，同時還要保證產品進入市場後不會退出。在成長期產品進入市場非常容易，而在成熟市場進入則有一定的難度和技巧，企業一旦把產品推向市場終端，就要保證產品得到市場的認可，同時保證管道的暢通和默契配合。

⑷對於耐用消費品來說，管道成員的選擇比較困難，因為耐用消費品的管道成員比快速消費品管道成員更具實力。它們在產品的成長階段由於企業的支持迅速得以壯大，到達成熟階段時，很多管道成員已經控制了許多市場網路，有些甚至發展了自己的網路連鎖機構。這些終端被管道巨頭所控制，一個新的產品進入市場就不是你要選擇管

道成員，而是管道成員要選擇你的問題，所以很多耐用消費品上市都是老品牌出新產品的上市行為。

⑸老品牌出新產品，要利用固有的管道成員，還可以另闢蹊徑，發展新的管道成員，但這樣做要求企業配備更多的銷售人員對管道進行管理和服務。在成熟市場上企業最終都希望自己能夠把控市場終端，所以，有條件的企業會直接設立專賣店，同時發展不同的經銷商對不同的區域進行控制。隨著產品市場發展到一定規模，企業將逐步形成賣場連鎖、直營專賣、經銷商等多層管道架構。

⑹在區域市場上，應設立分公司，對區域中心市場進行控制，同時尋求經銷商的支持發展二級及中心城市市場的中型賣場，有些企業採用與經銷商聯合作業的形式進行。

⑺對於功能性產品來說，首先應設立辦事處幫助經銷商開闢區域市場，待產品市場發展到一定規模的時候再設立分公司進行管理。如果產品的流轉速度不快，可以不考慮分公司的形式。

55 新產品的竄貨問題

上市前期斷貨是新產品行銷的「癌症」，新產品剛剛進入市場，大量的廣告、鋪貨和促銷會吸引消費者的注意力嘗試新產品。一旦上市初期發生斷貨，消費者必然會轉向購買競爭品，同時各競爭品廠家也會乘此機會大舉反撲。而等到你斷貨一段時間然後又捲土重來時，此時消費者和你已經不再是初次見面，不能激起消費者的「嘗新願望」；消費者又已經習慣了購買競爭品；上市階段斷貨已經嚴重挫傷

通路商老闆的積極性，不願再積極進貨、分銷。

解決方案是，上市前，企劃部、銷售部、生產部要相互溝通，根據本公司對該產品的生產能力、銷量預估、設定首批上市區域。如果公司目前原物料儲備有限或生產能力不足，則第一波上市可先鎖定部份市場，視後續銷售情況和產能補充情況逐步擴大上市區域。堅決避免盲目地全面鋪市，導致各地市場「斷貨的斷貨、即期的即期」的現象產生。

努力確保貨源，如有必要寧可犧牲一點利潤，從其他貨源充足或競爭不激烈的區域調貨銷售，也要保護來之不易的市場佔有率。

確實無法解決貨源問題，則應採取「強化接觸」的政策。即加大POP宣傳及產品特殊陳列，將有限的貨源都用於超商、零售店等末端鋪貨，努力維持基礎鋪貨率；同時，應適時停止一切通路及消費者促銷。這樣做可在缺貨狀態下繼續保持同消費者的接觸，將不利影響降到最低。

竄貨是擾亂價格的主要原因。竄貨有良性和惡性之分。所謂良性和惡性，是要看是否能在你的掌控之中。

在新品推廣的過程中，從開始的價格體系設計，到促銷政策的設計，到管道的設計及管控，再到業務人員跟進監督，每個環節都要重視這個竄貨問題。

56 新產品導入期的銷售隊伍建設

　　在不同產品階段，市場的顯現形式不一樣，市場的需求規模也有所不同。策略決定形式，沒有那一個企業是先確定一個組織，然後才制定市場策略，所以，先確定事情有多大，需要多少人，再確定用什麼樣的方式去完成才更為合理。

　　銷售就好像戰爭，如果山頭上只有一個碉堡，我們可以使用一個連的兵力，也可以利用一個突擊隊，但絕對不會用一個軍的兵力，也不需要設立參謀部、運輸及補給部隊等。但在行銷活動中，很多企業會被一些諮詢公司設計成非常規範的正規部隊，什麼建制都齊全，造成了很多沒有必要的浪費。針對性地組織合適的人員達成企業的目標，才是正確的方法。

　　在產品的導入期，銷售組織應該是以直銷和直營為主的建制，因為這個時候的市場還沒有被啟動，銷售和市場教育無法分開，直銷和直營離消費者的距離很近，可以在把產品送到消費者面前的時候，也把啟發和教育的工作同時送到了消費者面前。這樣既可以節省資源，也可以避免投入大規模廣告而真正擊中目標的幾率很低的現象出現。除了直銷和直營的隊伍建設外，還可以建立一支市場促銷隊伍進行前期的市場啟動。

1. 直銷和直營隊伍

(1)直銷

　　①以區域市場為核心，建立一支自己訓練的直銷隊伍，並劃分出不同區塊的小組，以組為單位進行市場的投放式推銷，有免費使用、

試用、免費品嘗等各類方式，深入到一些社區或單位等。

②還可以採用以個人為單位的形式，但這種方式必須考慮消費市場的接受性和當時當地的可行性。

③直銷也稱無店鋪行銷，是直複行銷的一種方式，對業務人員要進行一定的技巧培訓，培訓內容應該以顧問式銷售為主。

(2)直營

①以區域市場的主營商場為主，目前市場上很多大中型超市都是直營的方式。有些產品適合在商區的大型商場，有些則適合在社區的中小型超市。

②一般會利用週末或者節假日在這些商場重點進行嘗試性的銷售和促銷行為，同時推介和展示自己的產品。

③根據以上特點建立公司管轄的銷售隊伍，主要是由銷售部門的經理管理下面的業務人員，由業務人員直接負責部份區域商場，而商場則由企業臨時招聘促銷員進行一對一促進行為。

④直營的組織結構（見圖 56-1）：

圖 56-1　直營的組織結構圖

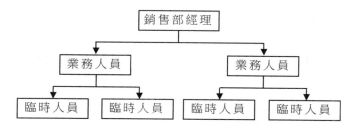

2.市場團隊

⑴在導入期利用市場團隊進行告知性宣傳的企業很多，也有很多企業的產品不適合組織市場團隊，各類產品的區別決定了市場團隊的

組織方法。

　⑵快速流轉品的市場團隊主要組織在終端進行推廣宣傳,有很多飲料產品和一些日化類的美容產品都會採用市場團隊的方法。飲料產品是在賣場的門前搭一個舞臺,由企業的市場團隊組織一些年青人在臺上一邊宣傳一邊舞蹈。而一些美容用品則利用模特在賣場門前進行表演以及現場進行產品的演示和派發贈品。現在這樣的市場團隊形式已經擴展到了很多耐用消費品領域,但形式變成了現場抽獎和促銷,並不適合新產品的上市行為。

　⑶一些工業產品或者集團購買的大宗商品,企業也會組織市場團隊在展覽會現場,甚至到企業及客戶面前進行演示、表演等推介活動,甚至銷售和推廣合二為一。

　⑷市場團隊是一個組織,會隨著市場的發展逐步擴大,導入期的市場團隊擔負產品的市場推廣引發市場需求的作用,同時也在現場滿足消費者或者企業的衝動型消費或者嘗試性購買行為。隨著產品市場的成熟,市場隊伍的作用由市場部全權負責,銷售部門的作用也和市場部門的作用完全分開,但只要到了終端,也就是客戶或者消費者面前的時候,市場和銷售的責任就並到了一起。

　⑸市場團隊在導入期的基本組織結構(見圖 56-2):

圖 56-2　市場團隊在導入期的基本組織結構圖

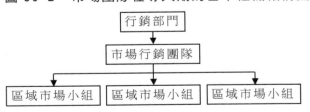

57 新產品成長期的銷售隊伍建設

　　產品的成長階段市場的需求發生了變化，市場增長的速度是企業無法用直營或者直銷來完成的，企業在這個時候一定要尋求經銷商的幫助。經過經銷商到達消費者的過程，需要企業安排人員進行管理和幫助。這些人員的組成和各自的職責就是企業在這個時間點上要完善的。這個時期的成長速度很快，如果管道管理不善或者設計及管理的方法不對，對企業進入成長期就會造成傷害。

　　成長期的銷售組織是一個混合型組織，企業既要尋求經銷商的支援，還不能完全放棄自己的直營體系，這就需要有一個部門把不同的管道統合在一個計劃和銷售體系中，所以銷售部門的責任又增加了很多。

　　這個時期的銷售部門要比導入期完善得多，因為市場在變化，滿足市場的方式和責任也要變化，所以銷售部門的架構也隨之而改變。其基本架構如圖 57-1 所示。

圖 57-1　銷售部的基本架構圖

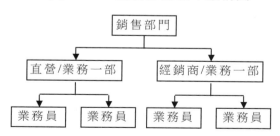

不同的產品，企業有所區別，有些把直營部份作為重點客戶，有些把經銷商作為重點客戶，主要看市場上直營部份客戶的規模和所起的作用。

1.直營

⑴這個時期的銷售部門有直營部份的內容，但這個直營部門不同於成熟階段的直營部門，也不同於導入階段的直營性質。原因是這個時間，企業會把更多的精力放在經銷商身上，因為成長期內經銷商的業績和銷售額遠遠高於企業的直營部份。但直營也不能丟，因為直營是企業的脊樑，只有保護住直營，才有可能在未來的市場上穩定住自己的產品佔有率和品牌。

⑵這個時期的直營應該是整個銷售部門的一部份，它和經過經銷商到達消費者道理是一樣的，這兩個部份是互相配合的，直營主要是控制重點區域的重點客戶，而經銷商是大面積地鋪貨。

⑶根據產品的性質和銷售方式設計直營在這個階段的人員配合方式。比如，直營負責店中店或者重點商戶，需要業務人員配合對這些重點客戶的維護、拜訪、理貨等行為，需要對這些人員進行專業化的重點賣場展示、賣場生動化、理貨、暢流等方面的培訓。

2.經銷管道

⑴需要有很多經銷商的配合來搶佔市場已經被開發出來的佔有率。

⑵經銷商管道成員根據產品的不同採用的管道層級不同，企業的銷售管理人員的配合層級也是不同的，工業產品和日用消費品不同，快速流轉品和耐用消費品也不同。下面用一個管道方式進行說明，如圖 57-2 所示。

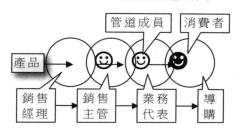

圖 57-2　經銷商管道成員

58 新產品成熟期的銷售隊伍建設

　　成熟期銷售隊伍的建設，採用的形式也要和這個階段的市場狀況相適應，這個階段的市場需求已經被更多的品牌填充得超過了 50%以上，需求的拉動作用已經不是很明顯，而那些佔領一定市場份額的企業則採用直營和經銷商配合的方式鞏固已經佔有的份額，對於一個剛剛進入市場的產品來說，則需要尋找合適的切入點。一般情況下，新產品都是以產品的概念優勢或者賣點優勢進入市場的，在銷售方式上不同的產品進入和開拓市場一定要符合這個產品在市場上的管道規則。在成熟的市場階段，存在著新產品新品牌的進入問題，也存在著新產品老品牌的進入問題；存在著快速流轉品的進入問題，也存在著耐用消費品的進入問題；存在著日用消費品的進入問題。也存在著工業產品的進入問題。但不管是什麼產品都有其在成熟市場的規律可循（見圖 58-1）。

1.直營

　　⑴這個時期的直營是在整個銷售體系中充當市場的支柱作用，其

功能主要是針對主營區域主營賣場的形象維護和市場展示維護,同時贏得一定的銷量。獲取管道終端成員的支援,並利用賣場的條件,對消費市場進行充分的地面形象展示。

⑵直營人員主要進行理貨、賣場展示與活化的工作,同時保證對市場信息的回饋和投訴處理工作。

圖 58-1　成熟期銷售隊伍的一般組建規則圖

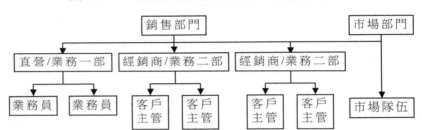

2.經銷商

⑴成熟期的經銷商都是和企業磨合過一段時間的成員,但對於新產品來說,經銷商不是很瞭解,較大型的經銷商很難認可一個全新的產品,並為這個全新的產品付出努力,所以,很多全新的產品都是利用一些成長型的管道成員。只有老品牌出的新產品可以利用已有的管道成員幫助打開市場。

⑵成長型的經銷商需要企業幫助,人員的組建和成長時期應該是一樣的。

3.大客戶

⑴在成熟階段,市場的發展已經從迅速提升過渡到相對穩定的狀態,這個時候,陣地戰成為主要特點,而陣地戰的具體表現方式就是在主營區域發展大客戶。

⑵大客戶有兩種解釋,一種是區域內比較大的重點賣場,它們採

用的是連鎖經營的方式，統一進貨，這些客戶的市場影響力比較大，所以，企業都希望打開這些大客戶的管道。另外一種是進貨量比較大的管道分銷商，它們把產品再批發給下游成員，這些經銷商控制著很多企業在短時間內無法控制的市場範圍，同時由於這些管道成員的分銷產品比較豐富，所以，它們所涉獵的管道終端也非常廣闊，這些成員也是企業的大客戶，但這些大客戶對不同的產品作用不一樣，要根據企業具體的產品和市場狀況，確定把重點缺在什麼類型的客戶身上最重要。

⑶大客戶的管理都是由銷售部一個專門的部門進行管理的，但對於某些產品來說，其重要性使很多企業把大客戶列在銷售部門之外，由企業直接管轄。

4.市場隊伍

⑴主要的運作和產品導入市場時期應該是一樣的，所不同的只是它們的任務和目標不一樣，導入市場的時候，是教育和啟發市場，而在市場成熟的時候是促進銷售的一個具體的市場行為。

這個時期的市場隊伍已經不由銷售部門進行管理，隨著市場進入到成熟階段，企業的市場部門也必須建立起來，這時的市場隊伍從業務上直屬市場部門，但在區域的具體運作中，由區域的行銷或者銷售部門直接進行行政的管理。

59 快速流轉品的銷售隊伍

　　不同的產品在市場上的銷售方式是有區別的，主要體現在市場的需求方式上，所以，要根據市場的需求狀況改變銷售政策和銷售的管道政策。在研究市場的需要方面，不同的產品沒有什麼不同，而在如何把產品送到客戶的面前就存在著區別。

　　對於不同的產品類別來說，管道的選擇存在區別，在銷售隊伍的組建上也存在著一些差異，快速流轉品由於其產品的流轉速度，決定了企業要根據這種需要進行對應的人員管理，銷售隊伍的組建就要符合快速流轉的需要，不應該忽視的是產品在不同階段的狀況不同，流速也是逐步增長和加快的，要想符合這些狀況，對應的人員管理就變得非常重要。

1.快速流轉品的管道特點

　　⑴管道應該是短而寬。這只是快速流轉品基本規律性的流通方式，把管道做短，但要做寬，服務市場的責任更大。

　　⑵管道市場特點：週邊市場管道控制力強，主營中心市場企業控制力強。

　　快速流轉品的流轉速度是以主營市場為依據來建立銷售管理體系的，但如果企業的市場規模已經開始擴充，就必須考慮在週邊市場利用一些比較長的管道進行配合。

　　⑶一些實力比較弱的企業，可能會採用招商的形式進行前期的市場導入，但一般情況下導入期入市的產品不能進行招商運作，成熟期的產品慎用招商的形式，只有在成長期的產品比較適合運用招商的方

法。

2.按照管道的方式設計隊伍建設

⑴銷售部門以二級為主,直營和一級大客戶為輔如圖 59-1。

圖 59-1　快速流轉品的管道隊伍建設結構圖

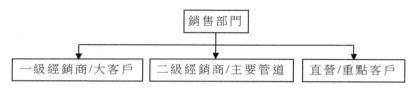

⑵銷售部門的人員結構如表 59-1 所示。

表 59-1　快速流轉品的銷售部門人員結構

快速流轉品銷售部門				
管理級別＼管理內容	職務名稱及工作範圍			
	經理	主管/主任	業務代表	導購
二級經銷商/主要管道	全面負責以上三個方向的管道任務及管理	負責一個管道形式的工作	負責終端的維護	個別終端管道的銷售促進
直營/重點客戶		負責直營管道的工作,並直接管理		負責重點客戶的賣場導購
一級經銷商/大客戶		負責一個管道客戶的維護工作	負責幫助二級和終端的維護工作	

60 耐用消費品的銷售隊伍

　　耐用消費品與快速流轉品的區別在於其產品在市場上的流轉速度明顯減慢，原因是市場的需求行為發生了變化，面對需求方式的改變，供應的方式也要有所不同，而這種不同當然會反映到管理上。

1. 耐用消費品的管道特點

(1)管道的組合利用

　　說明：這是耐用消費品成熟階段的規律性及普遍性的管道利用方式圖。圖中在一級經銷商的地方加進了一個連鎖方式，因為很多產品由於市場逐步被一些大型的連鎖巨頭所壟斷，所以，很多主營市場的拓展需要把連鎖當成重點經銷管道來看待。但連鎖賣場對二類及三類市場沒有控制能力，還需要其他管道成員來完成。

(2)市場特點

　　週邊市場管道控制力強，企業沒有控制力；主營中心市場連鎖賣場管道控制力強，企業在終端進行服務，部份專賣由企業控制。

　　說明：耐用消費品在主營市場上由企業和連鎖賣場共同控制，這就需要在銷售部門的設計上考慮這些因素，既要有服務與經銷商的人員，也要有在終端進行導購的人員，既要有城市主營市場的銷售管理，也要有二三類市場的管理。

2.按照管道的方式設計隊伍建設

　　⑴銷售部門以連鎖賣場為主，直營和一級大客戶為輔如圖 60-1 所示。

圖 60-1　耐用消費品的管道隊伍結構圖

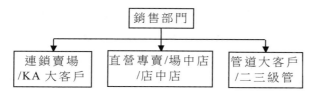

(2)銷售部門的人員結構如表 60-2 所示。

表 60-2　耐用消費品的銷售部門人員結構

耐用消費品銷售部門				
管理級別 管理內容	職務名稱及工作範圍			
	經理	主管/主任	業務代表	導購
連鎖賣場/KA 大客戶	全面負責以上三個方向的管道任務及管理	專門負責該管道的工作，負責終端的維護		該終端管道的銷售促進
直營專賣/店中店/場中店		負責直營管道的工作，並直接管理		負責重點客戶的賣場導購
管道大客戶/二三級市場		負責一個管道客戶的維護工作	負責幫助二級和終端的維護工作	—

61 工業產品的銷售隊伍

　　工業產品和消費品有很多相似之處，所不同的是工業產品的消費群體是客戶，而客戶不是為了自己來購買產品，是為了工作才和供應商有了供需關係，所以，在考慮產品各方面因素的時候，思考點和出發點都有所不同。

工業產品更接近消費產品中的耐用消費品，流轉的速度不是很快，目標客戶又不是消費者，在市場上不是很密集。所以，在滿足這些客戶的時候企業要目標明確和集中，沒有必要大規模地利用管道成員幫助完成。很多企業都直接在區域設立辦事處，接近這些零散和分散的客戶。

1.工業產品的管道形式(見圖 61-1)

圖 61-1　工業產品的管道形式圖

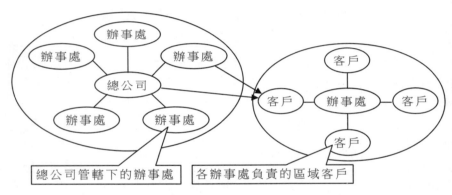

總公司管轄下的辦事處　　各辦事處負責的區域客戶

2.工業產品的銷售體制

⑴該銷售體制要符合產品和客戶之間的距離關係，工業產品離客戶的距離較近，所以，在銷售的過程中，銷售力和市場力同樣重要，也就是說企業的業務人員在銷售產品的過程中要掌握的不僅是銷售技巧，同時要掌握市場技巧，需要利用圖文展示、現場說法、操作演示和必要的市場公關手段來達成銷售產品的目的。

⑵工業品的業務人員過去都是以關係來達成銷售的，隨著企業的市場化，很多工業企業也採用了市場化的方法，比如，招投標等手段就是利用市場化的行為達成銷售的。

⑶大型工業產品的業務經理擔負著業務代表、導購、市場專員、

市場代表等多重責任,而重複購買和多重購買的有些工業產品則是業務代表擔負著業務經理、導購、市場經理、市場代表等多重責任。

⑷銷售部門的人員結構如表 61-1。

表 61-1　工業品銷售部門的人員結構

工業品銷售部門				
管理級別 管理內容	職務名稱及工作範圍			
	經理	主管/主任	業務代表	市場代表/導購
重點大客戶	由總公司銷售部門的經理或主任直接負責管理			
區域重點客戶		區域辦事處主任直接管理		
區域一般客戶			由區域辦事處主管直接負責	

62　競爭策略下的銷售隊伍

在不同的競爭環境下,企業可以靈活掌握不同的市場策略,不同策略的產生都來源於市場目標和市場環境的變化,策略一定要和市場的現狀相對應。

一、功效型產品的銷售隊伍建設

功效型產品是有利益和結果的,很多藥物和保健類型的產品都屬

於功效型的產品，現在有一些其他產品也增加了功效成分，比如洗髮水、內衣等。這些產品不是人們必需的，在必需產品的身上增加功效的成分，是希望利用這些功效增加產品的階段性賣點。但畢竟這些產品市場佔有率的產生是由於人們的特殊需要，而不是必然需求，這種偶然中的必然，也給行銷方式提供了不同的對應手段。

在這裏主要論述純功效型產品的特殊性，面對市場狀況時採用什麼方式最合理。

1.功效型產品的管道方式

功效型產品以城市的主營市場為主，其他區域市場的深化是一個逐步過渡的過程。在城市的主營市場，一般情況下，企業採用的策略是直營和其他的管道方式。比如保健產品會採用電視商場、藥店、商超的保健品專櫃以及食品管道，有些還要進入醫院的小賣部等，這些管道方式的選擇都是因為目標群體的分散和不固定造成的。正常情況下以企業直營為主，而週邊市場交給經銷商管道去完成。

2.銷售部門的人員結構(見表 62-1)

表 62-1　功效型產品銷售部門的人員結構

功效型產品銷售部門				
管理級別　　　管理內容	職務名稱及工作範圍			
	經理	主管/主任	業務代表	導購
區域經銷商	全面負責管道任務及管理	負責區域管道客戶的維護和該區域的直營管道工作，包括終端的維護及管理	區域經銷商的助銷工作及重點賣場的終端督導	
城市直營管道			區域主營城市市場的直營管理及維護	終端管道的銷售促進。重點客戶的賣場導購

以上的銷售結構只是說明一般性規律,在不同區域採用不同的政策在不同的時間內也取得過很大的成績,主要是在企業的資本積累方面成績比較顯著。所不同的是,它們採用的是直線控制分銷,在分銷管道的縱濘環節中缺少橫向市場鏈條的銜接,由企業內部的總公司賣給分公司,分公司賣給辦事處直至賣到最終的鄉鎮市場都是企業的人員。這種方式類似傳銷,只是以企業的形式出現,造成企業的業務人員數量龐大,最後很難控制市場。

二、掠奪市場時的銷售隊伍

掠奪市場是一個動態行為。在高速成長階段很多企業都看到了市場的空間,但成功的只是少數。我目睹了很多品牌成長的全過程,發現大多品牌在高速成長階段所採用的策略並不是因為有先見之明,也不是企業在當時就是市場行銷的高手,多數都是在當時應急條件下採用規避風險策略時的無心插柳才造成了今天的輝煌。而那些在成長初期最輝煌的企業由於沒有意識到成長期的機會(因為當時產品並不愁賣),多數現在都已經衰落了。面對市場未來的更多機會,面對成熟階段時更多的產品成長機會,一定要注意此時的銷售政策和銷售團隊的工作和其他時期的區別。

1.拓展市場時期的市場狀況

⑴此時市場需求急速上升,市場普及率介於 15%～50%之間,增長的速度可以讓很多企業一夜成名,也可以讓眾多佼佼者退出市場。

⑵產品拓展市場不只限於產品共性概念的成長,在產品的成熟階段,某個產品新的概念也可以獨立城長,具體表現方式如圖 62-1。

圖 62-1　產品成熟階段其概念獨立城長圖

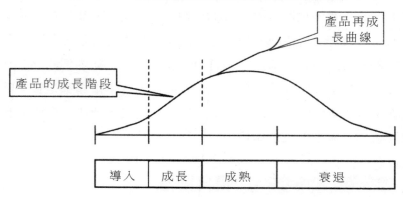

2.拓展市場的銷售管道方式

⑴拓展就是要搶佔市場，如果需求小於供給，企業無法拓展市場，只能在開發出需求之後才能佔領市場；產品成熟階段都是企業按照自己的產品概念開拓獨有市場，開拓多少，佔領多少，不需要掠奪市場。

⑵成長階段拓展市場時的管道方式如圖 62-2。

圖 62-2　成長階段拓展市場時的管道方式

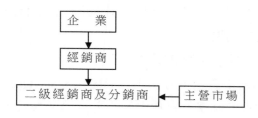

3.拓展市場的銷售團隊

表 62-2　拓展市場銷售部門的人員結構

拓展市場時的銷售部門			
管理級別 管理內容	職務名稱及工作範圍		
	經理	主管/主任	業務代表
管道大客戶/一三級市場	全面負責管道任務及管理	負責區域管道客戶的維護及管理工作	負責幫助管道成員開拓市場二級終端的維護工作

三、建設市場時的銷售隊伍

　　建設市場是把已經掠奪到的市場進行規範管理,目的是在已經搶奪的市場佔有率中儘量表現出色,贏得市場的口碑,創造一個情感需求的品牌,增加產品的價值和市場的認同度,直至達到情感消費的目的。有些產品由於沒有注意到從拓展市場到建設市場的轉換,總是用銷售的方法做市場,最後產品市場不穩固,以至於被迫退出市場。

　　很多新產品還談不上建設市場,但對於老品牌的新產品來說需要維護已有的品牌市場。在成熟階段進入市場的產品,如果該企業有一定資源,產品又有獨特的概念,企業總是希望開拓出來的市場歸自己的品牌獨有,這個時候,應該開拓一點建設一點,以免讓其他產品有機可乘,擠入自己的市場。

1.建設市場時的管道利用方式

　　建設市場的時候,管道成員分工明確,每個管道成員的任務都不一樣。企業在這個時候一定要記住,不是所有主營市場的職責都是爭取銷量,有些承擔著建立形象的任務,只有同時達成各個目標,整體

市場的銷量才能提升。

2.建設市場時的銷售團隊(見表 62-3)

表 62-3　建設市場時銷售部門的人員結構

建設市場時的銷售部門				
管理內容＼管理級別	職務名稱及工作範圍			
	經理	主管/主任	業務代表	導購
二級經銷商/主要管道	全面負責以上的工作	負責一個管道形式的工作	負責終端的維護	個別終端管道的銷售促進
直營/重點客戶	三個方向的管道任務及管理	負責直營管道的工作，並直接管理		負責重點客戶的賣場導購
一級經銷商/大客戶		負責一個管道客戶的維護工作	負責幫助二級和終端的維護工作	

63 利用銷售管道人員的推廣配合

人員的作用不僅是銷售，銷售人員在銷售的過程中也無形中承擔了推廣的責任。因為銷售只是完成了把產品送到消費者面前的任務，而啟發需求的很多市場工作也隨著銷售的深入帶到了消費者的面前，同時銷售人員的導購行為、終端的促銷、賣場的陳列和展示等都是推廣工作的範疇。作為銷售人員也承擔著信息傳達的任務以及對管道的服務責任等，這些由於人員的努力達成的工作就是對管道的支持。

管道中銷售人員的配合主要來自兩個方面，一個是銷售的配合，一個是推廣的配合。在管道的整個流程當中，產品走到管道的不同位

置，企業的業務人員都要幫助把這些產品迅速消化掉，一直到把這些產品送到消費者面前為止。把產品送到消費者面前需要兩個力的作用，一個是拉力（推廣），一個是推力（銷售），從整個企業來說就是市場部和銷售部的配合工作。在管道的具體工作中，很多是由銷售部門的業務人員來完成，但他們所需要的工具則需要市場部門來提供。對於以品牌建制為主的企業，管道中的很多工作可能還會派市場部門的人員完成品牌的監督和指導工作。

1.管道中的推拉組合

⑴在管道中，每一級管道成員都擔負著不同的管道職責和任務。產品在管道中能否很順利地到達終端，是非常重要的事情。如果市場上存在尋求，而我們由於管道中的滯留原因，使產品到達賣場的過程過於緩慢或者產生堵塞，這是企業不願意看到的。所以，企業會在管道中的各個環節安排人員幫助解決問題，這些人員擔負的任務既是銷售的工作，也是推廣的工作。

⑵對下一級管道成員的促銷或服務，就是對上一級管道成員的拉動，以此類推，產生推動和拉動的相互作用。

圖 63-1　管道中推拉組合圖

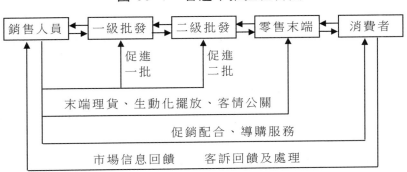

2.管道中的推拉工作內容

⑴管道中每一級的工作都會對下一級的工作形成支持,而下一級的工作也可以拉動上一級的工作。

⑵從消費者處進行促銷,雖然可以達成管道的暢通,但由於管道的長短因素影響了工作的達成速度,所以,在每一級都進行促進的話,可以使管道更通暢。

圖 63-2　管道中的推拉工作內容

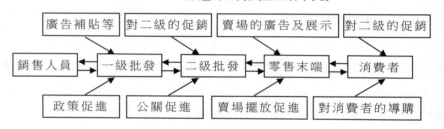

3.銷售管道終端的人員配合

在產品到達消費者面前的時候,要讓消費者注意到產品並產生購買的慾望,這需要很多因素才能夠達成。這些因素有很多是市場上的推廣行為,也有一些是銷售行為,但只要產品進入終端,走到消費者的面前,推廣的因素就會逐步多起來。比如,產品的賣場理貨行為,需要業務人員按照一定的路線對所轄區域內的賣場進行定期的拜訪。這種拜訪並不是簡單的客情聯絡,有很多工需要在這些拜訪當中完成,其中就包括對產品的擺放整理,對產品的物流時間進行檢查,對產品的包裝、廣告物、市場工具等都要進行檢查。在檢查的過程當中還要親自參與整理和登記,同時對競爭品的市場行為進行信息整理,幫助清理賣場的衛生,達成產品環境的適應性。

管道終端還要有拉動管道產品流動的作用,這就需要對賣場的服

務與溝通，同時保持一定的公關性，達成客戶對企業的信任。

4. 新產品的注意要點

⑴新產品更注重兩端的促進，一個是管道終端的促進，另一個是管道前端的促進。

⑵新產品的消費者促進行為是必需的，結合管道終端的促進形成在市場終端的推拉組合。

⑶管道前端的促進是促進進貨，管道終端是促進產品上架，市場終端是促進需求的產生。

⑷三種促進方式以消費者促進為主，因為消費者的促進行為可以促使市場的產生，而管道前端和終端的促進是為了滿足這個市場。

⑸管道促進的順序以消費者促進行為和管道前端促進同時進行，要進行終端促進，應該是在市場鋪貨 15～20 天左右，終端鋪貨率應該在 40%左右。

管道終端的人員責任：

· 安排固定的走訪路線。

· 直接拜訪零售終端客戶。

· 完成商品化陳列工作，有效進行陳列位置、空間位置、地面陳列的管理。

· 有效地進行購買點援助器材的張貼、懸掛及陳列。

· 培育零售客戶對商品化陳列工作的積極態度和對深度分銷的理解。

· 積極瞭解並獲取競爭對手的各類信息，利用有效管道向管理部門回饋，並提出自己的建議。

· 建立良好的客戶關係，保持親善的態度，樹立公司的良好形象。

· 積極有效地利用促銷的資金，以最經濟的方式進行促進動作，

並保持高效率。

· 配合市場部門的工作和在終端指導和管理導購人員的工作。

64 新產品上市如何利用促銷手段

　　終端是離消費者最近的位置，銷售過程到達消費者面前我們稱之為銷售終端，推廣到達消費者面前，我們稱之為市場終端，總之，終端就是到達消費者面前。到達消費者面前時，任何廣告都是多餘的，因為人已經成為最大的信息載體。但有時候，業務人員不可能照顧到每一個消費者，所以，終端的許多可以引發注意的行為都可以成為共同參與的推廣和銷售行為。

　　促銷就是銷售促進，在整個銷售過程中有很多促銷行為產生，但我們常說的促銷是終端促銷，它是提升產品銷量的必要手段之一。針對目前市場上激烈的競爭，促銷更是企業在產品旺季到來時在賣場互相比拼的手段。對於新產品來說，促銷本身並不一定能對未來的市場帶來更好的品牌結果，但由於市場的不成熟，很多感性消費往往從促銷開始，造成企業片面地認為只要進行促銷，產品就一定好賣，使市場上的促銷變成了一種你死我活的戰鬥。結果造成消費者盼著促銷，但又擔心促銷，怕促銷沒有好貨，怕促銷是賣過期產品，怕剛買回來的產品第二天由於促銷跌價。總之，促銷已經變成了企業必須要做的一種行為，也使企業在制定政策和計劃的時候，甚至要考核一下促銷的方案是否有足夠的吸引力等等。企業變得為了促銷而促銷，忽視了什麼時候應該搞促銷，什麼時候搞什麼樣的促銷等不同的市場規律和

原則，促銷變成了一種習慣和必然。

圖 64-1 在銷售行為當中的促銷示意圖

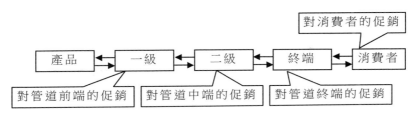

我們把賣場的促銷叫終端促銷，終端促銷只能發生在產品的旺季，如果不是旺季，終端促銷的結果就不一定是正面的。同時銷量的產生是與需求有密切關聯的，在其他需求變化空間當中的促銷，很難掌握促銷所起的作用到底是正面還是負面的。

1.對管道前端的促銷

表 64-1 對管道前端的促銷說明

促銷形式	說明
產品說明會上的公關	產品上市前對管道前端人員的說明，這個說明主要闡述產品的概念和賣點，同時說明該產品的市場前景，以增強管道成員的信心
訂貨會上的價格折讓	在產品上市前需瞭解管道前端成員對市場的信心，同時用不同的價格體系鼓勵管道成員把產品迅速送到消費者面前
坎級訂貨獎勵（累計進貨）	這個政策是希望管道成員更多地進貨的一種促進方式，主要是累計進貨，按照不同的累積額度給以不同等級的獎勵
單次進貨獎勵	根據單次進貨的額度越高，獎勵越高的一種方式
回款獎勵	按照不同的回款期限設置不同額度的獎勵，從現款到 30 天賬期不等

2.對管道中間的促銷

表 64-2　對管道中端的促銷說明

促銷形式	說明
二級批發訂貨獎勵	主要應用在產品的上市初期。因為這個時候的二級管道對產品非常陌生,而產生信心的基礎是市場的回饋,加之二級管道成員對市場的判斷都是從市場效果來評估的,所以,需要給它們第一次的好感。獎勵或者隨貨增加附加值是引發購買的可能性因素,但直接的訂貨會比較現實
隨箱禮品	隨箱禮品是很多二級管道成員比較看重的,因為可以幫助終端銷售,這正是終端和二級管道要求的,方便二級管道成員鋪貨
鋪貨獎勵	鼓勵二級管道把產品鋪到更多的網點
箱皮回收	箱皮回收是幫助二級管道成員對終端成員的一種支援,有些產品還可能回收其他的包裝形式

3.對消費者的促銷

表 64-4　對消費者的促銷說明

促銷形式	說明
淡季轉旺季的抽獎及相關促銷	在淡季即將過去、旺季來臨之前,企業都會採用廣告的方式進行產品的銷售促進,同時利用大抽獎等方式製造聲勢,提升品牌,引發更多的需求
禮券、贈券	利用各種方式,比如雜誌、VIP 等各種方式把禮券、贈券等送到顧客的手中
旺季的產品促銷(價格折讓、實物促銷、買增促銷、捆綁促銷等)	在旺季到來的時候,針對消費者進行促銷的行為。這些行為的目的是鼓勵消費者購買,所以促銷的形式更多樣,但改變了企業在推廣產品時的利益
年節促銷	利用年節的促銷方式,可以採用旺季促銷的形式,也可以針對不同的年節進行針對性的促銷

4.對管道終端的促銷

表 64-3　對管道終端的促銷說明

促銷形式	說　明
產品訂貨會上的價格折讓	在訂貨會上的直接價格折讓，可以讓訂貨人員衝動性地訂購第一次
回款折讓	直營的回款可以適當返利，促進其回款和銷貨的積極性
現場訂貨獎	當時訂貨時可以有獎，可採用摸獎、抽獎和定額獎的方式
產品展架、市場工具的搭贈	給賣場免費提供產品展架及市場的售賣工具
促銷用市場工具的配送	對客戶的市場工具，如餐飲的桌椅、陽傘、煙缸和茶杯等的搭送
節假日直營賣場的搭台活動	對一些快速流轉品來說，有很多賣場前的搭台活動，這些活動都是在節假日進行的，是銷售與市場部門的共同行為，引發消費者的衝動購買
導購人員的協助銷售	在賣場內配備企業培訓好的導購人員，對消費者直接進行服務性教育，幫助商場銷售
賣場門口的坎級促銷	在賣場的門口對產品的銷售根據消費金額的大小進行的獎勵性促銷
展陳獎勵	鼓勵賣場在展覽陳列方面的照顧和努力，同時鼓勵賣場對企業人員進行展陳的支援

65 新產品上市如何使用展示方法

　　產品的展示是促進銷售的一種有效方法。展示基本上都是在賣場完成的，而賣場不一定都配合企業達成這樣的展示，需要企業的業務人員和賣場達成某種程度的溝通，也就是說要和賣場搞好關係，這種關係可以幫助企業在該賣場達成最合適和最佳的展示效果。一些有品牌的大型超市和賣場，對展示有自己的規範，但一定的溝通也可以達到在有效空間的最佳展示結果。

一、產品上市的展示

　　⑴導入期的展示更注重產品的展示，這個時期對於品牌來說其重要程度不如產品。陳列以在主要的賣場設專櫃或者在賣場門口更為合適，這個時候賣場對產品的市場信心不足，多是以企業在賣場門口設立櫃檯或者專櫃的形式作市場的初期推廣。陳列中應注重產品的包裝突顯，而 POP 只是以告知產品信息為主。

　　⑵產品的成長期展示更注重產品的櫃檯陳列，這時候賣場的支援程度比較高，而有品牌概念的產品尤其受到重視，所以 POP 的配合都是和突顯品牌有關。銷量是這個時候賣場對產品的最大要求，而陳列的位置和陳列面都是該階段的重點。

　　⑶產品的成熟階段競爭非常激烈，所以，這個時候陳列需要組合出一個焦點效果、一個能夠讓消費者強烈注意的效果，同時展示位置的重複率、展示的多樣化等都是引發需求的方式。

二、新產品上市如何借助賣場生動化

賣場生動化就是為了更好地促進產品銷售的賣場活化行為。活化的直接效果是讓賣場的展示和銷售行為變得更加親和，讓消費者更樂於接近並產生購買慾望。產品過於規則性地擺放，過分地整潔與理性會讓消費者產生一種距離感，使產品的銷售行為變得過於冷靜，從而對銷售產生不利的影響。新產品如果是在產品成熟階段上市的，活化的行為直接關係到在直營賣場的展陳效果，而這種效果對產品的市場氣氛和引發衝動消費可能是至關重要的，這種重要性主要體現在日用消費品、尤其是快速流轉品上。

1. 賣場的活化

(1)創造購買氣氛

這是賣場活化管理的重點，包括戶外廣告、燈箱、產品堆放、各種促銷海報和 POP 等都是為了創造購買的氣氛、吸引消費者，從而達到銷售的目的，因此賣場的活化必須從如何吸引消費者出發，設計各種活化方法和手段。

(2)改善產品形象，樹立公司品牌

賣場活化要以吸引消費者為目的，但同時必須維持公司產品和品牌形象的一致性，不能改變公司的標準色、品牌訴求和相關製作標準。

(3)增加銷售和利潤

一切賣場活化的目的都是為了增加銷售和利潤，因此必須根據銷售狀況及時調整生動化工作的重點，不能一成不變。

2.新產品上市的活化

⑴產品的導入階段要注重產品的活化，目的是引起消費者對該產

品的關注和引發嘗試購買，因為對於一個全新的產品來說，規則性的陳列和擺放會造成消費者與產品的距離，不易產生嘗試購買行為。

⑵產品的成長階段賣場的活化行為主要是增加活化方式，比如更多的堆頭、更多的 POP 的配合及更多的方式選擇等，目的是讓消費者能更多地看到產品和對品牌更加關注。

⑶產品的成熟階段賣場的活化是以多種產品的組合形式來完成的。單一的產品或者單一的擺放面積是成長階段以一種產品突破市場的捷徑，而對於成熟階段來說則要建立不同產品結構針對更加細分的消費市場，所以，多種產品的組合擺放是提升銷量的最好方法。雖然新的產品很少有很多品種，但在這時期上市的日用消費品除非單一的品種概念出新，能夠獨闢市場途徑，否則就應該以幾種不同規格不同品種的產品進行必要的組合。

三、新產品上市如何利用導購工作

在終端和消費者最近的距離，是推廣和銷售結合的最好的地方。這個地方是企業不能不利用的，因為在與消費者直接接觸的地方就是企業可以直接推銷產品的地點，所以，很多企業都有效地利用終端這個陣地對消費者進行最後的啟發和勸說。一個企業在賣場的說法和語言等需要保持一致，不能這個商場的導購是這樣的說法，那個商場的導購又換了一個說法，要統一標準。語言上要統一，產品的展示和產品的服務等也應該是統一的，這就叫一貫化原則。企業需要制定相應的導購和服務手冊讓自己的導購人員學習與參考。

1.導購的工作內容

⑴判斷誰是你的消費者和能起決定作用的人。

⑵向他推薦最適合他和其最關心的產品及產品利益。

⑶針對不同消費者推薦產品的重點。

⑷說明為什麼是最適合他的。

⑸適當地介紹一下公司的新產品。

⑹向消費者介紹產品的品質和服務。

⑺向消費者介紹產品品牌概念。

⑻用相關利益的產品進行比較，幫助消費者參考。

⑼精確而且專業地回答消費者向你提的問題。

⑽站在消費者的角度上去思考問題。

⑾幫助消費者進行價格和其他利益的比較。

⑿介紹產品的同時要介紹產品的相關知識和使用方法。

⒀讓消費者認同你的觀點。

2.新產品上市的導購

⑴產品上市的導購對新產品至關重要，因為新產品在成為暢銷產品之前企業往往不願付出更多的推廣費用進行市場的推廣，利用導購人員的方法對於企業來說更經濟實惠，所以，導購或者企業僱請打工的學生等都是企業選擇的主要終端工具。

⑵產品上市前要對導購人員進行相關的培訓：

①產品知識、企業發展及現狀、銷售技巧、產品與競爭品的優劣勢比較等培訓。

②瞭解相關的銷售工具，瞭解促銷和促銷方式，產品推廣工具的使用方法、報表的填寫與彙報等方面的培訓。

③禮儀培訓。

⑶產品導入階段和成熟階段的產品上市導購的作用都比較明顯，而在產品的成長階段由於市場需求增長比較快，導購的作用並不

明顯,企業更關注的是網點率的提升和市場面積的擴大。

(4)企業還可以利用店員進行導購,可以根據其銷售情況拿出產品利潤的一定比例作為提成,這樣店員就可以配合企業的政策對消費者進行有效的促進活動。這種方式在餐飲店、手機專賣店等更加普遍。

66 激發業務團隊的積極性

新產品上市的執行,由銷售部人員完成。新品推廣首先要能激發內外兩隻業務團隊的積極性,特別是生產廠家的業務人員要能讓經銷商的業務團隊有方法、有策略,這都是非常重要的。

一、激發企業的業務團隊積極性

只有業務團隊內部如火如荼才能影響到客戶。自己都沒有信心,如何說服別人?所以,在新品推廣過程中,激發企業業務團隊的積極性是重要的一環。對此介紹以下幾種方法:

(1)關注激勵──要重視,員工幹得才有勁。所以,透過會議宣貫、市場走訪、表彰等手段,要讓業務團隊感受到對新品的重視。

(2)方向激勵──即要讓業務團隊知道怎麼做。只關注結果性的銷量指標是粗放的,會造成銷售人員面對新品銷售的茫然。企業要透過對新品上市過程中各項過程指標的要求,給業務人員以方向感,讓他們明白「過程做得好、結果自然好」!只要能把新品推廣的過程指標落實到位,銷量自然會來。例如,經銷商有無新品的合理庫存;新品

終端價格是否符合公司指引；新品通路價格是否穩定、是否管理好經銷商的出貨價格，保證層層有錢賺；有沒有在超市中佔據優勢排面；批發市場鋪貨率達標了嗎；有多少 POP、條幅、堆箱佈置；零店市場鋪貨率達標了嗎；是否擺在最顯眼的位置，有多少 POP；各區經理有沒有在自己區域的下屬員工中掀起推廣新品的工作熱潮；公司規定對業代推新品的獎勵和處罰措施有沒有執行到位；等等。

(3)考核激勵——新品銷量表現要單獨考核。考核內容不僅僅只是看銷量指標，更要看過程，如鋪貨率、樣板市場建設、終端表現等。這會增加我們的管理難度，但也恰恰是要求我們把工作做細。

(4)榜樣激勵——打造樣板市場。公司親自督導，儘快打造樣板市場，最好就在公司附近。一方面檢驗我們新品運作模式的成效，例如促銷活動有沒有效，鋪貨政策有沒有效等。另一方面也是給其他區域的業務人員回公司開會時，有機會接觸得到，便於激勵士氣。

(5)溝通激勵——要多聽聽一線員工的困難和意見，以改進工作。下面反映上來的問題要有正面的回饋，這種積極性是需要保護的，否則這種建議會越來越少。

(6)讚美激勵——對做得好的區域，可以在月會時組織大家過去開現場會，對他們而言這是莫大的光榮。

(7)懲戒激勵——即對那些新品做得不好還牢騷多的區域，可以在月會時過去看他們的現場會，讓別的區域給他們指點迷津，讓他們汗顏。

(8)競爭激勵——設置一些競賽活動，如評選新品銷售冠軍，對優勝者予以公開表彰和獎勵。

二、銷售部門要杜絕不良工作現象

首先，整軍紀就是要讓銷售團隊對新品有足夠的關注度。

大多數業務人員不會主動地費心費力地推新品，大家都會把注意力集中在給成熟品項做促銷，因為這樣銷量更大，而且要輕鬆得多。新品上市前若缺少這個環節，業務人員就會感覺新品上市是「在正常的銷量目標完成之外的額外任務，公司似乎也不是特別強調」。一旦他們掉以輕心，新品上市必敗無疑。因此，可以注意以下幾招：

⑴新品上市前一定要召回各區銷售主管、經理做產品上市說明會，有條件的企業甚至可以在各區域招集經銷商開這種動員會。

⑵對各區業務人員專門制定新品銷量任務，並且要把新品銷量達成提出來單獨考核。

⑶日常銷售報表、月會報告中要體現出對新品銷售業績的格外關注，銷售例會中新品業績要成為主要議題。

⑷舉辦銷售競賽，對優勝者予以公開表彰和獎勵，激發推新品的氣氛。

⑸主管對新品推廣不力的區域親自督導，指出工作漏洞，現場獎罰，並通報全廠。

其次，要增強業務人員對新品的信心。之前說過，很多業務人員研究一番新品後，習慣於直接給新品判死刑，如產品的創意、價格、包裝、費用投入等，總能找到「難做起來」的藉口。這種負面情緒一旦蔓延開來，會影響士氣，給後續上市行為的貫徹帶來極大危害。就此，可以注意以下幾招：

⑴新品上市中，要注意定期與一線人員溝通，瞭解他們遇到的阻

力、意見，以便改進，很多靈感都是來自市場一線的。

⑵端正會議風氣，多提建議，少提意見，提倡正思維，對那些新品做不好還牢騷多的區域，月會可以組織相關人員過去開現場會，指出問題，以儆效尤。

⑶儘快先作出一個樣板市場來，一方面可檢驗新品運作的模式，再者可以給業務人員增強信心。

三、設法讓經銷商更有方法

新產品推廣，經銷商是具體的執行單位。所以讓經銷商團隊有策略和方法是新品推廣最後能落地的保障。

讓經銷商知道怎麼做，是廠方業務人員「管理經銷商」的權力的來源，如果你只知道幫公司下發通知和壓貨，而沒有指導如何銷貨的能力，你在經銷商那兒是很難樹立威信的，那你說話又有誰願意聽呢？所以新品推廣對廠家業務人員來講，也恰恰是個樹立威信的好機會。

如何讓他們有方法？這還是需要引導他們去關注過程：用的什麼產品組合、走什麼管道、給什麼政策、做什麼活動、如何應對競爭等。這些都是區域經理的工作，他們應是有想法的，把公司管理的精神輸出到經銷商團隊，關鍵是要把工作做細，給各區域客戶都能有所指導。當然，這和平時區域管理水準是密切相關的。新品推廣階段，如何給經銷商提供更多的策略和方法？

例如，透過新品上市的契機，幫助經銷商建立過程管控體系。

例如，利用督導人員走訪市場，特別要求他們對客戶新品運作進行診斷並指導。

　　例如，帶著客戶去參觀做得好的區域，互相交流取經。例如，提煉優秀的新品推廣案例，組織在區域內傳播。

　　例如，對經銷商的業務人員進行新品推廣專項培訓。

　　例如，引導經銷商做樣板區域、樣板管道、樣板門店等，以學習提高新品推廣的經驗和方法。

　　例如，建立業務人員新品考評方案，以鼓舞士氣。

　　凡此種種，都將是有效的。

67 新產品上市的團隊士氣

一、提高銷售隊伍對新產品的關注度

　　⑴新產品上市前一定要召開各區銷售主管、經理做產品上市說明大會。

　　⑵對各區業務人員專門訂出新產品銷量任務。

　　⑶日常銷售報表、月會報告中要體現對新產品銷售業績的格外關注，建立完善的業績分析系統，全程掌控新產品上市動態。

　　⑷上市執行期銷售例會中新品業績要成為主要議題。對不能如期完成新品推廣任務的區域要求做出「差異說明」，並進行獎罰激勵。

　　⑸舉辦銷售競賽，如：新產品銷售冠軍等。對優勝者予以公開表彰和獎勵，如：頒發銷售精英證書、安排「銷售精英」境外旅遊並發給專項獎金等。

　　⑹人員獎金考核制度，要把新產品銷量達成從總銷量達成中提出

來單獨考核。

⑺高層主管對新產品推廣不力的區域親自檢核，指出工作漏洞，現場獎罰，並通報全廠。

二、新產品推廣人員的培訓

新產品推廣人員的崗前培訓，其目的是告之新產品推廣人員自己加盟的是個什麼樣的公司、要推廣的新產品是什麼，所以培訓是激勵的基礎。

當前幾乎每個企業都有自己的新產品推廣部門，一般在新產品上市之前都會大量招聘銷售人員。但很多企業在把人員招聘到位之後，管理人員對招聘的銷售人員不做關於產品、銷售能力、技巧、道德、企業結構、企業文化等方面的培訓，或者只是做流於形式上的培訓，就急切地把其推到工作崗位上去，這樣不但造成人員能力的參差不齊和對新職業的本能恐懼，而且不利於整個團隊的精神文明建設和企業戰略目標的實現。

新產品推廣專員這個崗位一般要求較低，很多甚至是剛剛畢業的學生，所以我們有必要加強崗前的一個培訓，培訓是企業風險最小、收益最大的戰略投資。開展銷售人員培訓的最佳時機是新銷售人員進入企業之初。透過多方面的培訓來激勵銷售人員，使他們對於企業的產品有較熟的認知理解，對企業漸漸形成認同感，有信心、激情地投入自己的市場工作中。

培訓包括三個方面：

(1)從業心理的培訓

透過管理者給予其一定的鼓舞和克服恐懼的使用方法，提出預防

之道，激勵他們，以排除他們實際工作中的障礙。銷售是一個競爭性極強的崗位，是一個勝者為王、敗者為寇的崗位，銷售人員應該具備承受銷售壓力的能力，否則趁早走人。

(2)新產品有關信息的培訓

企業上市新產品時肯定挖掘了很多賣點，這些知識在新產品推廣人員下市場之前，要準確地傳達給他們；企業對新招聘銷售人員要針對自身企業的特點透過專業授課培訓、優秀老銷售人員的帶領等形式對其進行相關產品、實際銷售方法、技巧的培訓，來消除其對未知領域的恐懼。

(3)有關企業文化的培訓

透過企業文化的培訓，增強對企業的認同感和歸屬感。公司少則幾十號多則上千號的銷售人員，我們需要以一個同樣的聲音和外界說話，向外界傳達公司的信息，這是很簡單的道理，也是淺層次的要求，從更深層次上，我們需要加強團隊的凝聚力和執行力。

三、扼制「新產品不好銷」負面言論

⑴在新產品上市行銷過程中，企劃部要注意定期與一線人員溝通，瞭解他們遇到的阻力、消費者對產品抱怨，為產品、價格及促銷方案的進一步改良提供思路。但同時也要注意，我們需要收集的僅僅是市場反映，而不是怨氣和牢騷！只要公司沒有正式宣佈該產品「下市」，絕不允許銷售人員發出「這個產品有問題！」「死定了！」「這個產品不好銷！」等負面言論擾亂軍心。

⑵端正會議風氣，多提建議，少提意見。什麼叫提建議？例如說區域新產品銷售遇到的阻力，講出阻力的同時就要講出自己的看法

來，認為透過什麼促銷提案可以化解這個阻力。這種發言說明行銷人員是在用心做事。什麼叫提意見？就是叫苦叫累，拿我們的產品和地方小企業比價格和第一品牌比促銷力度、廣告投入，實際上這都是在找藉口！推新品當然有難度，工作肯定有難度，要不然要我們這些銷售員幹什麼？

⑶主管親自督辦，在總部附近的區域做出一塊樣板市場來，月會時請各區銷售主管現場參觀，一來是學習新產品運作的成功經驗，二來證明新產品好銷，完全可以上市成功，給全體人員增強信心。

⑷對新產品銷售業績不佳，尤其是發牢騷、散佈負面言論的人，月會讓所有銷售主管去他的區域開現場會，當面指出他的市場上的低級錯誤，如：經銷商庫存不夠、新品鋪貨率低、新品沒進商超等，並現場處罰，讓大家引以為戒，幫助他認識自己的錯誤，使他的所謂牢騷不攻自破。

四、增強銷售人員對新產品的方向感

⑴新產品上市計劃中對各環節鋪貨、促銷工作做出詳細規定，形成銷售人員的工作指引。

⑵日常工作中塑造「行銷是有因有果的行為」「過程做得好，結果自然好」的管理文化。加強對各區域新產品推廣過程指標的巡檢。讓大家明白新產品任務量能否達成不重要，重要的是你的過程，鋪貨、陳列等有沒有做好。你的新產品任務沒完成，去巡查發現你各項工作過程都做得很好，就會給你減任務。反之你銷量月月超標，但過程做得不好，只能說明要麼是公司給你的新產品任務量訂得太低，要麼是你的銷量是假銷量(沖貨、壓庫存)。

具體過程指標要點可歸結如下：

①經銷商有無新產品的合理庫存？

②新產品終端價格是否符合公司指引？

③新產品通路價格是否穩定、是否管理好經銷商的出貨價格，保證層層有錢賺？

④A 類商品超市進店率達標了嗎？有沒有在超市中佔據優勢排面？

⑤批發市場鋪貨率達標了嗎？有多少 POP、條幅、堆箱佈置？

⑥零店市場鋪貨率達標了嗎？是否擺在最顯眼的位置，有多少 POP？

⑦各區經理有沒有在自己區域的下屬員工中掀起推廣新產品的工作熱潮？有沒有明確這幾個月下屬獎金考核重點是新品業績？公司規定對業務代理推新品的獎勵處罰措施有沒有執行到位？

⑶進一步把如上過程指標概念細分為不可分割的、量化的小問題，形成新產品上市進展自我評估問卷，讓銷售人員「對鏡自檢」、自我評估，真正起到行動指引的作用。

五、要激勵

幾乎每家企業都會推出自己公司的新產品，大量招聘市場推廣人員，組建新產品推廣部，但能夠把新產品推向成功的卻為數不多，這其中有各方面的原因，但有一個至關重要，那就是對於新產品銷售人員的激勵問題。

薪資制度是激勵的最為重要的表現形式，成熟產品和新產品由於其所處的產品銷售週期不同，所以在具體的激勵機制上側重點應該有

所不同。

⑴目前的薪酬制度存在的問題

做銷售的總是靠銷量說話的，銷量就是護身符。就是說銷量做上去了，其他的問題甚至過錯都是次要的，這是一種典型的結果導向理論，會導致銷售人員為了單純抓銷量，大做促銷，惡性透支市場，甚至向客戶許諾空頭支票，最後不予兌現，導致客情關係惡化。不可取！當然目前已經有一些企業運用過程與結果的雙重考核方案。

⑵針對性解決方案

在新產品上市初期，終端的基礎建設，如鋪市率、終端生動化相對成熟產品更加重要。運用過程加結果的考核方法比較合適，例如在產品上市鋪貨期，這一階段以產品的銷售網站的拓展為主要的衡量指標。當產品轉入下一階段的網路維護甚或深度分銷期後，銷量的考核就會適當地上調，其指標的權數也就是所謂的積分也會相應地增加。如何判斷新產品進入那個階段，就需要市場部指定相應的指標了。動態的激勵機制符合動態的市場發展，更加趨於合理。

心得欄

68 新產品上市的速度與時間

一、新產品上市要以速度制勝

對於推廣新產品的企業來說，速度決定一切。不能快人一步，就無法洞察市場的先機；不能快人一步，就無法建立自己的競爭防火牆；不能快人一步，就不能獲得最豐厚的利潤；不能快人一步，就不能佔據市場主導地位。成功企業如戴爾電腦、GE、海爾、沃爾瑪、蒙牛等等均是以快制勝，而失敗的企業如中國的「萬燕 VCD」「旭日升冰茶」也都是因為慢而失敗。

新產品有一個共同的特質，那就是常常快速制勝。常常以快制勝，三個月初見聲勢，六個月決定成敗，一年之內奠定勝局。

對於推廣新產品的企業來說，只能以速度勝規模。如果 TCL 不快，就無法在短短的 5 年內成為中國手機業的佼佼者；如果聯想不快，就無法在國外電腦大舉入侵之前成為第一的 PC 王者。

在新產品行銷上，盲目拼實力、拼資源、拼消耗，實行「陣地戰」、「防禦戰」是最大忌諱，因為新產品需要現金流、需要較高利潤率才能養活自己。

在競爭中，速度就是一切，所以真正的企業家從來不敢鬆懈。深諳「快速之道」的企業，正是透過對市場流行趨勢的及時分析、市場競爭態勢的準確研判和對消費者心理的精準把握，從而做出精準的市場細分，進而完成對新產品行銷體系的全新定義，保證企業完成新產品招商、新產品上市、新產品旺銷三大行銷使命。

對於任何一個公司而言，推出新產品的過程都是令人興奮但同時又極具挑戰性的。一方面，如果產品銷售成功，會給公司帶來良好的效益和新的利潤增長點，為公司後續產品的開發樹立強烈的信心；另一方面，如果產品銷售不暢，不僅公司前期的研發和生產投入無法迅速收回，而且會對公司其他新產品開發甚至未來發展的信心產生較大的影響。

從一般情況看，新產品行銷受前期市場調研、行銷組織設計、價格策略、廣告策略、管道策略以及公司的企業文化等多方面因素的影響。

二、鋪貨週期不能太長

在新產品鋪貨以後，消費者拉動這塊必不可少，但什麼時候進行，這是一個關鍵點。

根據很多企業的經驗來看，如果鋪貨率沒有達到 70%就大面積啟動廣告和消費者拉動，就可能會出現消費者產生了購買衝動，但是買不到貨的現象，無形中就會損失很多銷售機會。所以，對消費者拉動來說，鋪貨率達到 70%是個關鍵控制點。這個時候進行拉動，企業的投入和產出才會比較合理。如果能超過 80%，效果就會最大化。

另外，鋪貨的週期不能太長，一般控制在一個月以內。當鋪貨速度和鋪貨率這兩項都符合條件時再啟動消費者，新產品推廣的成功率將大為增加。

在啟動消費者時，企業常常會忽視一個問題，就是賣點。消費者拉動實際上也是一場價值傳播，產品賣點的唯一性越強，拉動的傳播效果就會越好。如海飛絲的賣點就是去頭屑，很多年後才有競爭品「山

寨」這個賣點。

　　但光有「賣點」是不夠的,賣點是企業強調自我的東西,強調能給消費者帶來什麼好處等。企業在拉動消費時,還必須考慮消費者的「買點」。買點也是消費者購買某產品的理由,如產品、價位、包裝、品質、服務等因素。產品的買點如果透過廣告去傳播,顯然會有些生硬,但是可以透過消費者促銷活動來體現。

　　對消費者來說,感受也是買點。有時一條祝福短信,或者商場、超市裏面促銷員的一個微笑、一句問候語,都會成為消費者選擇這個產品的理由。因此,企業要圍繞產品的賣點和消費者的買點去做,給消費者更多的購買理由,只有這樣,才能把產品賣好。

三、新產品促銷的時間切入點

　　新產品上市促銷,是新產品行銷活動中的重要組成部份,新產品的促銷就是要引起消費者興趣,創造出對消費者有足夠吸引力的利益或者價值,從而創造購買動機。在促銷的同時,合理的把控和時間管理是必不可少的。

1.宜在淡季切入

　　新產品在鋪貨、促銷拉動以後,通常需要較長時期的強力推動才能夠上量。因此,已在淡季切入促銷,經過兩到三輪的拉動,為旺季的上量夯實了基礎。

2.足夠鋪貨比例

　　鋪貨必須達到足夠比例。如果鋪貨不到位,即使促銷方案再好,促銷的力度再大,也難以拉動銷售。從國內成功企業的經驗看,目標市場的鋪貨率一般要達到 60%以上。鋪貨時,既要拉動自身網路內的

二三級經銷商,同時也要跟蹤回饋二三級經銷商鋪貨的情況。要讓經銷商將貨物鋪到位,防止他們把貨物壓在倉庫裏。

3. 提前要有預熱

消費者皆有先入為主的心理,他們一旦認可了一個新產品,往往就會認為它就是最好的,其他廠家要取而代之,即使付出雙倍代價,也收效甚微。所以注意要提前做一些宣傳引導活動,先佔領消費者的心智,奪取第一個印象。

4. 促銷的時間控制

無論是對經銷商還是對消費者促銷,都應合理控制促銷活動的時間。歷時太短,達不到預期的效果;歷時太長,容易造成他們對價格折扣的心理依賴,會損害品牌的形象並增加價格回覆阻力。最好是分段進行,中間設置一個緩衝期。例如 40 天的促銷週期可以分為兩個階段來操作:前 10 天舉辦一輪小規模的促銷活動,中間 10 天停止促銷,然後再進行為期 20 天的大規模促銷。這樣既可以避免消費者對新產品的促銷活動產生習以為常的心理,又可以利用緩衝期增加他們對新產品促銷活動的期盼,使之產生「市場饑餓」的效應,所以當再次推出促銷活動時,就很容易形成巨大的銷售拉力。

四、新產品入市的戰略時機

新產品入市的時機很關鍵,不一定越早越好。最早推產品的叫「先驅」,等他們把市場引導工作做得差不多了,很多有實力的企業就開始「清剿」市場。

要想選擇合適的推廣時間,企業必須對市場和政策有一定的預見性和把控度。

預見和把控某種趨勢和需求，有時比創造某種需求更重要。

從企業內部來看，推新的戰略時機應該選在某一類產品進入成熟期時，以保證企業高速、持續增長。

企業一直在某個階段「徘徊」是比較危險的。我們把這叫做「坎」，遇坎久過不去，就會造成人心浮動，各種矛盾也會暴露出來，就像股市中說的「久盤必跌」一樣。

飲料行業的銷售額在 20 億元左右就是一個坎，白酒行業和藥品行業的坎是 10 億元左右。如果這時企業能有新產品推出，加上深挖管道，翻過去就會「一路狂奔」到下一站。

所謂「銷售一代、推廣一代、儲備一代、研發一代」是有道理的，有儲備、有研發，就容易把握推新的戰略時機。

那企業到底應該是在淡季還是旺季做新產品的鋪貨推廣呢？對於這個問題，我在培訓課堂上做過很多次測試，大約有 30%的人支持在旺季推出新產品，50%的人支援在淡季推出新產品，還有 20%的人不表態。

新產品銷售淡季不淡。因為每個新產品都有上市期、成長期、成熟期等。但新產品在鋪市、促銷拉動後，需要 1～2 年的強力推動才可能到成熟期。而在入市鋪市之後 1～2 年間則一直處於推廣期與成長期。因此，成熟產品會受到淡季的影響，而新產品銷量則不會受到淡季的影響。

同時，新產品在淡季切入，也為新產品旺季的銷量夯實了市場基礎。所以，淡季是新產品切入的最佳時機。如果四月份把新產品的市場基礎工作做好，「五一」期間，再對新產品進行促銷宣傳拉動，市場就能很快啟動。再經過七月、八月的推廣，九月、十月的旺季拉動，新產品市場就能全面啟動。

支持旺季推新鋪貨的人認為旺季時市場的接受度最高、消化也最快，推新鋪貨比較容易被接受；支持淡季推新鋪貨的人則表示淡季做市場，旺季做銷量。這兩種觀點聽起來似乎都很有道理，但仔細分析就不難發現，在旺季組織推廣鋪貨，問題會比較多。

以服裝行業為例，如果在旺季到來的時候進行鋪貨推廣，就算能在一個月以內完成，屆時再啟動消費者拉動，等消費者跟上流行趨勢時，旺季眼看就要過去了，很多廠家就會出現庫存積壓現象。

據調查，中國服裝企業的平均庫存週期在 180 天左右，銷售脫節現象十分嚴重，管道模式和品牌模式都需要重新定位；而國外很多大品牌的銷售都是提前從淡季做起，庫存週期平均只有 30～50 天。

再看看飲料行業。飲料的消費旺季一般是 5～10 月份，有家飲料公司在 8 月份推出了一款茶飲料。考慮到是新產品，經銷商都比較謹慎，開始沒敢多進貨，大戶也只發了 1000 件。不過由於是旺季，鋪市十分順利，像車站、碼頭、學校、網吧等「旺點」的接受度都比較高，半個月後就開始補貨，終端一個月就翻單了，而且補貨量都比當初鋪貨時有所放大。這給了很多經銷商極大的鼓舞和信心，他們普遍都在 9 月中下旬補庫超過 1 萬件。進入 10 月份後，氣溫急轉直下，冰攤紛紛撤出，飲料的消費進入淡季。作為新產品，本來消費者基礎就差，當消費群體減少時，滯銷非常明顯，零售終端和管道裏積壓了不少茶飲料。直到第二年的 6 月份，該企業才將上一年的茶飲料處理完畢，大大影響了第二年的銷售。

因此，除個別案例外，我們主張在淡季完成鋪貨推廣、引導及拉動消費者的工作，這樣進入旺季後才容易形成流行趨勢，放量增長。

69 報表掌控新產品動態

　　企業的銷量業績分析往往只停留在總銷量達成的層面，就使很多市場隱患不能及時暴露，如：沖貨、部份區域品項銷量下滑等，而當這些問題一旦顯示到總銷量的變化上往往惡果已很難挽回。

　　不管大、中、小企業，健全銷量業績分析體系刻不容緩。因為其一：業績數據分析是企業高層領導的眼睛——透過業績分析，主管才能坐鎮總部掌握各地動態，快速反應，數據分析是各地業務人員的鏡子和緊箍咒——及時把業績分析傳遞至各地一線人員手中，可幫助業務人員認識到自己工作中的疏漏與不足；其二：建立相對完善的業績分析系統並不難，不需要巨大的資金和精細管理能力——只需要倉庫統計好數字、內勤製作表格、學會怎麼分析這些表格。

　　新品上市執行過程中，企業尤其要注意對新產品銷售相關業績數字的分析和關注。

　　①及時掌握新產品在各區域、各管道每日、每週、每月銷量表現。

　　每天掌控新產品銷量進度，可推算並調整本月能完成的實際銷量，給業務人員定出合理的目標，任務量減低或增加，並將之分解到每一個區域乃至每個經銷商、每個業務代理頭上。

　　可依此建立各區新產品上市日、週、月曲線圖，隨時發現新產品銷售異常數字。建立預警系統，及時跟進弱勢區域和弱勢管道，探詢原因，解決問題。

　　②在月工作總結、業績分析中著重體現「分品項銷售」觀念，引導各地業務人員的注意力，關注新產品的銷量成長，給業務人員持續

的壓力和激勵。有如上所述銷售業績分析作輔助，企業領導可以對新產品上市在各區各管道的上市成果即時監控，掌握目前新產品銷量主要來自於那個優勢區域和優勢管道，分析其中原因，推廣成功經驗。對弱勢區域和弱勢管道以及整體市場的上市障礙及時研究，落實對各地人員的跟進、管理、獎罰，修正原來上市計劃中不足之處，使新產品上市進程完全在「掌控之中」，確保新品上市不出現大的偏差。

一、銷售日報表

銷售日報——即時監控各地新品每日、當月累計銷售進度。大多數企業的銷售日報表形式如下：

表 69-1　銷售日報表

日期：

	區域 A	區域 B	區域 C	合計
品項 1				
品項 2				
品項 3				
……				
目標				
累計銷量				
完成率				

這種銷售日報實際上反映了企業唯銷量導向的經營思路，銷售經理大多數只盯著最後兩行即各區域的累計總銷量和累計完成率，你追我趕，於是就會出現：

　　大家都把眼睛盯在總銷量達成率上，都願意去促銷成熟品項迅速達到銷量。沒有人特別關注新產品的出貨量，沒人真正用心推新產品，造成公司的新產品屢推屢敗。長此以往，整個公司的產品線失衡，銷量集中在一兩個老品項上，隨著該產品衰退期的到來，產品形象老化、價格透底、通路利潤低、通路合作意願減弱，同時再受到新競爭品的衝擊等，公司的整體銷售就會出現危機。

　　如果只關注銷售日報當月至今日的累計銷量，不關注當日銷量的話，只要銷量達成率跟得上進度，那麼今天出了多少貨、出了那些品項就無人關心——整體達成率高就可能掩蓋了突然連續幾天不出貨或出貨品項不均勻的銷售危機。尤其在新品推廣階段這種模糊粗陋的數據統計更容易掩蓋問題，使管理者無法及時掌握新產品銷售的細緻變化，錯過調整計劃，實施管理的時機。

　　銷售日報要起到以下作用：

　　⑴銷量即時監控：反映各區域的當天日銷量以及各區域累計銷量和達成率。

　　⑵品項控制：隨時反映分品項的每天出貨量、月累計出貨量，便於暴露重點品項、新產品項的銷量問題。

　　⑶品項比率分析：隨時反映各區域累計銷量中各品項佔的比重。

　　透過對以上關鍵數據展示，可以幫助銷售經理隨時監控每一天、每個區域、每個品項的銷售進度以及目前各區域以至整個大區的品項比率是否正常，及時發現新產品（以及各品項）銷售異常勢頭，跟進弱勢區域。

二、銷售週報表

賬款日報表——防止新品鋪貨造成賬款氾濫。

新產品上市的鋪貨過程中，為迅速擴大市場影響往往會有對部份客戶的鋪底即賒銷行為，但這絕不是產生賬款的理由，銷售新產品是為了創造利潤，沒有回收賬款之前的一切銷售行為都是成本——新產品鋪市階段賬款管理尤其不可放鬆！

控制應收賬款的通用原則是對賒銷客戶設定信用額度和信用期限。每次在客戶下訂單發貨之前，審核該客戶的累計欠款是否超期超限，對超期超限的客戶停止發貨。——銷售總監可以對特殊客戶特批放行，如重點商超等或特殊情況如：客戶已回款但貨款在途等。每天、週銷售結算人員將當日、週發生的異常欠款（即超期超限）的訂單繪製成日報表、週報表抄送總經理、大區經理、銷售總監。

透過上述數據可實施的管理：

⑴業務員和銷售主管的心理壓力：最近推新產品賒銷較多，可要小心千萬不能出現異常賬款，一旦轄區客戶出現異常欠款當天就可以知道，從那天起一天一個電話，逼問這筆貨款的追收情況。

⑵銷售總監和大區經理的心理壓力：上級一再告誡：「新產品推廣要控制賬款，要對賒銷客戶嚴格執行限額限期制度。」轄區客戶出現異常欠款，雖然有權特批放行繼續發貨，但這些數據總經理天天都能看到，部門異常賬款多，即使對這些客戶及時停貨，老闆也會認為管理不力，特批放行的賬款更要確保能早日收回，否則老闆又會給帶上濫用簽字權的「帽子」。

⑶異常欠款當日曝光，當日檢點，當日追究，從上至下形成對應

收賬款追討的巨大壓力。層層壓力之下，就會層層加以小心，層層負起責任，漏洞就會減少，效率就會提高。

三、銷售月報表

月銷售分析——在月會報告業績回顧時對新品銷量單獨討論，總結經驗、暴露問題，增加業務人員對新品銷售的關注度。

銷售月會是企業對銷售人員的重要例行管理手段，其首要內容就是當月的工作總結、各區業績評估。在新產品推廣階段，銷售月會的開展就更有意義——各區新產品銷量達成當為月會的主要議題。

大多數企業銷售月會上對新產品銷量及總銷量的檢點停留在只追究各區域新品/總銷量達成率的層次上，實際上僅靠銷量達成率很難客觀評價一個區域的銷售貢獻，各地市場規模不同，市場基礎不同，存在很多影響銷量的「先天」因素。達成率也不能公平反映銷售人員的工作品質，沒有一個總監能熟知各區市場狀況，訂出絕對公平的新產品銷量任務和總銷量任務。

簡單地根據銷量和達成率考核各區工作沒有意義，重要的在於能引入公平的評估模式，讓各區域的主管和經理感受到壓力而且心服口服，同時引導他們的注意力向推廣重點品項即新產品去發展。

完備科學的月銷售分析要達到以下目的：

⑴分析整個大區的當月銷量、同期增長率、較上月成長率。

⑵引導各分區經理關注自己的出貨品項比率是否健康。

⑶引導各區特別關注當月公司重點任務——新產品推廣的銷量。

⑷深度分析分公司地區分管道的新產品銷量，把握新品銷售的管道策略。

⑸排除市場容量不同、市場基礎不同、任務量不合理等因素的干擾，客觀公平地評估各區的新產品銷量及總體銷量貢獻。

70 新產品的鋪貨控制

在產品進入市場的時候，在這個過程中的時間、推力、促進的控制以及人員的配合等諸方面的工作都需要有適度的節奏和安排。設計及管理得好，產品上市的效果就會很好，設計或者控制得不好，可能達不到預想的效果。

產品上市的時候，要考慮時間，而上市時間確定之後，還要考慮推廣的啟發時間和產品鋪貨時間的協調。有些時候，企業喜歡參照已經成功的案例，但很多成功的經驗有其具體的時間、地點、市場環境、社會環境和文化等諸多因素的影響，這些影響不是我們通過它們的總結可以體會的，如果盲目效仿，勢必造成無可挽回的後果。所以，我們應該理性地分析成功上市的產品在上市過程中的規律，把共性的東西和個性的東西區分開來，只有這樣，才能更好地把握自身產品的上市運作節奏。

產品上市的時間是決定產品鋪貨規律的前提，所以，我們必須首先掌握產品上市需要控制的時間規律，這樣才能很好地把握產品的鋪貨時間。

1.產品上市的年度時間控制

圖 70-1　某產品的年度市場需求曲線和最佳上市圖

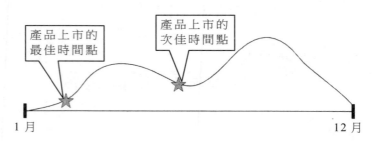

說明：

⑴產品上市的時間應該掌握在年度需求變化的成長開始階段，這是經銷商的鋪貨時間點，也是產品成長的起點。錯過這個時機，企業要承受經銷商的信任危機期，不易引起更多經銷商的關注和興趣。

⑵在年度的第一個需求高峰比第二個高峰更容易上市，因為管道和企業一樣，都是以年度進行結算的，而該年度的市場效果決定了管道成員對未來市場的信心和投入程度。

⑶第一個高峰和第二個高峰都發生在一個年度裏的時候，企業應儘量掌握在第一個高峰來臨之前進行產品上市。而如果該產品沒有第一個高峰，應該在旺季啟動前經銷商鋪貨前期進行產品的上市。

2. 產品上市的鋪貨控制

(1)產品上市鋪貨時間

圖 70-2　產品上市鋪貨時間示意圖

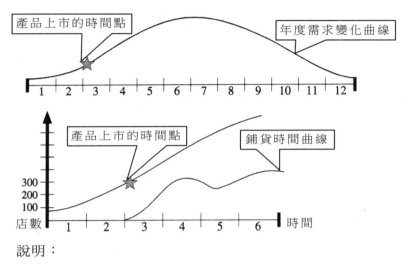

說明：

①在一個區域進行產品上市，產品鋪貨要在產品上市的最佳時間點開始，鋪貨的週期越短越好，一般在一個月的時間內達成 200 家或更多的店數是最好的結果。

②產品鋪貨到一定程度後，其市場的銷量不一定會很快提升，這時要和推廣進行配合才能達成把銷量提升起來的最佳效果。

(2)產品上市鋪貨的前期進度

圖 70-3 產品上市鋪貨的前期進度示意圖

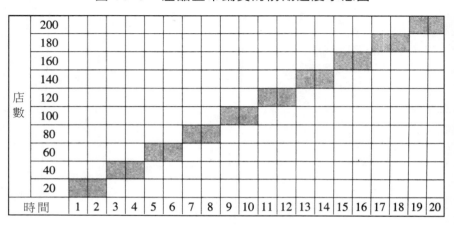

(3)產品上市鋪貨的流程一

表 70-1 產品上市鋪貨的流程一

第一次管道拜訪		
產品上市之前銷售業務人員拿著產品到管道處徵詢意見		
拜訪內容	說明	備註
徵詢對產品的意見	為了能及時修正,同時說明企業的看法	
徵詢對產品包裝的意見	說明企業的看法及徵求改進意見	
徵詢對產品的價格認可度	瞭解管道的承受能力和感覺	
讓管道成員有心理準備	提前預熱,以免產品上市的時候遭到管道的拒絕	
建立信任	讓管道感覺企業對其的信任,從而能夠給以支持	

⑷產品上市鋪貨的流程二

表 70-2　產品上市鋪貨的流程二

上市說明會		
說明會是在產品上市的前期針對管道成員的一個展示訂貨行為		
內容	說明	執行部門
公佈產品的利益和特點	為了讓管道成員對產品本身產生信心	研發人員
公佈產品的市場機會、賣點和企業策略思路	讓管道成員瞭解企業的想法和產品可能產生的利潤機會	市場經理
介紹企業的推廣力度和廣告支持	建立管道成員的市場拓展信心，介紹企業該產品的市場支援能力，介紹廣告方式、訴求及現場展示廣告	市場經理或專員
介紹產品價格政策和人員支援政策	介紹不同管道的價格體系和讓利政策，介紹銷售隊伍的配合度和人員到位情況	銷售經理
公關性禮品及現場招待	發放產品樣品或禮品、產品宣傳資料及折價券，晚宴	市場及銷售部共同

(5)產品上市鋪貨的流程三

表 70-3　產品上市鋪貨的流程三

第二次管道拜訪(訂貨)		
產品上市過程中銷售業務人員拿著成品到管道處訂貨		
內容	說明	執行人
到一級管道成員	送達產品樣品及訂貨	銷售經理
到二級管道成員	送達產品樣品及訂貨	銷售主管
到主營商超	送達產品樣品及訂貨	銷售經理或主管

(6)產品上市鋪貨的流程四

表 70-4　產品上市鋪貨的流程四

訂貨及配送		
產品上市過程中銷售人員促進管道訂貨		
內容	說明	執行人
對管道前端成員的訂貨及送貨	送達產品樣品及訂貨,配送促銷品、宣傳品	銷售經理
對直營管道成員的訂貨及送貨	送達產品樣品及訂貨,配送促銷品、宣傳品	銷售經理或主管

(7)產品上市鋪貨的流程五

表 70-5　產品上市鋪貨的流程五

終端服務		
產品上市過程中業務人員跟隨產品到管道終端		
內容	說明	執行人
幫助一級管道成員鋪貨	到二級管道處進行訂貨促進	銷售主管或代表
幫助直營管道展示	到終端幫助陳列及展示	銷售代表

71 新產品的銷量控制

產品上市的時候要考慮的另外一個問題就是不同類別產品的銷售頻率是不一樣的。產品有快速流轉品和耐用消費品之分，也有功效型產品和工業產品之分，這些產品類別的不同，決定了其在市場上的銷售速度。一個全新的產品由於其認知速度較慢，在剛剛進入市場的時候銷售速度自然就快不起來，而一個老的產品由於市場已經進入了成熟階段，所以一個全新品牌帶領這個產品上市的時候，銷售成長的速度自然也就比較快。

我們分析這些主要是為了把握不同產品上市時候的控制區別，下面把具體的控制策略簡單地介紹一下。

1.不同類別產品的銷售頻率控制

(1)快速流轉產品上市的銷售頻率

圖 71-1　快速流轉產品上市的銷售頻率圖

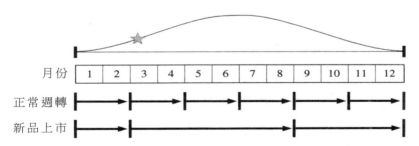

說明：快速流轉品要想達到正常的流轉速度需要一定的時間，所以，在產品剛剛上市的時候，不可能產生正常的流轉速度。產品鋪貨之後需要有一個市場的啟動時間，隨著產品被市場的認可，流轉速度

會逐步趨於正常。

⑵耐用消費產品上市的銷售頻率

圖 71-2 耐用消費產品上市的銷售頻率圖

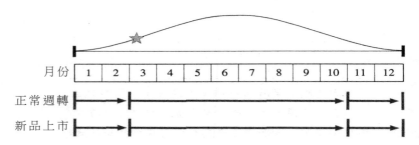

說明：耐用消費品的產品市場週轉很慢，企業基本上是以一年的時間為一個計算單位，產品在一年中的市場啟動整體上要在年終才能有所體現。

2.不同產品階段的產品銷售頻率

圖 71-3 不同產品階段的產品銷售頻率圖

導入階段	成長階段	成熟階段	衰退階段
單次購買少	單次購買多	重複購買多	單次購買少

說明：企業多數是在產品的成長階段進行產品上市，此時市場擴充的速度比較快，所以，很少有企業關注一個消費者的第二次購買行為，而是一個勁地賣給第一次購買的人。但隨著市場的飽和，產品進入成熟階段，這個時候，企業會騰出更多的精力關注消費者的個性需要和創造第二次的購買可能，市場上的重複購買也會逐步增加。

72 產品上市的鋪貨追蹤

　　在新產品上市執行、控制的過程中，透過對銷量數字的追蹤，可以迅速發現問題和異常跡象。但市場千差萬別，單純看銷量數字往往只能發現問題存在而無法找出問題結論。而對這些問題和異常現象的進一步研究，就要靠對新產品上市階段過程指標及市場現象的追蹤，才能更全面地解讀銷量異常背後隱藏的問題實質，從而尋找解決方案。

　　新產品上市要追蹤的過程指標和市場表現包括：新產品的各管道鋪貨率變化，新品各管道生動化表現，新品的價格是否穩定而且有優勢，競爭品在鋪貨、價格、生動化、促銷、廣告等方面有什麼動作以及消費者對新產品的接受程度。對過程指標和市場表現的追蹤其數字來源要比銷量追蹤困難得多，需要企業投入一定的人力、物力和時間去做全面的調查、採樣、數據匯總工作。對這些指標進行客觀的數據調查，至少可以下作用：

　　①對市場覆蓋面較大的企業，高級主管不可能去全面實地走訪，讓市場調查人員做適度的、相對廣泛的數據採樣分析，至少可以給主管的一線體會和主觀判斷做個佐證。如果市場調查結果與你的想法相違，不妨先別急著下結論，再親自進行更大範圍的一線觀察，同時讓市場調查人員進一步調查確認他們的市場調查結果。

　　②對鋪貨率生動化等過程指標的調查，實際上在不斷給業務人員「施加壓力」，引導他們的注意力去努力做好這些指標，沒有這些過程做後盾，新產品上市不可能有好的結果。

③主管不可能天天泡在一線市場走訪,而市場調查人員對競爭品動態、消費者接受程度的調查可起到領導「耳目」的作用,幫助領導快速反應,定出防禦措施和新產品改良決策。

要想新產品賣得好,先得讓新品能讓消費者看得到、買得到,鋪貨率和終端表現的提升是新品上市最最基礎的動作,是一切促銷、廣告策略的前提。

在具體追蹤指標上要知道新產品上市鋪貨率是隨時間階梯遞增的,所以,要追蹤初期鋪貨率、中期鋪貨率和最終鋪貨率。例如分別追蹤前 10 天,前 20 天,第 1 個月,第 2 個月,直到第 6 個月的各階段的鋪貨率。

在鋪貨率調查的過程中要注意確保數字的真實可信度,讓各區銷售人員自己報鋪貨率往往會有水分,所以最好由總部人員親自調查、高層經理覆核,嚴懲謊報的手段,提高信息準確率。另外運用第三方調查也不失為一個好方法。

透過對鋪貨管理可以起到以下作用:

⑴透過對整體新產品鋪貨率進度的掌握和新品銷量的對比,發現問題。如:

①鋪貨率進度一直緩慢,就需要加強新產品的鋪貨率價格、政策及人員激勵政策。

②新品銷量進展迅速,但鋪貨率進展緩慢,可能出現通路庫存過大現象,要立即減緩給經銷商壓貨,做促銷幫經銷商和二批商進行分銷,提高鋪貨率消化庫存。

③零售店鋪貨率在第 2 個月開始下降,可能是競爭品反擊的原因,也可能是本品的消費者促銷沒跟上,拉力不足,鋪貨率做上去又很快下來(零售店老闆不願二次進貨),要據此方向進一步探討、制定

應對策略。

(2)發現鋪貨未達成的管道及區域市場,查明原因。

例如:在大多數市場完成鋪貨的情況下,有一地區鋪貨率未達成,則說明該地區市場有異常動態或負責業務代理鋪貨作業不力。而一個區域內,有一個管道鋪貨未達成,其他均達成時,說明新品在該管道遇到障礙或負責該管道的業務代理工作有問題。

(3)分析新品各管道鋪貨率達成及銷售比率,修正單品項(新品各口味)鋪貨率提升指標發現潛力最大的品項和管道,調整品項和管道側重點。

例如:發現該產品在學校管道鋪貨進展快,則加大學校管道鋪貨促銷力度,作為新品上市的一個管道切入點。

(4)與競爭品的鋪貨率進行對比,分析優勢與劣勢。結合競爭品鋪貨率現狀,設定高於主力競爭品的鋪貨率指標,使產品上市後能夠形成鋪貨優勢,創造優於競爭品的銷售機會。

73 新產品的貨源控制

一、新產品的銷售管道物流週期控制

產品的管道物流週期,是企業考量在什麼時間進行管道幫助的依據。有時是因為市場原因造成了管道的堵塞及流速緩慢,有時是管道自身的操作行為導致的,還有一些是因為管道成員與企業的溝通不夠,對產品的運作行為和方式不是很瞭解,才造成該產品在管道環節

的流速減慢。

表 73-1 管道流速慢的原因

現象	原因
導入期流速慢	市場的需求沒有產生，產品銷售力度過大
成長期流速慢	需求增長強勁，銷售力度小，利用管道單一，過於強調規範的管理
成熟期流速慢	產品的品牌力度弱，個性概念不明顯，總是利用產品來爭取市場

　　分析管道產品流速，可以有的放矢地對管道或者市場進行針對性的改進。比如管道的流速慢，可能是市場的拉動行為較小造成的，企業就可以在推廣行為上適當加大力度或者改變訴求方式等。如果是銷售本身的力度不夠，企業可以加強銷售促進和銷售管理，整合人員的銷售方式和行為，總之，各類原因都有可能造成管道的流速減慢和管道堵塞。

表 73-2 解決管道流速的方法

現象	解決方法
導入期流速慢	捆綁產品和品牌做產品利益的市場，推廣力度和銷售要適度合理
成長期流速慢	根據產品選擇適合的管道成員，迅速擴充市場，同時利用推廣工具宣傳品牌，把品牌的概念設計清晰，保持價格的競爭性
成熟期流速慢	對產品進行概念包裝，捆綁品牌一起做個性化市場

二、區域銷售的控制

　　區域銷售對於新產品來說是要首先考慮的,每個新的產品都是從一個區域開始的,也有些老品牌在出一個新產品的時候,利用已有的管道資源和品牌資源,從一開始就進行全國性的銷售。但由於市場的管道結構不一樣,往往用一個政策貫徹下去會存在很多不可迴避的市場節奏問題,造成有些區域可以利用這個政策,而另外的區域就需要利用另外一個政策。但如果新的產品在沒有進行市場細分的情況下,同時利用幾個政策就會造成嚴重的串貨現象,所以對於一個新的產品來說,區域管理是非常重要的工作。

　　區域管理涉及一個區域的管理問題,還涉及到在一個區域產品上市之後如何擴展到其他區域的問題,而其他相關區域和主營區域之間的關係及管理控制也是企業需要考慮的問題。

1. 區域銷售管理涉及到的問題

(1)區域的市場問題

　　①每個區域的市場都有不同,首先要考慮的是政府環境,其次要考慮的是區域的文化環境、經濟能力等,這些是在這個市場上市產品並取得發展的先決條件。

　　②要考慮區域市場對產品的接受有沒有風俗習慣、歷史沿襲下來的特殊情節等因素。

　　③區域市場的消費環境和可能造成的口碑能力。

　　④區域市場的影響度和輻射能力。

(2)區域的推廣問題

　　①當地媒體利用能力,市場對媒體的接受程度、方式,資金利用

等。

②考慮推廣的時間，企業的推廣方式可能滲透的能力。

(3)區域的銷售問題

①區域管道的資源到底有多大，可以擴展的空間是多少？

②企業需要投入的資源和時間，可以利用的政策寬度是多少？

③考慮產品啟動的時間和對其他區域的擴展對產品成長的影響。

2.區域銷售管理一般注意的問題

(1)管道的拓展時間

①要看區域的大小，決定是否把區域劃分成若干個小的區域形式。正常情況下，會把區域劃分成四份，每一份都有銷售部門的一個主管帶領業代進行控制，這樣不僅在管理上便於控制，也可以迅速達成鋪貨的可能。

②企業要根據區域的規模來決定是否選擇多個或者單一的管道成員進行該區域的代理業務，不管是單一或者多個，企業都要考慮自身的直營機會，以便控制市場。

(2)銷售鋪貨的速度

①銷售的鋪貨採用兩種方式進行，一種是把貨發送到管道成員的手中，由管道成員再把貨送到終端，還有一種方式就是由企業直接面對一些主營的大商場進行送貨，兩種方式互不干擾、同時進行。

②鋪貨的速度要與市場的推廣進行有機的配合，正常情況下應該是推廣的時間先於鋪貨的時間 20 天左右。

(3)市場的下貨速度

①市場走貨的時間應按產品的流速進行控制，快速流轉產品開始走貨的時間比較短，企業正常控制的週期應該在四個月左右，而耐用消費品開始走貨的時間雖然不是很長，但剛開始的時候企業可以控制

的週期卻比較長，正常以半年或一年作為控制單位。

②市場終端的管理和控制是形成市場走貨的條件之一，在一個區域要想做好，必須考慮在終端的行為以刺激銷售。

(4)可能的串貨機會

①新產品上市的政策是首先針對某個區域而形成的，而其他區域的條件是否符合是很難說的。企業在發展管道成員的時候，往往會忽視這樣的結果，就是管道成員如果看到市場機會，一定會把產品銷到它可以控制的區域，這樣對企業來說繼續擴展及推廣對其他管道成員就會產生不公平的現象。所以，每個管道成員的責任應該在前期就要劃分明確。

②一個新的產品上市，企業必然要進行必要的推廣宣傳，而媒體的輻射能力可能已經超出了企業對一個區域的把控，所以，該區域週邊的區域拓展及管道利用政策是企業在這個區域進行產品上市要考慮的問題。

(5)人員的控制能力

①不同的產品，人員的利用形態是不一樣的，企業要根據產品市場的情況決定管道政策，而這些管道政策又決定了人的利用方式，所以要考慮企業的管理政策是否與管道的利用方式相匹配。

②企業往往會注重管理的方式，其實管理的方式來源於企業的政策和策略，不同的管道政策和不同的市場政策應對應不同的管理方式，也就會有不同的管理架構，不能先有管理架構，而後再制定政策。區域市場的管理應針對區域的特點進行分級，如果企業把區域劃分幾塊，就要在銷售部下分出一級管理人員進行相應的管理。

(6)區域拓展的時間

①要在一個區域達成銷售並形成穩定的週轉，企業就需要進行更

多的區域拓展。

②企業的資源雄厚時,可以考慮幾個區域同時進行和幾個區域同時拓展的方式。

③如果市場上該產品的普及率不是很高,而這時候市場又能形成週轉的情況下,企業應該考慮更快地拓展其他區域。

74 追蹤新產品上市表現

新品上市執行過程中,企業尤其要注意對新品銷售相關業績數字的分析和關注,特別是對過程數據的關注,體現管理精細化的要求。

月底工作總結及數據分析,新品推廣階段,在月工作總結中要著重體現「分品項銷售」觀念,引導各地業務人員關注新品的銷量成長,並給業務人員持續的壓力和激勵。月會議數據分析,僅簡單地根據銷量和達成率考核各區工作是沒有意義的,因為各地市場規模不同,市場基礎不同,僅靠銷量達成率很難客觀評價一個區域的銷售貢獻。月銷售分析要達到以下目的:

(1)分析整個大區的當月銷量、同期增長率、較上月成長率。對與去年同期相比銷量有大幅成長或衰退的銷售數字形成鮮明的對比展示,並進行視覺化管理。

(2)引導各分區經理關注自己的出貨品項比率是否健康。關注全品項銷售,針對形象產品、走量產品、新品、競爭性產品、利潤產品、邊緣產品等不同的定位,要有不同的市場策略,同時也要檢視我們市場工作的成效。

⑶排除市場容量不同、市場基礎不同、任務量不合理等因素的干擾，客觀公平地評估各區的新品銷量及總體銷量貢獻。例如，別以為你的總銷量大你就能「狂」了！你賣的都是成熟產品，你銷量大是因為你管的城市大，把新品賣出去才是你的「本事」！新品銷量達成率低，你可能說我給你的新品銷售任務量太高，但你的區域新品銷量佔整個大區新品銷量的比重，是在逐月增加還是逐月減少，這應該是最能反映你和其他經理相比是在進步還是在退步。這個指標應該算是「客觀公正、無可抵賴」的。

⑷深度分析分公司地區分管道的新品銷量，如商超、批發、特通等，以把握新品銷售的管道策略。例如，可以發現新品上市後的重點銷售管道，及時追加投入人力及其他資源，加強管道管理。例如，新品上市後，追蹤到 K/A 店銷量佔 45%以上，說明產品在 K/A 管道有潛力，隨即加強 K/A 店營業人員的力量，保證 K/A 銷售不斷貨；透過對比各管道銷量，及時發現隱患，探求銷量障礙的真正原因。例如：新品上市，透過數字計算追蹤發現 K/A 店平均單店日銷量太低，那可能是該區域新品推廣在 K/A 店重要環節上出了大問題，要馬上追究原因；某區域某新品品項(同時適合在 K/A 店和批發銷售)在 K/A 店賣得很好，但批發起量卻很差，說明不是消費者不接受新品的問題，而是該區銷售工作不到位。因為商超是自選銷售，產品在商超店可以賣得好，說明當地消費者接受該產品，批發沒有理由不起量。

要及時掌握新品在各區域及管道的日、週、月銷量表現。透過跟進銷量表現可以給業務人員制定或調整目標，並將之分解到能落實的區域、客戶或業務人員身上。日、週、月銷售可製成視覺化曲線圖，建立預警系統，及時跟進弱勢區域和弱勢管道，探詢原因，解決問題。銷售日報表(累計)，如表 74-1 所示。

表 74-1　H區銷售累計日報表

部門：H區　　　　　　　　　　　　　　　　日期：　月　日

	分公司1		分公司2		分公司3		合計	
	銷量/件	比率(%)	銷量/件	比率(%)	銷量/件	比率(%)	銷量/件	比率(%)
品項1	198	33	1401	50	248	25	1850	46
品項2	302	50	399	16.7	602	60	1300	32.5
品項3（新品）	100	17	600	25	150	15	850	21.3
目標	2000	/	4000	/	4000	/	10000	/
月累計銷量	600	/	2400	/	1000	/	4000	/
月累計達成率(%)	30	/	66	/	25	/	40	/

　　此表反映 H 區各分公司、各品項（包括新品）的日銷量、月銷量及目標達成，各品項在各區域及累計完成的銷售比率，傳遞出大量的銷售信息。對大區經理來講，透過上述數據可以實施以下管理：

　　(1)跟進重點品項——新品銷量。本月整個公司品項 3（新品）的出貨比例偏低，未達成公司目標，要及時跟進新品的銷量，找出原因，找出對策。

　　(2)跟進弱勢區域，如辦事處 2 新品推廣業績顯著，有什麼經驗？辦事處 3 新品業績達成最差，有什麼問題？

　　(3)瞭解新品推廣各區間的達成進度差異，發現新品的旺銷區與滯銷區，詢問經銷商、批發商庫存情況，為跨區調貨做準備。

⑷跟進其他弱勢品項、弱勢區域，如辦事處 2 今日達成率超前，但品項 2 的出貨比例太小，存在什麼問題？

75 新產品的理貨控制

一、終端的理貨控制

產品進入管道之後，能否儘快到達終端、到達終端之後能否迅速達成銷售是企業關注的問題，這些問題要想控制好需要注意以下一些重點：

· 終端的進貨速度

· 終端的理貨

· 終端的銷售

為了能夠更好地控制終端，每個企業都會在產品到達終端的時候配備理貨人員。

1.理貨人員的路線管理

⑴路線管理是為了能更經濟和有效地利用時間。

⑵每個理貨業務人員每天都有一定量的拜訪任務，拜訪每一個商店需要的時間可以進行精確的計算。根據每個店面的距離、交通狀況、路線的長度以及業務代表進入店面後的寒暄時間和理貨時間等嚴格計算，可以達成一個業務代表在一天之中拜訪的店數。每個業務代表管轄的店面有些需要一週內拜訪兩次，而有些需要一次，這樣在同一個路線當中就要重新劃分拜訪兩次和一次的機會及走訪路線。

圖 75-1　理貨人員的路線管理圖

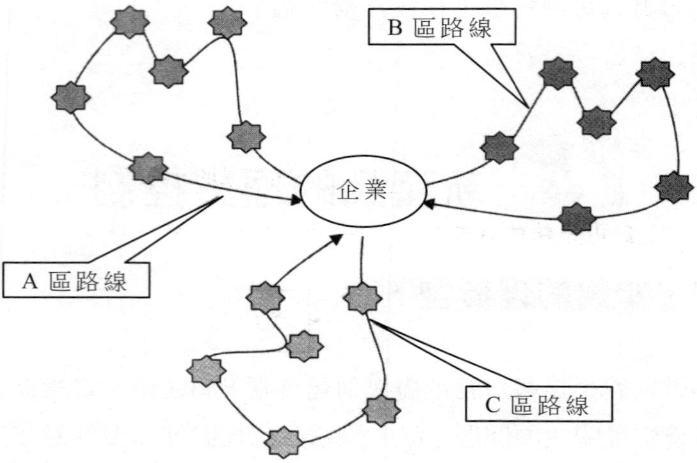

2. 理貨人員的工作管理

(1)理貨人員管理的主要內容

①理貨業務人員的日常工作檢查(每天填寫理貨清單、拜訪日報表)。

②理貨路線拜訪檢查。

③理貨重點客戶的維護內容。

④理貨中的產品陳列內容。

⑤理貨中的產品生動化內容。

⑥理貨中的貨品出量及庫存檢查內容。

⑦客戶的溝通內容。

⑧目標中的品牌展示內容。

⑨促銷及推廣工具的檢查內容等。

⑵理貨人員管理採用的方法

①利用日報表進行管理。

②利用週報表進行管理。

③定期與不定期檢查管理。

④與市場部門配合的抽檢。

⑤理貨人員互相換防督導管理。

二、銷售管理控制

　　銷售管理在企業是日常的行為內容,但對於一個全新的產品上市來說,還面臨著一些新的問題,一個是新產品的流程中對管道的管理,一個是新產品上市過程中企業內部的管理,還有一個是對市場的控制和管理,總之,管理的目的是為了更好地把產品送到市場上去銷售。在這裏,重點介紹產品上市過程中的管理要點,以便我們在產品上市的時候能夠有重點地把握管理的一些環節,同時介紹一下產品上市的流程控制問題。

1.拓展市場過程中的推廣費用流失問題

　　⑴在產品的市場啟發過程中,企業採用的方式很多,其中強力的推廣行為造成拉力過大,這個時候,銷售的滿足還沒有及時跟上,就會造成推廣費用的浪費。

　　⑵銷售人員在外自己控制地面或者當地廣告資源的時候,容易在價格折扣上欺瞞企業,造成廣告費用的浪費。

　　⑶市場需求不容易被啟發的時候,企業沒有按照市場的規律逐步地滲透,而是採用狂打廣告的策略,甚至採用路牌等不適合的媒體形式,這些都可能造成廣告費用的流失。

⑷業務人員在外駐守的時候，個別人員採用瞞報費用，甚至採用移花接木的方式也是企業推廣費用流失的原因之一。

2.管道串貨造成的產品上市流產問題

⑴產品進入市場之後，企業在管道的定價上預留空間過大，可能造成管道沒有把產品真正鋪向終端，而是把產品通過管道之間的轉移賺取利潤。

⑵企業的定價政策對各類管道成員的機會設計不合理，造成直營和代理之間的價格差，從而使產品反向流動。

⑶各類市場的需求啟動時間不一樣，推廣力度有差別，造成產品向較成熟的區域流動。

⑷企業的管道激勵政策在某個成長階段，沒有鼓勵更大的拓展積極性，造成更大的管道成員可以提前利用企業的政策。

⑸在產品的成熟階段，企業在鼓勵方式上過於強化銷售和銷量，忽視市場的行為，造成政策對某部份有實力管道成員的支持加大，忽視直營和一般管道成員的作用。

⑹企業內部人員與管道成員呼應，仿製產品，低價與企業競爭。

3.上市的時候招標造成的偏失

⑴產品上市的時候，要選擇招標的時機。一般在產品的導入階段不適合進行產品的招標，這時招標等於把產品市場的啟發工作放到了管道成員身上，而管道成員要的是產品的利潤，對於有沒有市場根本不關心，所以，這個時期的招標等於是賭博。

⑵被一些諮詢公司左右，甚至說服，把產品放到了一些銷售諮詢公司的管道那裏，造成產品的管道變異，無法有效到達終端和做好終端的工作，使產品在一段時間的市場沉積之後，迅速消亡。

⑶企業急於產品上市，所以把銷售政策放得很寬，造成被一些不

法管道成員利用機會欺騙。

⑷企業壓批結款,對於一些沒有實力的管道成員來說,會造成貨品滯留管道,從而出現市場啟動緩慢、管道喪失信心的現象,導致管道成員的低價甩貨。

4.產品的推廣和銷售配合不力的問題

⑴過早地鋪貨,市場的推廣力度跟不上,造成管道對產品失去信心。

⑵過早拉動市場,銷售沒有跟上,造成市場等待過久,從而失去好奇及慾望。

⑶產品在導入階段過早宣傳品牌,造成市場對產品的不認知,從而市場不能啟動。

⑷成長階段沒有及時跟上品牌宣傳,過多地進行產品的教育,為他人開拓市場需求空間,而自己沒有進行滿足,從而失去機會。

⑸產品進入成熟市場,沒有強化品牌個性和產品特點之間的關係,一味地利用銷售行為去拓展市場,造成產品在管道滯留,被迫進行多層次的分銷,使產品的品牌力度下降。

⑹成熟市場時期,企業忽視品牌的作用,用銷售強化市場的銷量提升,造成企業產品的滯銷,從而使企業必須利用新產品重新拓寬市場,當新產品的拉力不足以支撐市場成長時,會造成新產品的短命行為。

5.產品上市的銷售管理流程控制

圖 75-2　產品上市的銷售管理流程控制圖

新產品上市的行銷計劃制定	根據市場制定的推廣和銷售的全套產品行銷計劃內容，由企業的市場部門與總經理制定
根據行銷計劃制定新產品上市的銷售計劃	新產品的銷售計劃由銷售部門根據市場部門的行銷計劃內容分解出來
根據銷售計劃制定區域及階段性的銷售計劃	銷售部內部根據制定的整體銷售計劃制定區域計劃和時間上的階段性計劃，以便於控制
選擇管道成員，按照指定的方式進行管道拜訪並銷售	銷售部門根據產品的性質，產品進入市場的階段，企業的目標選擇適合的管道成員並進行銷售
幫助管道成員鋪貨並對終端進行展示和陳列	把已經鋪向管道的貨儘快流通到市場的終端，應該按照銷售管道的長短由不同業代進行幫助
對管道成員進行激勵和支持，給以適當的政策及促銷幫助	讓管道成員有信心，要進行終端的推廣支援，同時有適當的激勵政策的保障
終端的理貨及促銷支持，及時回款	為讓市場的購買加速，需要對銷售終端進行幫助，例如適當的地面推廣支援和人員的終端配合
配合市場部對市場進行啟發和教育，引發更大的市場	強力拉動市場，使企業的產品能在市場上站住腳並取得更大發展

　　說明：每一層控制都需要不同級別人員的工作努力，同時要注意的是，每一層之間在不同的時間裏所要控制的內容和方法是不一樣的。有的時候需要利用表格化的管理，每個業務代表要向上一級每天

彙報自己的工作，有的則利用電腦進行計劃的管理，也有一些是對小
的團隊進行管理控制；有些時候需要一週的時間，有些則不能超過三
天。總之，成熟化的市場需要管理推廣的內容和銷售的內容，而成長
型的市場更多的是銷售的管理內容，不同的管理內容和要求決定了管
理表格的使用。在這裏沒有更多地羅列一些表格化的東西，目的就是
要說明表格是為管理的目的服務的，不同時間的市場功能和可能得到
的利益結果是不一樣的，企業採用的不同策略方式可以決定那些表格
有用，那些表格沒有用。同樣的道理，表格只是為了我們便於認識和
填寫，也是為了管理和控制的便利，需要得到什麼結果就應該設計什
麼樣的表格進行控制。

76 微波爐新產品上市行銷企劃案

企劃綱要——

一、微波爐市場分析

1. 歷年來微波爐市場發展狀況。

2. 本牌歷年來銷售狀況。

3. 主要競爭分析。

4. 微波爐潛在購買者分析。

二、微波爐 98 年度行銷計劃

1. 產品策略。

2. 價格策略。

3. 通路策略。

4.促銷推廣策略。

三、微波爐 98 年度行銷損益預計表與評估分析

企劃內容——

壹、微波爐市場分析

1.歷年來微波爐市場發展狀況：

本省微波爐產品最早是由本公司於民國 91 年介紹引進，幾年來市場未有極大的拓展，仍屬市場導入期的階段，究其原因有：

(1)產品屬於特殊性產品，消費者不瞭解其產品。

(2)缺乏大眾傳播媒體的介紹，消費者不知道有此類產品。

(3)產品價格高，只能售與有限的高所得家庭。

(4)國人的生活習慣及所得水準還未能與產品配合。

(5)所有家電公司一直未盡全力去推展此產品(因其金額不高)。

目前市場上的產品略述如下：(其優缺點分析表省略)

(A)日本系統——①sHARP ②Toshiba ③Sanyo ④National

(B)美國系統——①Westinghouse ②Amana

2.本牌歷年來銷售狀況：

(1)92 年～97 年/8 月各年銷售台數如下：

92年	93年	94年	95年	96年	97年/1～8月	合計
10台	30台	4台	58台	185台	280台	565台

由於 95 年以後，本公司實行經銷商制，且設立特銷課，專門負

責微波爐業務，故每年成長率均在 100%以上，且由於國民所得日高，預計能接受此高水準產品的治費者將大幅增加，故兩年內成長率仍將在 100%以上，實為一值得拓展之業務。

(2) 91 年微波爐的機型與價格分析：

機型	進口成本	毛利	批價	定價	市價	經銷商利潤
R-6400	12293	5707	18000	22500	21000～23000	3000～5000
R-6700	12666	5834	18500	23150	23000～24500	4500～6000
R-8200	18214	5786	24000	30000	28000～30000	4000～6000

價格較易為大眾所接受，且外型美觀大方，容積也夠大。

(3) 97 年度/1～8 月本牌微波爐各地區銷售情況分析：

出貨台數	台北	北部	台中	嘉義	台南	高雄	家數合計	台數合計	台數比率
1	7	6	8	3	2	2	28	28	16.4
2	2	2	4	1			9	18	10.5
3		1	2	1			4	12	7.0
4	1	1	3		1		6	24	14.0
5		1					1	5	2.9
6	1	2	1				4	24	14.0
8	1						1	8	4.7
10			1				1	10	5.8
19			1				1	19	11.1
23		1					1	23	13.6
家數合計	12	14	20	5	3	2	56		
台數合計	29	57	69	8	6	2		171	
比率	17	33.3	40.4	4.7	3.5	1.1			100.0

目前微波爐的經銷商中，僅有少數（約 10 家）的銷售能力較佳，其餘均甚差。

若就地區分析，台中地區最佳，北部地方次之，台北地區第三，而嘉義、台南、高雄地區因無專任業務人員，故銷售量較低。

3. 主要競爭廠牌

大統公司代理 Toshiba 產品銷售狀況：

(1)大統是 95 年起代理銷售 Toshiba 的微波爐，截至目前為止，共進口 ER-610 與 ER-620 兩機種。

(2)該公司極力銷售此產品，根據海關進口數據顯示，至去年底其進口台數已達 325 台，與本牌甚為接近。

(3)在產品上，ER-610 的特性不如本牌產品，威脅不大，但今年剛進口的 ER-620 具有回轉盤，特性與本牌 R-6700 甚為接近。

(4)在價格上，大統採低價策略，其價格比本牌低，如：ER-610 定價 18800 元，市價在 14000～15000 元；ER-620 定價 19500 元，市價在 15500～16500 元。

(5)銷售組織上：

①大統負責銷售微波爐的單位屬業務處電子業務課，目前計有銷售與示範人員 4 人，組長 1 人，共 5 人。

②銷售方式以該組直銷與服務站銷售為主，透過經銷商銷售者較少，惟經銷商多以介紹服務站方式，抽取佣金，至於經銷店或服務站陳列此產品之情形，並未普及。

③在銷售及展示活動上，該業務單位相當活躍，尤其對各機關團體福利社所舉辦的員工特價展示會，滲透力很強，所收效果也不錯。

（其他競爭者分析相當類似，予以省略）

4.微波爐潛在購買者的特性分析：

(1)購買動機：

根據微波爐購買者研究調查，發現最主要的購買動機者：使用方便（佔 25.8%），親友推薦（佔 19.0%），到親友處使用後感覺不錯才買（佔 12.9%），業務員或經銷商推薦（佔 12.6%），省時（佔 11.2%）。

可見方便、省時與心理上的炫耀滿足是購買微波爐最重要的動機。

(2)購買發動者：

為先生的有 44.3%，；為太太的有 39.8%。

(3)購買決策者：

為先生的有 55.7%；為太太的有 30.1%；夫婦共同決策的有 13.3%。

(4)購買使用者：

為太太的有 74.8%。

(5)購買者的特性：

①職業：先生多半不限於某一職業，相當分散。太太則有 72.6%，為家庭主婦。

②職位：先生中有 59.6%為企業負責人，其餘則多半為中、高級主管。

③年齡：先生年齡在 31～50 歲之間的佔 82.1%；太太年齡在 31～50 歲之間的佔 75.8%。

④教育程度：先生大專畢業佔 83.6%；太太大專畢業佔 61.4%。

⑤家庭設備：有電視機者 100%；有音響者 80.9%；有冷氣者 93.0%；有轎車者 74.7%。

⑥有 73%均由家庭主婦主廚，沒有請管家。

⑥由以上分析，可見微波爐的目標顧客

①多屬高所得家庭。

②先生及太太多在 31～50 歲之間。

③先生多是企業或機關的負責人或中高級主管。

④太太多半是家庭主婦，未請管家，對烹飪有興趣。

貳、微波爐 98 年度行銷計劃

1. 產品策略：

根據消費者調查，購買者基於炫耀性動機者佔 32.2%，故微波爐在產品策略上應以高級品的姿態，以滿足其動機。

(1)銷售的機型有高級型 R-8200，中級型 R-6700，普及型 R-5300 中高級型的外觀豪華且有回轉盤及退冰裝置等特性，故以 R-8200 及 R-6700 為主，R-5300 居於陪襯性質。

(2)品牌策略仍以「微波爐」，因目前知名度已漸廣。

(3)售後服務保證 1 年，為配合明年度全省的銷售計劃，應增加售後服務人員，以每一分公司服務課均能有一服務人員，可擔任簡易的維護修理工作為原則。

(4)向日本要求提供服務手冊，並請其提供配件，以供售後服務之用。

2. 價格策略：

⑴98 年度微波爐的價格策略仍將採取高價政策，因為：

①微波爐尚屬市場導入期，價格競爭並非開拓市場的良策。

②即使降低價格，對銷售量仍不會有顯著增加。

③與購買者心理動機相配合，宜以高級品、高價格反而有利。

④購買者均屬高所得家庭。

(2)微波爐毛利以 30%為基準(因本公司銷管費用約佔營業額的 15%，促廣費用約佔 10.3%)。

(3)經銷商的利潤應較高，因為推銷微波爐時，所需的時間與技巧均較其他家電產品高出許多，因此必須以高利潤來吸引經銷商販賣的興趣。

(4)應對經銷商特別要求，維持微波爐的零售價，以免造成市場混亂，反而降低其經銷興趣。

(5) 98 年各機型價格結構仍依 97 年度：

機型	進口成本	毛利	批價	毛利/批價
R-6400	12293	5707	18000	31.6%
R-6700	12666	5834	18500	31.5%
R-8200	18214	5786	24000	24.1%

此價格結構在市場競爭時，必須隨時注意大統的低價策略，若客戶對於價格因素逐漸看重時，就需調整步伐，尤其需向日本反應成本問題。

根據上游的 3 種機型中，還缺乏批發價在 20500 元～27500 元之間的機種，因此必須再請日本供應其他機種。

3. 通路策略：

由於微波爐產品目前在市場上的地位與消費者的特性，明年微波爐在銷售上仍需以原裝店(專賣進口貨)為主。因為：

(1)傳統電器店銷售電視及冷氣機等產品相當容易，利潤較易賺取，而不重微波爐的推銷。

(2)微波爐購買者所得水準偏高，對進口貨專售店的興趣較高。

①為培養長期銷售網的建立，仍需積極開拓並訓練產品經銷商來

銷售微波爐。

②成立微波爐料理教室，一方面培養經銷商與業務員之推銷能力，並藉此教育大眾，推廣新產品。

③在嘉義、台南、高雄將考慮增加業務人員，以開拓南部市場。

④加強服務站人員對此產品的認識，並以此產品引介給公司行號或機關團體的中高級幹部，吸引更多購買者。

4.推廣策略：

(1)人員銷售

①加強業務人員及經銷商的訓練。

②各區將配置微波爐示範車，並擬定推廣行程與計劃，並將機動到各市場作示範烹飪，引起群眾的認識與興趣。

③成立料理教室，加強售後服務，經常舉辦產品示範及推廣會，經銷商微波爐銷售研習會，微波爐愛用者烹飪班等等。

(2)廣告

①廣告主題及基本訴求：

初期宜以介紹產品的特性及功能為主，以加強對消費者的教育，不應只強調氣氛。

為滿足購買者的炫耀動機，可強調微波爐是最進步的產物，為高級家庭所必備。

②廣告的基本要求：

需靠長期計劃來累積印象。

宜以印刷媒體為主，如雜誌及報紙。若利用電視媒體，則應有產品使用的示範動作出現。

印刷媒體的廣告上，宜備有回函索取單，藉以免費贈送產品簡介及使用說明書、可發掘潛在客戶，成為銷售的對象。

③廣告計劃：

a.報紙廣告以中國時報、聯合報、中央日報及經濟日報等四大報為主。廣告篇幅則以 3 全批為主，廣告頻次為每月 2 次。

b.雜誌廣告：

以時報週刊、婦女雜誌、健康世界、綜合月刊等專業性及一般婦女刊物為主。廣告篇幅為全頁彩色廣告，每月 2 次。

c.電視廣告：

以提供電視上家庭食譜時間或自行購買此時間為產品廣告及示範。每月一次電視示範時間。

④廣告費用預計：

報紙廣告 50000 元；

雜誌廣告 40000 元；

電視廣告 72000 元；

合計每月 162000 元

新聞報導：

a.藉微波爐料理教室開幕時，舉辦一個記者招待會，解釋成立的原因，並引起對微波爐的重視。

b.提供廣告的同時，設法請各報或雜誌記者採用我們提供的新聞稿，以達大眾傳播之效。

促銷推廣：

a.對經銷商的折扣獎勵：

每月進貨	每台折扣
1	450 元
3	700 元
5	1000 元

（另有現金進貨折扣 3%）

　b.對業務員的獎勵：每台推銷獎金 100 元，分配每人目標為每月 10 台，達成目標者，另由副總經理在業務檢討會上，給予 500 元獎金並公開褒獎。

　c.製作 Catalog.POP。Poster.DM‧商品簡介或使用說明書、編印食譜等。

　d.加強各種展示活動，尤其利用經銷商聯誼會，推介此種新產品，安排現在的經銷商現身說法，以增加其他經銷商的信心。

參、微波爐 98 年行銷損益預計及評估分析

(1)98 年銷售損益預計

銷貨收入（a）19580×1000	$19580000
銷貨成本（b）14000×1000	14000000
銷貨毛利	$ 5580000

銷管及促廣費用：

銷管費用：

人事費用$1000000	
其他管理費用 1300000	$2300000

促廣費用：

經銷商獎勵	$762200

廣告費用：

報紙$600000	
雜誌 480000	
電視 864000	1944000

推廣費用

料理教室	$537600			
Catalog	200000			
POP/Poster	21500			
DM	115000			
產品簡介	430000			
食譜	144000			
郵寄費	50000			
其他展示活動	400000	1898100	4604300	6904300
銷售淨損				$(1324300)

①人事費用包含薪資、職工福利、勞保費、退休金。

②其他管理費用包含租金、文具費用、旅費、運費、郵電費、示範管料費、保險費、交際費、自由捐贈、介紹佣金、書報費、車輛費用、勞務費用、其他等項。

③98 年預計為虧損，因為許多大量推廣計劃由此年開始，預計將能建立第一品牌名氣，成為往後年度大量行銷的基礎。

④99 年預計將售 1000 台以上，純益預計在 3000000 元以上。

(2)事後評估分析：

①本報告相當詳盡，各細目都已企劃完善(部份細節未在此列出)，足為行銷企劃者所參考。

②根據事後求證，此計劃經批准後推動，唯 68 年終結算時，純益約 1500000 元，因為 a.日本供應商降低價格，b.68 年成長驚人，共銷售 1500 台，因為大量廣告與許多行銷創意之故(包括料理教室的設立，直接 DM 與廣告回函反應熱烈之故)。

③99 年、100 年，該牌微波爐成長也甚快，市場佔有率仍高居第一位，所用的行銷策略大都沿用 98 年度的行銷企劃，由此可見一

份好的行銷企劃影響的深遠。

肆、爽口牌 97 年度銷售明細計劃

一、爽口牌市場展望

1.根據本課對本牌爽口牌購買者所做的調查發現：

(1)爽口牌購買者認為爽口牌好用者有 45.1%，約 1/2。

(2)爽口牌購買者願意介紹親友購買者有 67.8%，超過 2/3。

(3)爽口牌購買者對爽口牌的購買動機以方便、迅速、省時的佔 37%。可見本牌爽口牌購買者對本牌評語相當不錯。

2.爽口牌在美日市場相當受歡迎，且產品普及率也高，尤其是日本。

3.國內工商業的發展，對時間的要求愈加嚴謹迫切，省時是工商業社會所追求的目標。

4.職業婦女逐年增加。

5.國民所得日漸提高。

6.本牌爽口牌銷售逐年增加。

相信在這些條件之下，未來數年微波爐(Microwave Oven)的發展將逐年加大，且此市場也相當具有潛力，值得開拓。

二、爽口牌市場現況

1.歷年來市場發展狀況

微波爐產品最早是由本公司於民國 91 年介紹引入的，六年來市場未有極大拓展，仍屬於市場導入期階段，究其原因有：

(1)產品屬於特殊性產品，消費者不瞭解產品。

(2)缺乏大眾傳播媒體的介紹，消費者不知道有此類產品。

(3)產品價格高，只能售與有限的高所得家庭。

(4)國人生活習慣及所得水準尚未能與產品配合。茲就歷年來市場上的產品品牌略述如下：

A.日本系統：

①Sharp：由本公司代理銷售，自 91 年即開始，為國內最早引進微波爐的廠家，也是目前市場的領導者。

②Toshiba：由大同公司代理銷售，自 95 年始在市場銷售，雖其起步較晚，但銷售頗為積極，今年為本牌最大的競爭者。

③Sanyo：由正和公司代理銷售，約自民國 92 年進口 SD-8200×50 台，即進入市場，但因銷售情形不佳，未再進口，本年 8 月間該公司又計劃再度進口產品銷售，且訂單已開出，但目前仍未見產品於市場上銷售。

④National：國際牌至目前為止，尚未進口產品銷售，惟該公司極注意各品牌的銷售情況，似乎有意進口。

B.美國系統：

美國系統的產品有西屋（Westing house）及愛名（Ancana）兩品牌，在 92 年經濟景氣時會進口於台灣銷售，產品售價在 35000 元以上，銷售情形也不佳，目前似乎已無產品於市面上銷售。

2.本牌歷年來的銷售狀況

本牌自 91 年以來，截至今年 8 月止，共銷售爽口牌 565 台，不過在 93 年以前，銷售量甚低，至 94 年 8 月起因改變特販課直接銷售為經銷商間接銷售的銷售策略，始積極於產品的銷售與市場開拓，銷售量開始大幅增加。

(1)91 年～96/8 各年銷售台數如下：

| 91 年 | 10 台 |
| 92 年 | 30 台 |

93 年　　　　　　　4 台

94 年　　　　　　　58 台

95 年　　　　　　　183 台

96/1～8 月　　　　280 台

至於各機型銷售台數如下表：

(1)爽口牌 91～96/8 銷售台數：

機型	91	92	93	94	95	96/1-8	合計	進口量	8/31 庫存量
R-502E	10	30	4			1	45	50	
R-6600			22	4	2	28	28		
R-6450			22	3		25	25		
R-6800				14	47	1	62	63	1
R-6460A					122	73	195	200	5
R-8200					7	84	91	100	9
R-6730						116	116	250	134
R-5350						3	3	50	47
合計	10	30	4	58	183	280	565	766	196

1. R-502E 92 年銷售的 30 台為經理級特價銷售，每台特價 15000 元

2. R-502E 因銷售資料欠缺，致進口量、銷售量、庫存量不符。

(2)本牌 96 年與 95 年銷量比較：

年度	1	2	3	4	5	6	7	8	9	10	11	12	合計
95	12	16	6	15	3	3	6	21	27	23	13	38	183
96	66	43	21	29	23	26	26	46					280

a. 95 年 1～7 月銷售 61 台，佔全年的 33.3%，8～12 月銷售 122 台，佔

66.7%，可見爽口牌在銷售策略上改上由經銷商間接銷售，在銷量上增加甚多。

b.96 年 1～8 月銷售 280 台，較 65 年同期 82 台，成長 241.5%。

(3) 96 年爽口牌的機型與價格：

機型	進口成本	毛利	批價	定價	市價	經銷商利潤
R-6460A	12293	5707	18000	22500	21000～23000	3000～5000
R-6730	12666	5834	18500	23150	23000～24500	4500～6000
R-8200	18214	5786	24000	30000	28000～30000	4000～6000
R-5350	9417	5583	15000	18750		

R-5350 銷售僅 3 台

(4) 本牌經銷商及銷售能力：

① 根據電腦統計數據，本牌爽口牌 96/1～8 共有經銷商 56 家，銷售 171 台，佔全部銷售的 61.1%。

在 56 家經銷商中，本牌經銷店有 45 家，銷售 116 台，佔 67.8%，平均每家銷售 2.6 台，非本牌經銷店有 11 家，銷售 55 台，佔 32.2%，平均每家銷售 5 台。

② 另外，根據特販課的出貨統計，96/1～8 台北及北部地方的經銷商有 54 家，共出貨 190 台，其中本牌經銷店 19 家，銷售 73 台，平均每家 3.8 台；非本牌經銷店 35 家，銷售 112 台，平均每家 3.2 台。

③ 上述二份數據雖顯示出本店與外店平均銷售台數不同，但實質上，本店因有惠群銷售 23 台，億興、逸凡銷售 8 台，正祥銷售 6 台，故平均銷售台數提高。而外店中，尤其是台中地區均是銷售能力較佳之經銷店，其實際銷售能力亦較本店為佳，此者可由下連特販課本

店、外店出貨比例變化可看出。

④本店、外店出貨比例——特販課統計（台北、北部地方）

	本店		外店		合計
	台數	比率	台數	比率	
1	28	66.7	14	33.3	42
2	20	58.8	14	41.2	34
3	8	47.1	9	52.9	17
4	12	66.7	6	33.3	18
5	9	60.0	6	40.0	15
6	2	20.0	8	80.0	10
7	2	10.5	17	89.5	19
8	2	5.7	33	94.3	35
合計	83	43.7	107	56.3	190

⑤由上述分析，可知本牌爽口牌的經銷商有逐漸傾向以外店為主的情形，且外店的銷售能力也較本店為佳。

⑥據估計本牌爽口牌經銷商約有 70 家左右。

⑸本牌爽口牌各地區銷售情形：

①根據電腦數據統計，96/1～8 月 56 家經銷商中，出貨在 6 台以上者僅有 8 家，共出貨 84 台，佔全部之 49.2%。

②若就特販課之出貨統計，則台北及北部地方 96/1～8 月出貨在 6 台以上者共有 10 家，共出貨 111 台，佔全部之 58-4%。

③由此可見爽口牌之經銷商中，僅有少數 10 家之銷售能力較佳，其餘均甚差。

④若就地區分析，則以台中地區最佳，北部地方次之，台北地區

第三，而嘉義、台南及高雄地區因筒無業務人員負責該地區之銷售，故銷量較低。

(6)爽口牌經銷商出貨分配表電腦統計數據：

出貨台數	台北	北部	台中	嘉義	台南	高雄	家數合計	台數合計	台數比率
1	7	6	8	3	2	2	28	28	16.4
2	2	2	4	1			9	18	10.5
3		1	2	1			4	12	7.0
4	1	1	3		1		6	24	14.0
5		1					1	5	2.9
6	1	2	1				4	24	14.0
8	1						1	8	4.7
10			1				1	10	5.8
19			1				1	19	11.1
23							1	23	13.6
家數合計	12	14	20	5	3	2	56		
台數合計	29	57	69	8	6	2		171	
比率	17.0	33.3	40.0	4.71	3.5	1.1			100.0

三、96 年度爽口牌銷售損益預計表

1.根據估計 96 年度爽口牌的銷售扣除爽口牌的促進廣告費用，特販課直接管理費用及進貨成本後的直接利潤率為 2.0%。

2. 預計損益表如下：

項目	$	%
銷貨收入	$9927500	100.0
銷貨成本	6961055	70.1
銷貨毛利	2966445	29.9
直接費用		
管理費用——特販課	$1450000	14.6
促廣費用——		
促進費用	883548	8.9
廣告費用	435000　1318548　2768548	4.4　13.3　27.9
直接利潤率	197897	12.0

3. 收入、費用明細：

(1)收入：

機型	台數	批價	收入合計	進口成本	成本合計	毛利
R-8200	130	24000	3120000	18493	2404090	315910
6730	295	18500	5457500	12322	3634990	1822510
6460A	75	18000	1350000	12293	921975	428025
合計	500	19855	9927500	13922	6961055	2966445

	$	%
平均成本	13932	70.1
平均毛利	5933	29.9
平均批價	19855	100.0

⑵費用：

①管理費用——1～8 月特販課直接費用 956286 元，估計全年 1450000 元。

②廣告費用——435000 元。

雜誌廣告 160000　　 P.O.P 助成物 60000

電視廣告 200000　　 市場調查 15000

③促進費用——年度獎勵 5.9%，現金獎勵 3.0%，合計 8.9%。

四、主要競爭廠牌(大同)代理 Toshiba 產品銷售狀況

1.大同自 95 年起代理銷售 Toshiba 的微波爐，其至目前為止，先後進口兩種機型，即 95 年 ER-615、96 年 3 月 ER-625TP，此二機型均屬日本內銷機種。

2.由於欠缺資料，故對大同實際銷售台數並不清楚，但該公司積極在銷售此產品。

3.在產品上，95 年的 ER-615 特性不如本牌產品，威脅不大，但今年的 ER-625TP 特性上雖仍遜於本牌，但因具有 farnfabe(轉四)已威脅到本牌 R-6730 的銷售。

4.在價格上，大同採低價策略，其價格低出本牌甚多，如

廠牌	機型	批價	定價	市價
Toshiba	ER-615		18800	14000～15000
	ER-625TP		19500	15500～16500
Sharp	R-6730	18500	23150	23000～24500

五、爽口 97 年度銷售計劃

根據前述對爽口牌市場的分析及本牌與他牌在產品、價格、經銷店、銷售方式與銷售實績上的比較，對於明年度爽口牌市場之銷售，

應可預測具有下述特性：

1.微波爐的市場將逐漸開拓，市場的需要量將更加增加。

2.市場銷售的廠牌將增加，競爭情形將更加尖銳，尤其是 Sharp 在微波爐享有專利的週轉盤已期滿，產品特性較少。

3.微波爐的購買者在明年度仍將限於中、高所得家庭購買，不可能迅速普及。

4.微波爐因其顧客為高所得家庭，且購買者的購買動機上，炫耀動機佔相當高，故微波爐仍應以高品級、高水準的方式銷售，不應以低價競爭，以降低產品品級，故價格競爭應非本牌爽口牌所應實行的策略。

至於在本牌銷售爽口牌的政策擬定前，其本上明年度本牌的銷售前提應為

(1)繼續開拓爽口牌市場，以維持微波爐市場領導者的地位。

(2)爽口牌仍繼續由特販課負責銷售，但在人員組織及設備上，應加以充實以強化特販課銷售能力。

(3)爽口牌在明年度的銷售可能仍無利潤，但以新產品於開拓期，若能確保推銷上的直接費用及進口成本應為基本筴件。

(4)特販課在銷售上仍以透過經銷商之間接銷售為主，並速培養爽口牌經銷商的銷售能力，以擴大銷售據點。

伍、業務員組織

1.目前特販課的組織及工作：

目前特販課主要負責的工作有四：

(1)爽口牌麻糬機等進口電化產品的銷售業務；

(2)軍友社的銷售業務；

⑶機關、團體及旅舍的大批銷售業務；

⑷其他特別銷售業務。

至於特販課的人員組織則如下：

課長 1 人

組長 1 人

業務員 3 人

示範小姐 3 人

共 8 人

其工作分配如下：

課長——負責全課的銷售業務及管理事務。

業務員 1 人——負責產品的特販、旅社、機關的大宗銷售與軍友社的銷售業務。

組長——負責爽口牌的銷售業務。

業務員 2 人、示範小姐 2 人——負責台北及北部地方爽口牌銷售及示範業務。

業務員 1 人、示範小姐 1 人——負責台中及嘉義地區爽口牌銷售及示範業務。

2.根據上述分析，現特販課目前有 3 組人(每組業務員及示範小姐各 1 人)負責台北、北部及台中(嘉義地區較少)的銷售業務，而高雄、台南地區則無人員，因此該二地區的銷售最低。

3.車輛設備——

⑴特販課目前有爽口牌展示車一部，摩托車 5 部。

⑵天廚展示車主要是產品示範時的交通工具，使特販課具有機動性，不過由於種種客觀環境的限制，爽口牌展示車大部份時間多在台北及北部地方，台中地區除非有特別活動外，很少南下，而台南、高

雄地區更是難得一下，其原因在於當地缺乏業務人員及路途遙遠。

(3)爽口牌示範車目前在使用上因對展示活動缺乏全盤性的計劃，致其使用效率尚未充分發揮。

4.97 年度人員組織及設備計劃：

(1)增加台南及高雄地區的業務人員與示範人員各 1 人，以增加對台南、高雄地區的推銷展示活動。目前爽口牌在高雄大統百貨公司有產品展示，因此，此組人員宜駐在高雄分公司。

(2)若成立料理教室時，則需增加料理教室的維護整理人員 1～2人。

(3)高雄分公司的業務員需有摩托車一部。

(4)爽口牌示範車需有計劃地加以調配，除台北、北部地方外，台中、台南、高雄地區也應有計劃性的排定時間，以支持該地的銷售示範人員。

陸、料理教室

1.爽口牌目前產品示範及售後服務工作狀況：

(1)產品示範工作，因缺乏料理教室，無固定場所，致多半是臨時於經銷商處舉辦產品示範，缺乏有計劃性的全盤示範與推廣活動。

(2)在售後服務上，過去也曾和中西烹飪班合作，免費使用該班的場地、工具及設備，但由於該班地點不適當，場地不大，在使用上有許多不便之處，導致效果不大，目前已未再使用。

2.根據此次對爽口牌購買者的調查，發現

(1)購買使用者對溫和方面較滿意，其他方面則不滿意，且技術上也有困難。

(2)本牌應加強售後服務，如作烹飪指導，開烹飪教室，編爽口牌

專用食譜等，合計佔 48%。

⑶有 67.8%願意參加料理教室。

3.根據以上分析，現成的料理教室實有其必要，再且料理教室至少可發揮下述功用：

⑴有固定的場所，可做全盤性有計劃的產品示範與推廣活動。

⑵可教育經銷商及夫人，培養各經銷商的產品知識與強化其銷售能力。

⑶可定期提供售後服務。

⑷可用以編制爽口牌專用食譜。

4.料理教室的使用計劃：

料理教室的使用，由前述的分析約可分成三項工作：

⑴產品示範及推廣會——針對潛在顧客。

⑵經銷商爽口牌銷售研習會——針對經銷商。

⑶爽口牌愛用者烹飪班——針對本牌愛用者。

根據特販課的計劃，其使用情形如下：

⑴產品示範及推廣會——每週 2 次，每月 8 次，每次 16～20 人。

⑵經銷商爽口牌研習會——每 2 週 1 次，每月 2 次，每次 4 人。

⑶售後服務的烹飪班——每週 2 次，每月 8 次，每次 16～20 人。

合計每月共舉辦產品的示範與指導活動廿次，至於其活動的準備及展開如料理教室使用計劃。

5.費用預計

⑴料理教室設備投資，根據特販課的估計共需約 40000 元。

⑵裝修費用：估計需約 50000 元左右。

⑶場地費用：擬用 11 樓，外租辦公室，費用不計入。

上述設備費用及裝修費用合計約 390000～400000 元。

⑷經常使用費：

①展示活動的材料費，每次每小組估計需 500 元。

由於產品示範會，不給消費者實習，故只需一組材料費。

經銷商實習，使 4 人為一組，故只需一組材料費。

售後服務，4 人一組，共 5 組，故只需五組材料費。

另外售後服務預備提供參加人員的禮品費，每人 40 元計算（冷凍盒），每次需 800 元。合計每月的材料費及禮品費需 31400 元。

$\$500 \times 8 + \$500 \times 2 + (\$500 \times 5 + \$800) \times 8 = 31400$ 元

②料理教室維護人員 2 人，每人以 4200 元計算，需 8400 元。

③其他費用：估計每月需 5000 元。

④上述經常使用費合計每月約需 44800 元。

6.料理教室 97 年度暫設立一所為原則，中南部份公司是否亦填設料理教室，待總公司設立後使用的效果再決定。

維護人員費用：

高中底薪$2800，津貼 450

全年$3250×12＋$2800×3.5＝$48800

平均每月 4067 元

若加入勞保費及公司各項福利金以 4200 元計算。

柒、售後服務

1.目前的售後服務狀況：

⑴僅服技課有人可擔當爽口牌的售後服務工作，分公司服務課及服務站人員均無法擔任維護修理工作，致所有送修的產品均需送至服技課處理，這對中南部地區的顧客相當不便，常有抱怨。

⑵因缺乏服務手冊（Service Manual），對於常發生故障或需換

新的零件，未能向 Sharp 購買，致缺乏服務零件。

2. 97 年度的工作：

⑴增加提供售後服務人員，以每一分公司服務課能有一服務人員可擔任簡易的維護修理工作為原則，配合爽口牌明年度全省的銷售計劃。至於較困難的修理，則仍由服技課擔任。

⑵向 Sharp 要求提供服務手冊（目前已向 Sharp 要求，可寄來），以整理較需換新零件向 Sharp 購買或要求 Sharp 能隨每次購買的數量，提供免費備件，以供售後服務用。

⑶上述工作擬由服務技術課及企劃課協同辦理。

DM　　　　　　20000 份

產品簡介　　　20000 份（其中 10000 份郵寄，10000 份示範）

　　　　　　　18000 份食譜時使用

　　　　　　　58000 份

故預計寄出 48000 份，每份郵費$1.00，計$48000（以$50000 估計）。

心得欄 ------------------------------

臺灣的核心競爭力, 就在這裏!

圖 書 出 版 目 錄

下列圖書是由臺灣的憲業企管顧問(集團)公司所出版, 自 1993 年秉持專業立場, 特別注重實務應用, 50 餘位顧問師為企業界提供最專業的經營管理類圖書。

選購企管書, 敬請認明品牌 : **憲 業 企 管 公 司。**

1.傳播書香社會, 直接向本出版社購買, 一律 9 折優惠, 郵遞費用由本公司負擔。服務電話(02) 27622241 (03) 9310960 傳真 (03) 9310961
2.付款方式: 請將書款轉帳到我公司下列的銀行帳戶。
  · 銀行名稱:合作金庫銀行(敦南分行) 帳號: **5034-717-347447**
   公司名稱:憲業企管顧問有限公司
  · 郵局劃撥號碼: **18410591** 郵局劃撥戶名:憲業企管顧問公司

3.圖書出版資料每週隨時更新, 請見網站 www.bookstore99.com

經營顧問叢書

149	展覽會行銷技巧	360 元	232	電子郵件成功技巧	360 元
150	企業流程管理技巧	360 元	234	銷售通路管理實務〈增訂二版〉	360 元
152	向西點軍校學管理	360 元	235	求職面試一定成功	360 元
154	領導你的成功團隊	360 元	236	客戶管理操作實務〈增訂二版〉	360 元
155	頂尖傳銷術	360 元	237	總經理如何領導成功團隊	360 元
160	各部門編制預算工作	360 元	238	總經理如何熟悉財務控制	360 元
163	只為成功找方法，不為失敗找藉口	360 元	239	總經理如何靈活調動資金	360 元
			240	有趣的生活經濟學	360 元
167	網路商店管理手冊	360 元	241	業務員經營轄區市場（增訂二版）	360 元
168	生氣不如爭氣	360 元			
170	模仿就能成功	350 元	242	搜索引擎行銷	360 元
176	每天進步一點點	350 元	243	如何推動利潤中心制度（增訂二版）	360 元
181	速度是贏利關鍵	360 元			
183	如何識別人才	360 元	244	經營智慧	360 元
184	找方法解決問題	360 元	245	企業危機應對實戰技巧	360 元
185	不景氣時期，如何降低成本	360 元	246	行銷總監工作指引	360 元
186	營業管理疑難雜症與對策	360 元	247	行銷總監實戰案例	360 元
187	廠商掌握零售賣場的竅門	360 元	248	企業戰略執行手冊	360 元
188	推銷之神傳世技巧	360 元	249	大客戶搖錢樹	360 元
189	企業經營案例解析	360 元	250	企業經營計劃〈增訂二版〉	360 元
191	豐田汽車管理模式	360 元	252	營業管理實務（增訂二版）	360 元
192	企業執行力（技巧篇）	360 元	253	銷售部門績效考核量化指標	360 元
193	領導魅力	360 元	254	員工招聘操作手冊	360 元
198	銷售說服技巧	360 元	256	有效溝通技巧	360 元
199	促銷工具疑難雜症與對策	360 元	257	會議手冊	360 元
200	如何推動目標管理(第三版)	390 元	258	如何處理員工離職問題	360 元
201	網路行銷技巧	360 元	259	提高工作效率	360 元
204	客戶服務部工作流程	360 元	261	員工招聘性向測試方法	360 元
206	如何鞏固客戶（增訂二版）	360 元	262	解決問題	360 元
208	經濟大崩潰	360 元	263	微利時代制勝法寶	360 元
215	行銷計劃書的撰寫與執行	360 元	264	如何拿到 VC（風險投資）的錢	360 元
216	內部控制實務與案例	360 元			
217	透視財務分析內幕	360 元	267	促銷管理實務〈增訂五版〉	360 元
219	總經理如何管理公司	360 元	268	顧客情報管理技巧	360 元
223	品牌成功關鍵步驟	360 元	269	如何改善企業組織績效〈增訂二版〉	360 元
224	客戶服務部門績效量化指標	360 元			
226	商業網站成功密碼	360 元	270	低調才是大智慧	360 元
228	經營分析	360 元	272	主管必備的授權技巧	360 元
229	產品經理手冊	360 元	275	主管如何激勵部屬	360 元
230	診斷改善你的企業	360 元			

276	輕鬆擁有幽默口才	360 元
277	各部門年度計劃工作（增訂二版）	360 元
278	面試主考官工作實務	360 元
279	總經理重點工作（增訂二版）	360 元
282	如何提高市場佔有率（增訂二版）	360 元
283	財務部流程規範化管理（增訂二版）	360 元
284	時間管理手冊	360 元
285	人事經理操作手冊（增訂二版）	360 元
286	贏得競爭優勢的模仿戰略	360 元
287	電話推銷培訓教材（增訂三版）	360 元
288	贏在細節管理（增訂二版）	360 元
289	企業識別系統 CIS（增訂二版）	360 元
290	部門主管手冊（增訂五版）	360 元
291	財務查帳技巧（增訂二版）	360 元
292	商業簡報技巧	360 元
293	業務員疑難雜症與對策（增訂二版）	360 元
294	內部控制規範手冊	360 元
295	哈佛領導力課程	360 元
296	如何診斷企業財務狀況	360 元
297	營業部轄區管理規範工具書	360 元
298	售後服務手冊	360 元
299	業績倍增的銷售技巧	400 元
300	行政部流程規範化管理（增訂二版）	400 元
301	如何撰寫商業計畫書	400 元
302	行銷部流程規範化管理（增訂二版）	400 元
303	人力資源部流程規範化管理（增訂四版）	420 元
304	生產部流程規範化管理（增訂二版）	400 元
305	績效考核手冊（增訂二版）	400 元
306	經銷商管理手冊（增訂四版）	420 元
307	招聘作業規範手冊	420 元

308	喬・吉拉德銷售智慧	400 元
309	商品鋪貨規範工具書	400 元
310	企業併購案例精華（增訂二版）	420 元
311	客戶抱怨手冊	400 元
312	如何撰寫職位說明書（增訂二版）	400 元
313	總務部門重點工作（增訂三版）	400 元
314	客戶拒絕就是銷售成功的開始	400 元
315	如何選人、育人、用人、留人、辭人	400 元
316	危機管理案例精華	400 元
317	節約的都是利潤	400 元
318	企業盈利模式	400 元
319	應收帳款的管理與催收	420 元
320	總經理手冊	420 元
321	新產品銷售一定成功	420 元

《商店叢書》

18	店員推銷技巧	360 元
30	特許連鎖業經營技巧	360 元
35	商店標準操作流程	360 元
36	商店導購口才專業培訓	360 元
37	速食店操作手冊〈增訂二版〉	360 元
38	網路商店創業手冊〈增訂二版〉	360 元
40	商店診斷實務	360 元
41	店鋪商品管理手冊	360 元
42	店員操作手冊（增訂三版）	360 元
43	如何撰寫連鎖業營運手冊〈增訂二版〉	360 元
44	店長如何提升業績〈增訂二版〉	360 元
45	向肯德基學習連鎖經營〈增訂二版〉	360 元
47	賣場如何經營會員制俱樂部	360 元
48	賣場銷量神奇交叉分析	360 元
49	商場促銷法寶	360 元
53	餐飲業工作規範	360 元
54	有效的店員銷售技巧	360 元

55	如何開創連鎖體系〈增訂三版〉	360元
56	開一家穩賺不賠的網路商店	360元
57	連鎖業開店複製流程	360元
58	商鋪業績提升技巧	360元
59	店員工作規範（增訂二版）	400元
60	連鎖業加盟合約	400元
61	架設強大的連鎖總部	400元
62	餐飲業經營技巧	400元
63	連鎖店操作手冊(增訂五版)	420元
64	賣場管理督導手冊	420元
65	連鎖店督導師手冊（增訂二版）	420元
66	店長操作手冊（增訂六版）	420元
67	店長數據化管理技巧	420元
68	開店創業手冊〈增訂四版〉	420元
69	連鎖業商品開發與物流配送	420元
70	連鎖業加盟招商與培訓作法	420元

《工廠叢書》

15	工廠設備維護手冊	380元
16	品管圈活動指南	380元
17	品管圈推動實務	380元
20	如何推動提案制度	380元
24	六西格瑪管理手冊	380元
30	生產績效診斷與評估	380元
32	如何藉助IE提升業績	380元
35	目視管理案例大全	380元
38	目視管理操作技巧(增訂二版)	380元
46	降低生產成本	380元
47	物流配送績效管理	380元
51	透視流程改善技巧	380元
55	企業標準化的創建與推動	380元
56	精細化生產管理	380元
57	品質管制手法〈增訂二版〉	380元
58	如何改善生產績效〈增訂二版〉	380元
68	打造一流的生產作業廠區	380元
70	如何控制不良品〈增訂二版〉	380元
71	全面消除生產浪費	380元
72	現場工程改善應用手冊	380元

75	生產計劃的規劃與執行	380元
77	確保新產品開發成功（增訂四版）	380元
79	6S管理運作技巧	380元
80	工廠管理標準作業流程〈增訂二版〉	380元
83	品管部經理操作規範〈增訂二版〉	380元
84	供應商管理手冊	380元
85	採購管理工作細則〈增訂二版〉	380元
87	物料管理控制實務〈增訂二版〉	380元
88	豐田現場管理技巧	380元
89	生產現場管理實戰案例〈增訂三版〉	380元
90	如何推動5S管理（增訂五版）	420元
92	生產主管操作手冊(增訂五版)	420元
93	機器設備維護管理工具書	420元
94	如何解決工廠問題	420元
95	採購談判與議價技巧〈增訂二版〉	420元
96	生產訂單運作方式與變更管理	420元
97	商品管理流程控制(增訂四版)	420元
98	採購管理實務〈增訂六版〉	420元
99	如何管理倉庫〈增訂八版〉	420元
100	部門績效考核的量化管理（增訂六版）	420元
101	如何預防採購舞弊	420元

《醫學保健叢書》

1	9週加強免疫能力	320元
3	如何克服失眠	320元
4	美麗肌膚有妙方	320元
5	減肥瘦身一定成功	360元
6	輕鬆懷孕手冊	360元
7	育兒保健手冊	360元
8	輕鬆坐月子	360元
11	排毒養生方法	360元
13	排除體內毒素	360元
14	排除便秘困擾	360元

15	維生素保健全書	360 元
16	腎臟病患者的治療與保健	360 元
17	肝病患者的治療與保健	360 元
18	糖尿病患者的治療與保健	360 元
19	高血壓患者的治療與保健	360 元
22	給老爸老媽的保健全書	360 元
23	如何降低高血壓	360 元
24	如何治療糖尿病	360 元
25	如何降低膽固醇	360 元
26	人體器官使用說明書	360 元
27	這樣喝水最健康	360 元
28	輕鬆排毒方法	360 元
29	中醫養生手冊	360 元
30	孕婦手冊	360 元
31	育兒手冊	360 元
32	幾千年的中醫養生方法	360 元
34	糖尿病治療全書	360 元
35	活到 120 歲的飲食方法	360 元
36	7 天克服便秘	360 元
37	為長壽做準備	360 元
39	拒絕三高有方法	360 元
40	一定要懷孕	360 元
41	提高免疫力可抵抗癌症	360 元
42	生男生女有技巧〈增訂三版〉	360 元

《培訓叢書》

11	培訓師的現場培訓技巧	360 元
12	培訓師的演講技巧	360 元
15	戶外培訓活動實施技巧	360 元
17	針對部門主管的培訓遊戲	360 元
20	銷售部門培訓遊戲	360 元
21	培訓部門經理操作手冊（增訂三版）	360 元
23	培訓部門流程規範化管理	360 元
24	領導技巧培訓遊戲	360 元
26	提升服務品質培訓遊戲	360 元
27	執行能力培訓遊戲	360 元
28	企業如何培訓內部講師	360 元
29	培訓師手冊（增訂五版）	420 元
30	團隊合作培訓遊戲(增訂三版)	420 元
31	激勵員工培訓遊戲	420 元

32	企業培訓活動的破冰遊戲（增訂二版）	420 元
33	解決問題能力培訓遊戲	420 元
34	情緒管理培訓遊戲	420 元
35	企業培訓遊戲大全(增訂四版)	420 元

《傳銷叢書》

4	傳銷致富	360 元
5	傳銷培訓課程	360 元
10	頂尖傳銷術	360 元
12	現在輪到你成功	350 元
13	鑽石傳銷商培訓手冊	350 元
14	傳銷皇帝的激勵技巧	360 元
15	傳銷皇帝的溝通技巧	360 元
19	傳銷分享會運作範例	360 元
20	傳銷成功技巧（增訂五版）	400 元
21	傳銷領袖（增訂二版）	400 元
22	傳銷話術	400 元
23	如何傳銷邀約	400 元

《幼兒培育叢書》

1	如何培育傑出子女	360 元
2	培育財富子女	360 元
3	如何激發孩子的學習潛能	360 元
4	鼓勵孩子	360 元
5	別溺愛孩子	360 元
6	孩子考第一名	360 元
7	父母要如何與孩子溝通	360 元
8	父母要如何培養孩子的好習慣	360 元
9	父母要如何激發孩子學習潛能	360 元
10	如何讓孩子變得堅強自信	360 元

《成功叢書》

1	猶太富翁經商智慧	360 元
2	致富鑽石法則	360 元
3	發現財富密碼	360 元

《企業傳記叢書》

1	零售巨人沃爾瑪	360 元
2	大型企業失敗啟示錄	360 元
3	企業併購始祖洛克菲勒	360 元
4	透視戴爾經營技巧	360 元
5	亞馬遜網路書店傳奇	360 元
6	動物智慧的企業競爭啟示	320 元

在海外出差的………
臺 灣 上 班 族

愈來愈多的台灣上班族，到海外工作（或海外出差），對工作的努力與敬業，是台灣上班族的核心競爭力；一個明顯的例子，返台休假期間，台灣上班族都會抽空再買書，設法充實自身專業能力。

[憲業企管顧問公司]以專業立場，為企業界提供最專業的各種經營管理類圖書。

85%的台灣上班族都曾經有過購買（或閱讀）[憲業企管顧問公司]所出版的各種企管圖書。

建議你：工作之餘要多看書，加強競爭力。

建立企業圖書館

當市場競爭激烈時：

培訓員工，強化員工競爭力
是企業最佳對策

「人才」是企業最大的財富。如何提升人才，是企業永續經營、戰勝對手的核心競爭力。積極培訓公司內部員工，是經濟不景氣時期的最佳戰略，而最快速的具體作法，就是「建立企業內部圖書館，鼓勵員工多閱讀、多進修專業書籍」

建議您：請一次購足本公司所出版各種經營管理類圖書，作為貴公司內部員工培訓圖書。 使用率高的（例如「贏在細節管理」），準備 3 本；使用率低的（例如「工廠設備維護手冊」），只買 1 本。

經營顧問叢書 ㉛　　　　　　　售價：420 元

新產品銷售一定成功

西元二〇一六年十月　　　　　　　　初版一刷

編著：黃憲仁

策劃：麥可國際出版有限公司（新加坡）

編輯：蕭玲

校對：劉飛娟

發行人：黃憲仁

發行所：憲業企管顧問有限公司

電話：（02）2762-2241　　（03）9310960　　0930872873

電子郵件聯絡信箱：huang2838@yahoo.com.tw

銀行 ATM 轉帳：合作金庫銀行　　帳號：5034-717-347447

郵政劃撥：18410591　　憲業企管顧問有限公司

江祖平律師顧問：紙品書、數位書著作權與版權均歸本公司所有

登記證：行政業新聞局版台業字第 6380 號

本公司徵求海外版權出版代理商（0930872873）

本圖書是由憲業企管顧問（集團）公司所出版，以專業立場，為企業界提供最專業的各種經營管理類圖書。

圖書編號 ISBN：978-986-369-050-4